玩转UML与Rose

蒋海昌 编著

清华大学出版社
北 京

内容简介

该书是作者多年软件架构设计的经验总结，通过丰富的 UML 案例与 Rose 图形循序渐进地阐述 UML 各类图形的定义、结构、优点、提升空间、使用时机和应用情境，从而帮助各类软件设计和开发人员迅速地熟悉与应用 UML 建模的各种方法。

本书简明扼要，内容来源于实际大型项目，书中示例应用或案例大部分来源于实战项目的简化。对于 UML 初学者、具有一定面向对象编程经验的工程师、软件系统设计师、系统架构师、项目经理、技术总监等技术人员均有较高的学习价值。

图书在版编目（CIP）数据

玩转 UML 与 Rose / 蒋海昌编著. —北京：清华大学出版社，2015
ISBN 978-7-302-38621-6

I. ①玩… II. ①蒋… III. ①面向对象语言—程序设计 IV. ①TP312

中国版本图书馆 CIP 数据核字（2014）第 276466 号

责任编辑：夏非彼
封面设计：王　翔
责任校对：闫秀华
责任印制：杨　艳

出版发行：清华大学出版社
网　　址：http://www.tup.com.cn，http://www.wqbook.com
地　　址：北京清华大学学研大厦 A 座　　**邮　　编**：100084
社 总 机：010-62770175　　**邮　　购**：010-62786544
投稿与读者服务：010-62776969，c-service@tup.tsinghua.edu.cn
质 量 反 馈：010-62772015，zhiliang@tup.tsinghua.edu.cn
印 刷 者：北京富博印刷有限公司
装 订 者：北京市密云县京文制本装订厂
经　　销：全国新华书店
开　　本：190mm×260mm　　**印　张**：16　　**字　　数**：256 千字
版　　次：2015 年 2 月第 1 版　　**印　　次**：2015 年 2 月第 1 次印刷
印　　数：1～3000
定　　价：39.00 元

产品编号：057646-01

前　言

从 20 世纪 80 年代至当前全球 IT 技术的发展现状来看，无论是桌面系统、手机应用，还是网络版的商务平台、人工智能机器人等。日常生活中经常可以发现面向对象技术的应用，在软硬件行业的各个领域都有面向对象的痕记。

伴随 20 世纪末至 21 世纪初科技发展浪潮的推进，面向对象应用设计类的技术语言随之产生与发展。其中 UML 就是不断提升的建模设计语言，它与面向对象语言的结合十分贴切。

UML 沿用了各种类、对象、继承、依赖、关联、组合等面向对象的概念与技术，依托软件建模方法论并结合业务特质开展系统的分析与设计。

为了进一步说明 UML 的具体应用，本书运用 Rational Rose（7.0 版本）工具进行实际案例的创建与梳理，希望为读者提供更直观、更真实的情景应用。

全书的内容针对应用案例展开，包括四大部分，具体内容如下所示。

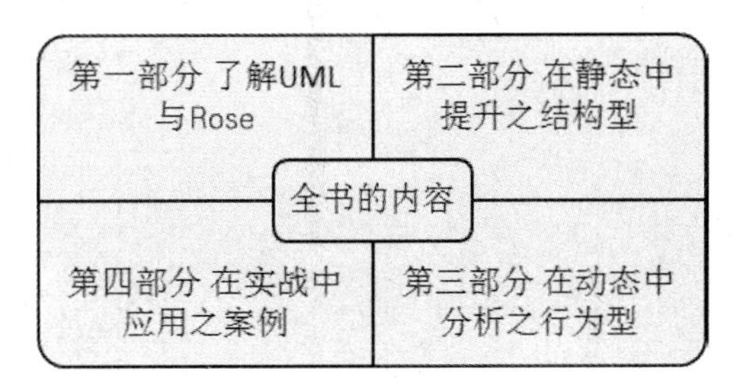

- 了解 UML 与 Rose：是指对于 UML 是什么、有何作用、类型划分、学习方法，以及 Rose 的称谓、安装、使用、作用进行说明。
- 在静态中提升之结构型：是指对于类图、对象图、构件图、部署图、包图的定义、应用优势与时机、图形的绘制、车辆行政管理系统的业务建模进行综合性的阐述，同时也对对象图与类图的异同进行比较分析。
- 在动态中分析之行为型：是指对于活动图、状态图、顺序图、协作图、用例图的定义、应用优势与时机、图形的创建，以及构建车辆行政管理系统的业务模型进行具体说明；同时也对活动图与状态图的异同进行比较分析。
- 在实战中应用之案例：是指通过网上售书系统、人事管理系统、租马管理系统的需求分析、建模与设计、配置与实现等方式完成案例的细化讲解。

这里需要提醒读者注意的是，本书选用了 Rose 7 为可视化建模工具讲解 UML，支持的 UML 版本为 1.4，除了 Rose 7 软件的使用人数众多和方便易用之外，还可以引用 IBM 官方网站的产品介绍进行说明：

IBM Rational Rose 系列的产品表现了传统的 UML 建模及 MDD 解决方案。它是当今市场上最流行的 UML 工具之一。这些产品支持 UML V1.4，这不是最新的 UML 版本，最新的是 UML V2，但我们发现它足够满足大多数客户需求。IBM Rational Rose 的最佳定位是那些想要一个单独的 UML 建模工具的客户，该建模工具只需要与 IDE 和数据库有松散的集成。

书中的内容安排由浅入深，讲解以项目应用为出发点，方便读者快速掌握 UML 相关知识。通过本书的学习能够使读者对 UML 与 Rose 有一个全面的了解，并能在工作中熟练使用。本书适合软硬件开发工程师、系统设计师、系统架构师、项目经理、技术总监等技术人员，以及高校和各类培训学校相关专业的师生教学参考。

本书示例的图片下载地址（注意数字和字母大小写）如下：

http://pan.baidu.com/s/1c07y04S

如果下载有问题，请发电子邮件到 booksaga@163.com，邮件标题为“求 Rose 文件”。

编者

2014 年 12 月

目　　录

第一部分　了解 UML 与 Rose

第二部分　在静态中提升之结构型

第三部分　在动态中分析之行为型

第四部分 在实战中应用之案例

第一部分

了解 UML 与 Rose

第 1 章

认识 UML

1.1　UML 是什么

什么是 UML 呢？当作者问一些在软件行业工作了七八年的朋友时，竟然有 20%以上的人基本没什么概念。有点了解的朋友也只是说，可能是绘制类图与用例图的软件。这让作者感觉有必要对 UML 进行推广。那么 UML 是怎么定义的呢？

目前业界比较认可的看法是“UML（Unified Modeling Language）是某种借助图形化工具，针对软件类系统进行分析与设计应用的标准化建模语言”。它与编程语言的直接关联不大，可以用它来表达文学、历史、新闻以及软件开发等各个领域。

因此，基于 UML 开放式的这一特质，可以这样去理解：“UML 是容易理解，便于沟通的一种可视化非编程类语言。”并且，UML 版本的发展历程是一个逐步升级优化的过程，它由 1996 年 6 月产生的 0.9 版本发展至 0.91、1.0～1.4 以及当前的 2.4。

UML 主要版本与时间情况如图 1.1 所示。

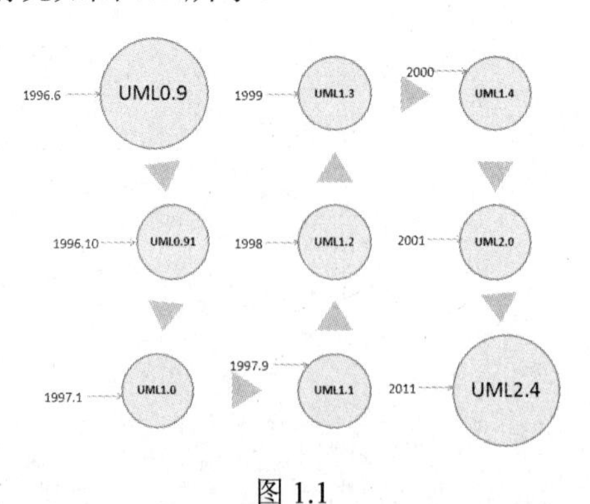

图 1.1

UML 0.9、UML 0.91 是同一批科学家 Booch、Rumbaugh 以及 Jacobson 共同完成的，它属于软件工程建模意识的统一阶段。

UML 1.1 在 1997 年 9 月提交于 OMG 组织，同年 11 月 7 日正式由 OMG 采纳作为业界标准。

UML 1.2 与 UML 1.1 差别不大，主要针对文字描述进行了一些调整。

UML 2.0 是正式作为工业化发展的标志，在 2001 年研究开展也比较顺利。

现阶段处于主流应用地位的 UML 主要版本为 2.0，在国内主要软件企业之间比较盛行，像 IBM、华为、HP 之类的公司都在使用。

1. UML 2.0 的核心组成

在思考 UML 的组成时，首先要明确 UML 的范围和树立意识。它不属于某类有针对性功能的程序语言，它是某种直观易懂的模型构造语言。

下面以 UML 2.0 为研究基点展开描述。其主要组成如图 1.2 所示。

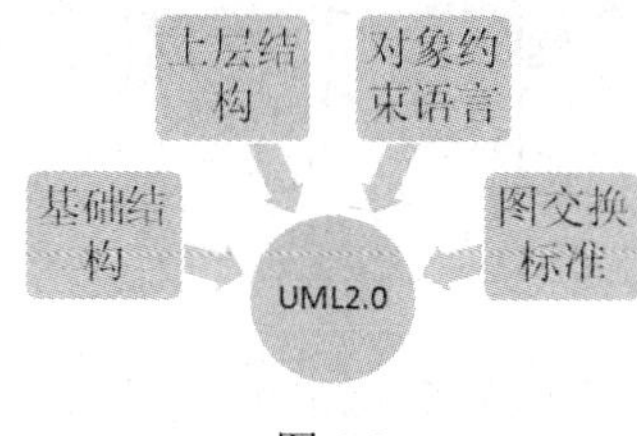

图 1.2

- 基础结构：用于定义可复用的各种元模型结构。
- 上层结构：用于支持各类构件、模型驱动设计与优化的结构。
- 对象约束语言：代表系统组件的对象定义了完整的明细信息，用于限制建模的某些非电脑正规语言。
- 图交换标准：中国信息技术标准化技术委员会设计的相关图形标准。

2. UML 2.0 图形名称总览

UML 是一种可以精确描述事物的全部具体细节和情况，并使人们互相之间能够建立快速有效展示的图形化工具。

当前 UML 的各种图形主要分为静态与动态两大类。

（1）静态图

静态图中的类图最为常见，它展现各种类或接口之间的有效关系。静态图的构件图与包图在系统方案规划中弹出的情况较多，而部署图在软硬件系统部署时弹出的比例较高。

（2）动态图

动态图中的用例图在需求分析与设计时弹出的比例较大，其他图形则在软件工程中弹出的比例相对低于用例图。

（3）图形名称总览

各种静态和动态图形的分类与具体名称如图 1.3 所示。

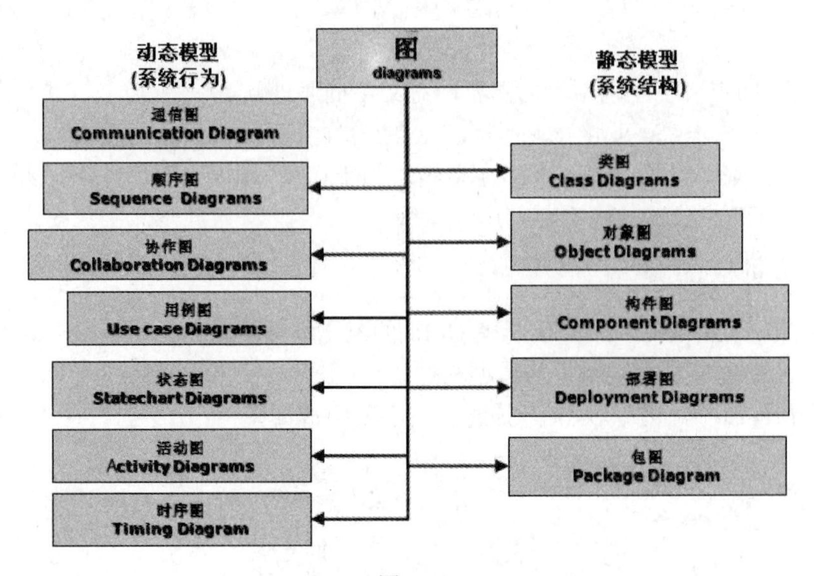

图 1.3

当然 UML 各类图形有一些共同的特质，如图 1.4 所示。

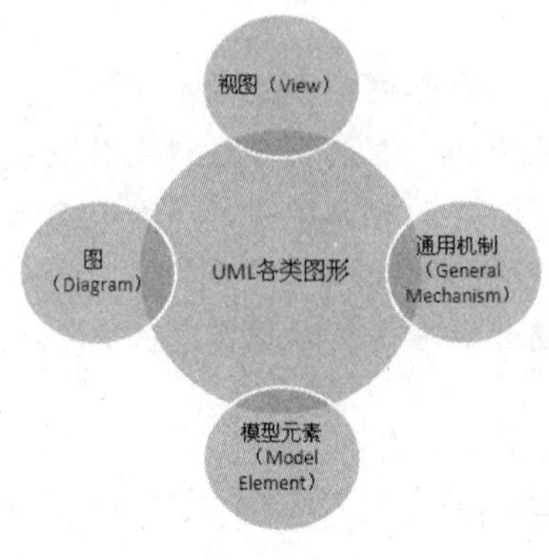

图 1.4

模型元素是指各种 UML 图形的组成元素，如状态图元素的状态用圆角矩形表示、部署图的节点用立方体表示。

通用机制主要是指图形元素的修饰与注释以及具体类型的细分。

目前的 UML 建模工具，如 IBM 公司的 Rational Rose、微软公司的 Microsoft Office Visio、Sparx 公司的 Enterprise Architect，它们均包含图 1.4 所示的特质。

1.2　UML 有何作用

目前的全球科技领域，国内外 IT 业界根据软件行业人员素质与物资水平特征，将软件系统建设细分为软件需求分析设计、软件分析设计、软件编码、软件测试、软件维护五大阶段。

构建软件系统需要实行以上阶段的原因在于，人员与机器设备、生活环境等方面存在一定的不稳定因素。为搭建合适的软件系统，不可能运用常规的办事逻辑去处理。

例如，准备建设一个烟草物流中心时，承建方千万不要一开始就把所有原料与设备采购齐全。因为这是在用出资方的钱，在项目开工前，投资方往往会有一些设计上的变动。此时必然要准备多种方案以备意外。另外，各种设计图纸与设计方案需要与相关人员及客户进行有效沟通。只有满足客户需求，符合实际情况与科学理念的实施方法，才是工程成功的重要环节。

软件系统的构建与工程建设存在同样道理，UML 提供多种模型，通过可视化的方式使系统设计开发人员高效地理解业务需求，从而进一步提升软件的扩展与兼容性。UML 的可视化也方便与客户进行及时沟通，使客户可快速理解软件问题的阐述，以降低系统需求变更的概率。

下面将通过表格对 UML 的各种图形进行分析，说明它们的主要作用，可让软件工程人员无须花费较多的时间就能掌握与收集 UML 图形的具体作用。

关于 UML 所属图的各种作用如表 1.1 所示。

表 1.1　UML 图形作用描述表

图名	作用
用例图	阐述系统的使用者与系统能达到的目标或效果。用例图由参与人、用例以及元素间的泛化、关联和依赖组成 说明系统的使用者以及该系统的功能。UML 的 9 种图中一个用例图包含了多个模型元素，如系统、参与者和用例，并且显示了这些元素之间的各种关系，如泛化、关联和依赖
活动图	UML 的 9 种图中，活动图能够演示出系统中哪些地方存在功能，以及这些功能和系统中其他组件的功能如何共同满足前面使用用例图建模的商务需求
状态图	可以捕获对象、子系统和系统的生命周期。它们可以告知一个对象可以拥有的状态，并且事件（如消息的接收，时间的流逝、错误、条件为真等）随着时间的推移怎样影响这些状态。一个状态图应该连接到所有具有清晰的可标志状态和复杂行为的类；该图可以确定类的行为以及该行为如何根据当前的状态而变化，也可以展示哪些事件将改变类对象的状态
顺序图	也叫序列图，UML 的 9 种图中，顺序图可以用来展示对象之间是如何进行交互的。顺序图将显示的重点放在消息序列上，即消息是如何在对象之间被发送和接收的
类图	UML 的 9 种图中，类图是一种模型类型，确切地说，是一种静态模型类型。一个类图根据系统中的类以及各个类之间的关系描述系统的静态视图
对象图	与类图极为相似，只是它描述的不是类之间的关系
协作图	可以看成类图和顺序图的交集，协作图建模对象或者角色，以及它们彼此的通信方式
组件图	UML 的 9 种图中，组件图用来表示建模软件的组织以及其相互之间的关系。这些图由组件标记符和组件之间的关系构成。在组件图中，组件是软件的单个组成部分，它可以是文件、产品、可执行文件和脚本等
部署图	用来表示建模系统的物理部署；例如计算机和设备，以及它们之间是如何连接的。部署图的使用者是开发人员、系统集成人员和测试人员

总之，UML 这一先进的建模理念为面向对象系统的建设增加了强有力的工具。

1.3 UML 应用方向

当前在 IT 界 UML 建模的应用范围较广，包括 Client/Server（客户机/服务器）结构、Browser/Server（浏览器/服务器）结构的各类软硬件系统，如分布式的电子商务 Web 服务、嵌入式的电力设备硬件系统，以及电子政务内部信息系统等。

从软件工程角度而言，UML 的主要应用阶段如图 1.5 所示。

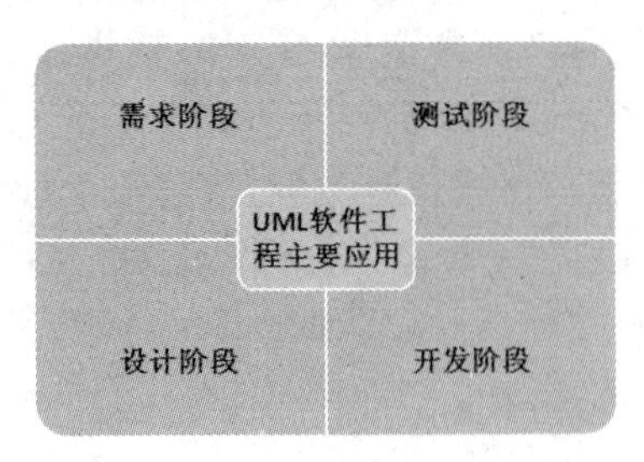

图 1.5

- 需求阶段：主要针对对象。
- 测试阶段：校验需求以及系统功能。
- 设计阶段：主要细化需求分析。
- 开发阶段：主要面向代码对象。

从软件工程多个环节（需求→设计→开发→测试）分析，笔者认为 UML 具有表 1.2 所述的一些应用点。

表 1.2　UML 应用分析表

阶段	应用点
需求	梳理出各种抽象或实体类以及主要的对象集合，并判断各种类之间的调用或关联关系。具体的 UML 图形可采用类图以及用例图、协作图等动态模型展现。本阶段的核心点在于通过对象建模体现实际生活环境中需要处理的各种问题域
设计	细化分析阶段的成果使之体现数据存储、用户接口以及界面等设计，最终形成技术重点结构。并为开发阶段奠定扎实的规格说明以便于软件工程人员快速地理解与实施代码开发
开发	运用面向对象方法将各种设计的模型演化成所需的对象代码，如使用 Rational Rose 直接将模型生成 Java 或 C++语言
测试	软件测试界经常使用类图、用例图、组件图，协作图等 UML 图形完成系统的各种测试。如用例图可校验系统是否符合需求规格说明书对行为的要求，协作图可判断业务流程与模块交互关系是否满足客户需求

当然，由于 UML 功能良好且使用方便，也可以将它应用于描述各类组织的构成以及相关的业务流程等非软件领域。

UML 能够引起各类软硬件工程人员的兴趣，主要原因在于，当面对复杂的事物自身和外部关联条件的要求思考时，UML 图形的绘制有助于快速地与他人商谈。

此外，从逻辑角度分析，UML 图形描述多系统组成、功能模块交互关系、业务流程等方面，具有层次清晰、易理解、好发散思维等优势。

1.4 UML 的学习方法

1.4.1 树立建模的思想

作为软件设计开发人员，在学习 UML 时，首先要清楚为何要进行建模。

建模的原因在于每制作一些质量合格的软件系统或产品，都需要有规范化的过程与对总体结构的把握。

建模最终的目的主要是为了实现以下几点：

- 模型比较具体直观，它有助于大家更好地按实际情形去构建软件系统。
- 模型方便更细致地描述软件的功能结构与相关动作。
- 模型提供软件系统的各种模板，以便于大家理解。
- 模型可以让系统架构人员加快决策的速度，并可以实现文档化。

其次，还要明白建模的有关原理。总的来说，建模是将庞大的软件划分为多个小的子系统，并运用分解的方式逐一实现。

- 要运用适合的模型，去体现有关软件开发的事情。
- 要有精确的想法，对模型进行分级以体现业务与角色的不同。
- 模型的构建必须与各种实际情况相结合。
- 各种模型可进行有效的结合，以便于人们对系统的深入了解。

最后，可重点关注面向对象方面的建模。

传统的面向结构或算法的建模，在频繁进行需求变更后软件维护将比较困难。而面向对象则不然，它们结构清晰，维护相对简单。因为，在面向对象建模中，可以找到各种真正需要的对象。

1.4.2 掌握学习的方向

1. 从类型着手 UML 建模

- 在现存的问题中识别用户的需求，并对各种抽象类进行细分，为各种类的实现创建属性与相关操作。
- 恰如其分地抽象出各种类与对象，为每个类创建相应义务与要求；分解范围过广的类，整合范围过窄的类。
- 注重对象与类之间的交互关系，合理地分配有关权限。

2. 透彻理解 UML 的各种图形

- 通过搜集合适的培训材料，掌握 UML 的图形类别与作用以及各种图形的组成元素与应用实例。
- 将 UML 应用到实际工作中，只有多使用才可以“熟能生巧”。具体建模工具有 Rational Rose、EA 等。

- UML 图形的设计需要跟着需求走，当客户的需求未彻底停止时，UML 图形要随时做好调整的准备。

3. 运用 UML 进行软件应用的总体分析与构建

- 整体掌握软件的层次结构与组成部分，从全局上把握系统的功能实现。
- 理顺软件系统内外部的交互关系，总体策划系统的扩展性与重用性。
- 规划软件系统的各种模型蓝图，提升软件需求、设计以及开发的质量。

第 2 章

Rose 初览

2.1 何谓 Rose

本章讲述的 Rose 由 IBM 软件集团下属的 Rational 公司研制，它属于某类针对对象进行可视化软件系统建模的工具。在 Rose 中的可视化建模主要在于通过各种标准化的图形展现业务特性，以助于软件工程人员的理解。

Rational Rose 可以全面支持任何 Web 开发、数据建模、面向对象语言编程的需求分析与系统设计，它是国际上知名的超级建模语言工具与方案。

Rational 公司主要融合了软件领域各类工程研发的经验教训，通过 Rational Rose 产品提升软件从业人员的业务建模与系统构建的能力。随着时间的推移，Rose 产品不断升级，其满足各类软件公司扩展软件业务模型的特点进一步增强。

近十几年来，Rational Rose 的主要版本包括 97、2002、2003，2007（即 Rose 7），它的方法论来源于 UML，在学习 Rational Rose 时需要先对 UML 进行学习。

为使读者对 Rational Rose 有个整体的了解，下面以 Rose 2007 为例，对 Rose 的界面进行概要介绍，如图 2.1 所示。

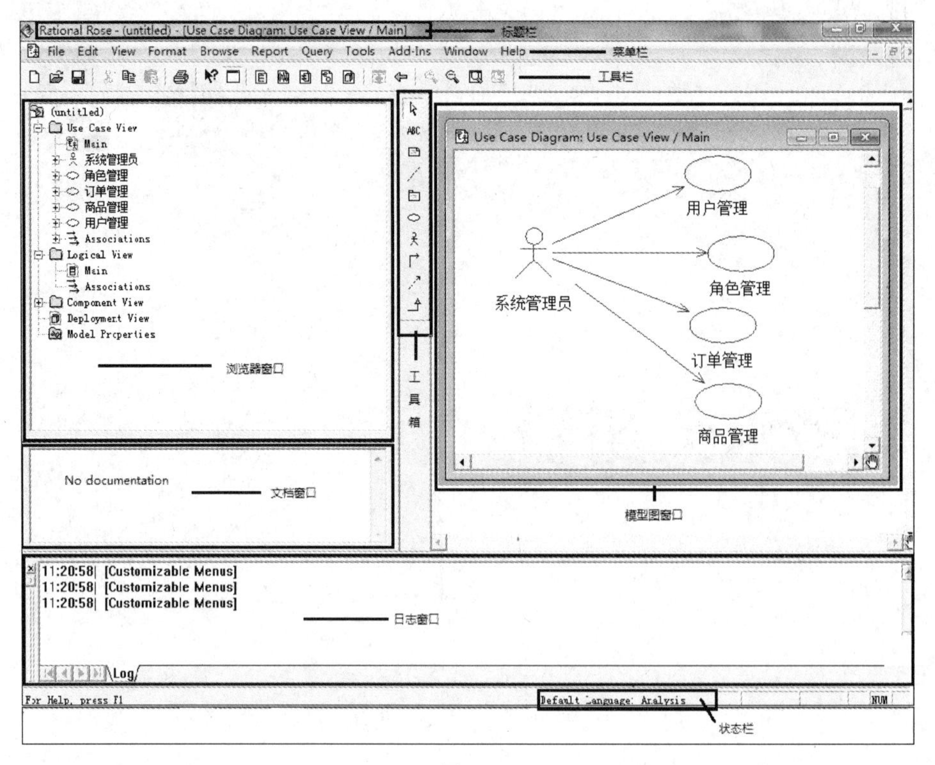

图 2.1

- 标题栏：用于显示模型标题的名称。
- 菜单栏：用于便捷地使用各类菜单。例如文件的新建、保存、打开，模型导入与导出、模型的编辑、复制、粘贴、删除以及视图与工具等。
- 工具栏和工具箱：展现各类画图工具的标志，如打开文件、保存文件以及依赖关系。
- 浏览器窗口：便于快速地开启有关应用模型。
- 模型图窗口：主要用于展现与修改 UML 相关图形。
- 文档窗口：可快捷地调用常规命令。
- 日志窗口：显示各类错误或命令结果。
- 状态栏：用于说明模型所处的状态。

2.2　安装 Rose 7.0

Rose 的版本较多，本节以在网络中较容易下载的 7.0 版本为安装实例。

以下各部分的描述，均是笔者实践过的。

如果大家在网上下载的 Rose 7.0 为 ISO、VHD 或 BIN 格式，可以安装 DAEMON Tools Lite 软件；将 Rose 安装文件从虚拟硬盘导出到本地硬盘。当然也可以在网上下载其他虚拟光驱软件，如精灵虚拟光驱（Daemon Tools）、金山模拟光驱 1.0，Virtual Drive Manager 1.3.2 绿色版等。

Rose 7 具体安装过程如下述步骤所示。

01 在文件夹中查找 setup 文件，单击之后，进入安装向导界面，如图 2.2 所示。

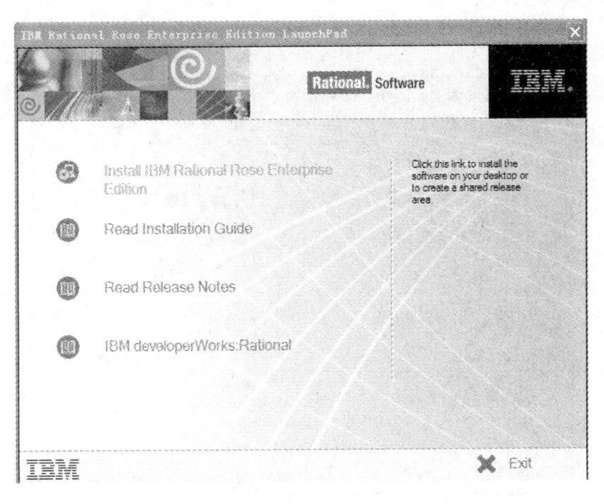

图 2.2

02 单击 Install IBM Rational Rose Enterprise Edition 选项，弹出如图 2.3 所示界面。

图 2.3

03 单击“下一步”按钮，进入如图 2.4 所示界面。

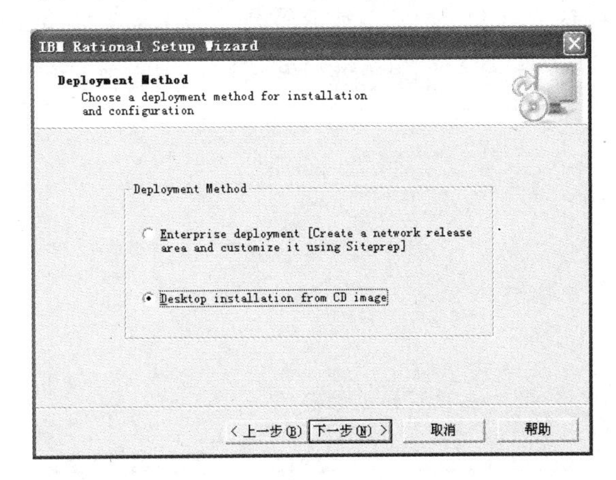

图 2.4

04 选择 Desktop installation from CD image 选项，单击“下一步”按钮，进入如图 2.5 所示界面。

图 2.5

05 连续单击 Next 按钮，直到弹出如图 2.6 所示界面。

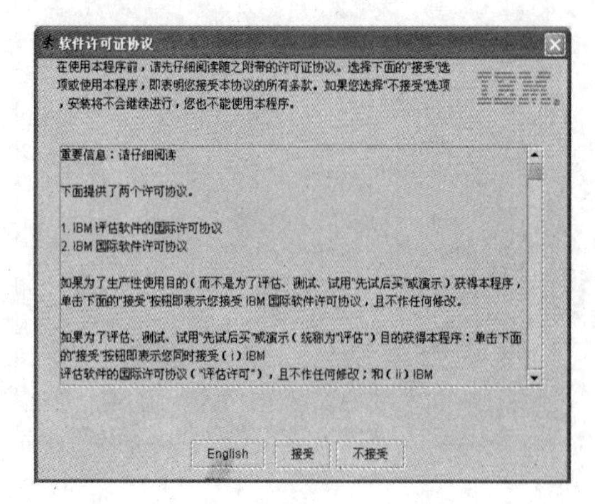

图 2.6

06 单击“接受”按钮，弹出如图 2.7 所示界面，可根据实际情况进行安装路径的配置。

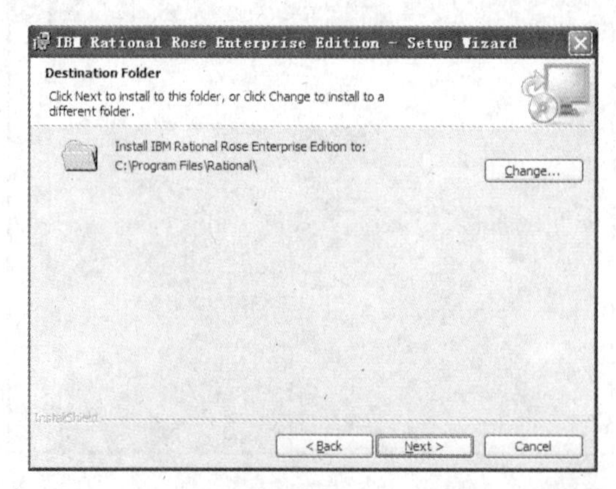

图 2.7

07 单击 Next 按钮，弹出如图 2.8 所示界面。

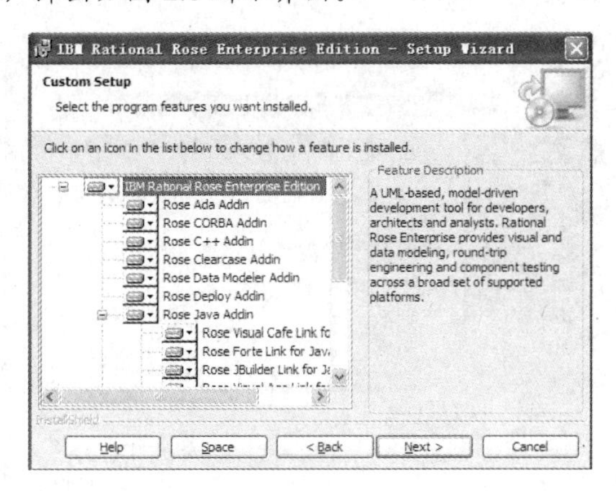

图 2.8

08 选择 IBM Rational Rose Enterprise Edition 选项，单击 Next 按钮，弹出如图 2.9 所示界面。

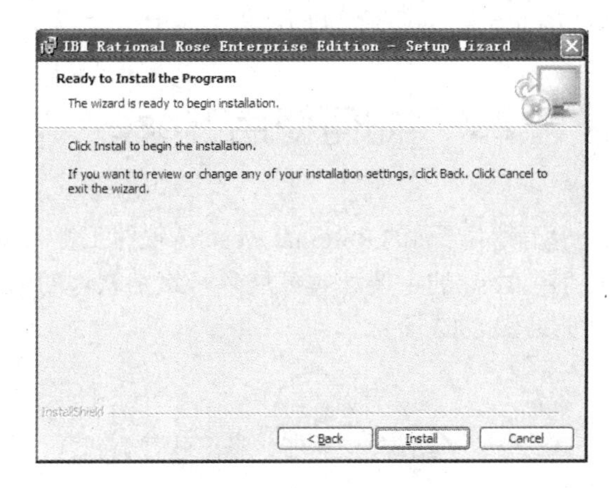

图 2.9

09 单击 Install 按钮，弹出如图 2.10 所示界面。

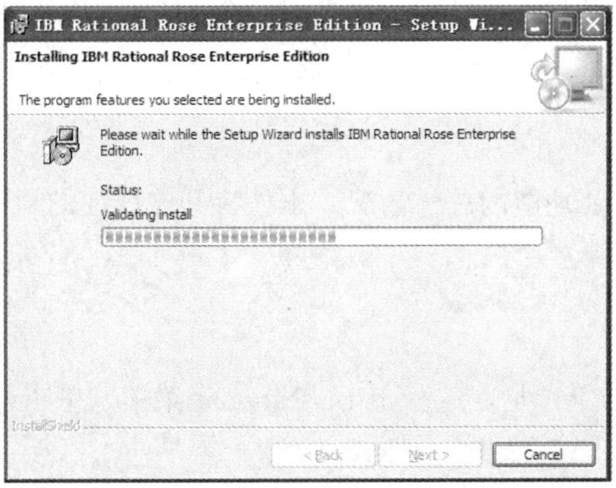

图 2.10

10 单击 Next 按钮完成具体安装后，将弹出如图 2.11 所示界面。

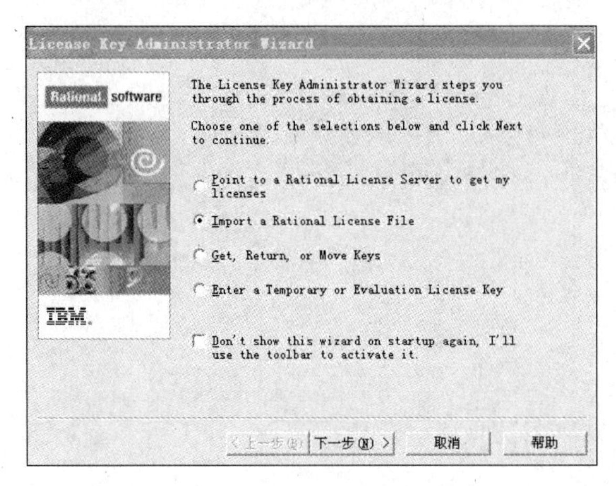

图 2.11

11 选中图 2.11 中的 Import a Rational License File 单选按钮，单击“下一步”按钮，再在本地选择可用的 License 导入即可使用 Rose 7。

2.3 如何使用 Rose

如何使用作为菜单驱动型软件产品的 Rational Rose 是软件工程人员需要重点考虑的事情，根据目前业界的实际情况运用 Rose 的主要版本开展各种级别软件的应用建模显得十分必要。

其中，Rose 的主要功能如图 2.12 所示。

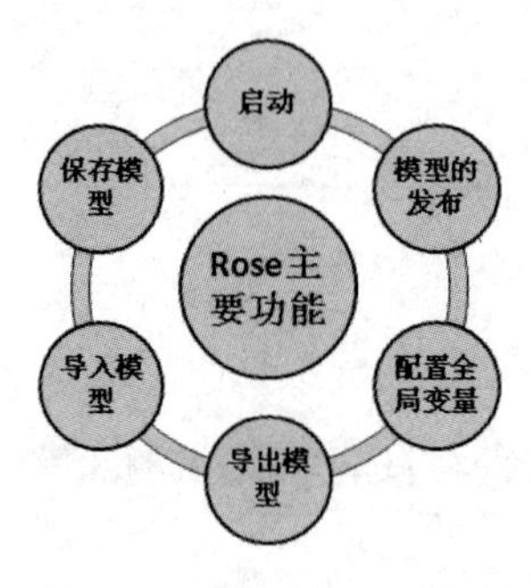

图 2.12

基于 Rational Rose 主要功能的总体情况，本处特开展详细的阐述。具体内容如下所示。

1. 启动

操作流程如下。

首先，打开 Windows 菜单栏，选择 IBM Rational 菜单，单击子菜单 IBM Rational Rose Enterprise Edition，弹出如图 2.13 所示界面。

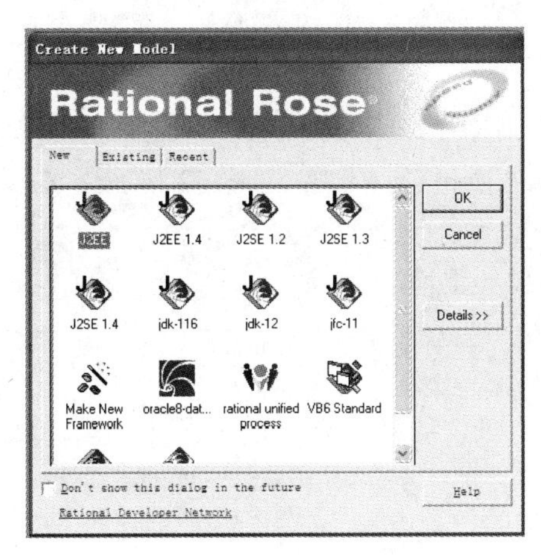

图 2.13

选择需要的框架单击 OK 或 Cancel 按钮。选择 J2EE 图标，单击 OK 按钮后，弹出如图 2.14 所示界面。

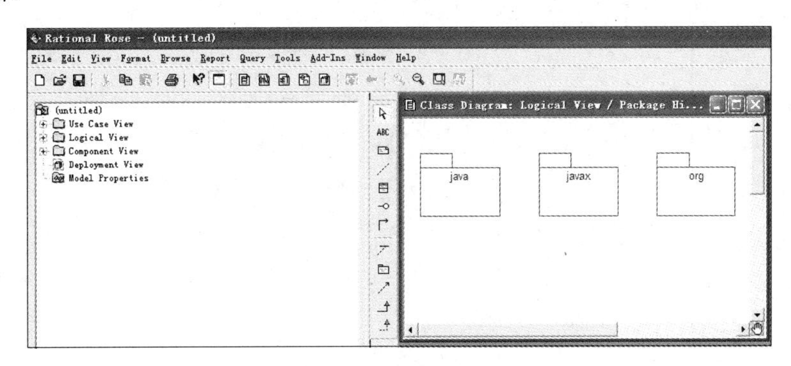

图 2.14

在图 2.14 中选择任意图标，单击 Cancel 按钮，弹出如图 2.15 所示界面。

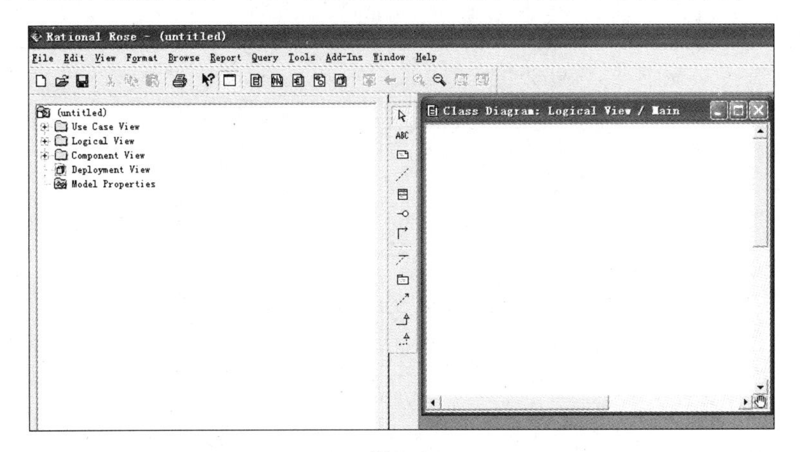

图 2.15

生成如图 2.14 或图 2.15 界面后，使用者可以通过菜单或工具栏保存 Rational Rose 绘制的各种图形。

2. 模型的发布

操作流程如下。

选择菜单命令 Tools→Web Publisher，弹出如图 2.16 所示对话框。

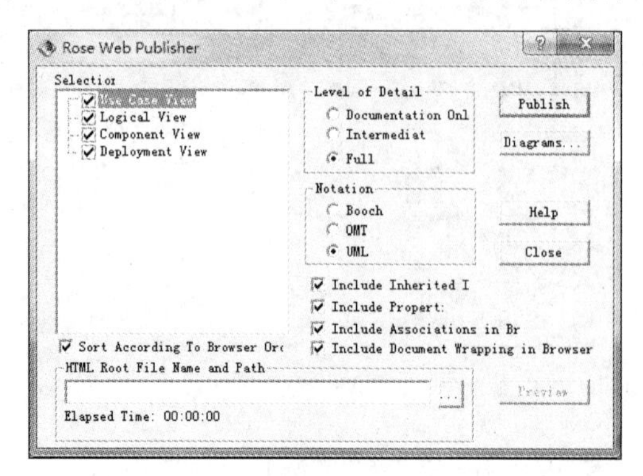

图 2.16

3. 配置全局变量

操作流程如下。

单击菜单栏命令 Tools→Options，实现全局变量的设置，如图 2.17 所示。

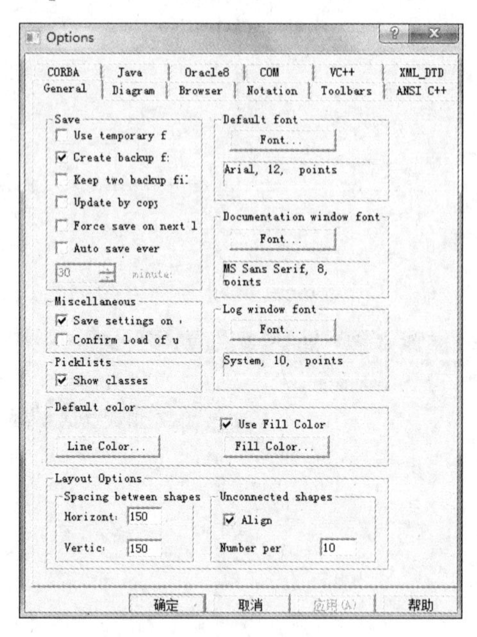

图 2.17

4. 导出模型

操作流程如下。

选择 File 菜单，单击 Export Model 选项，弹出如图 2.18 所示对话框，导出模型并保存至电脑硬盘。

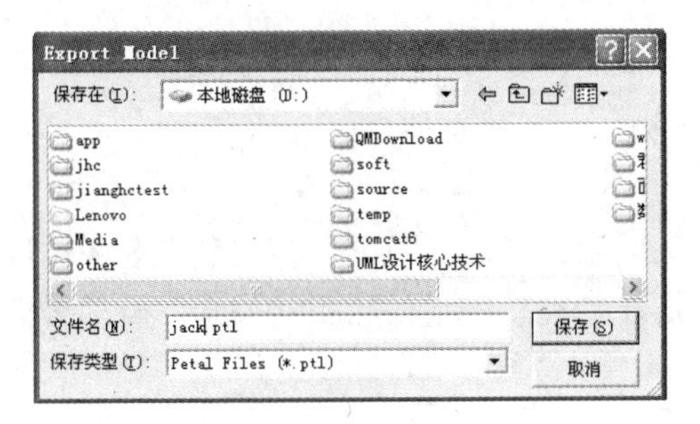

图 2.18

5. 导入模型

操作流程如下。

选择 File 菜单，单击 Import 选项，弹出如图 2.19 所示对话框，导入模型，选择保存在电脑硬盘的模型。

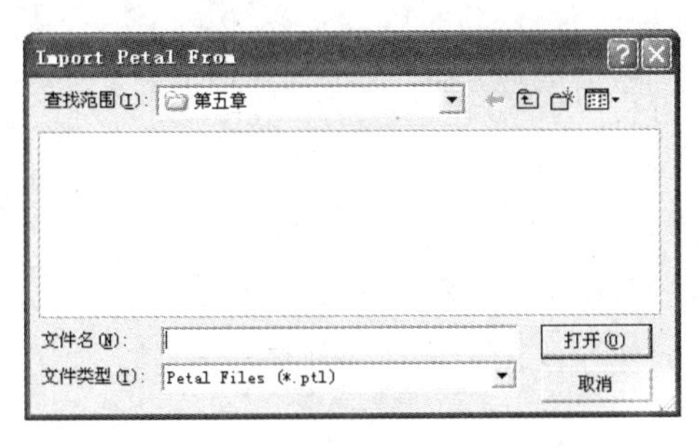

图 2.19

6. 保存模型

操作流程如下。

选择 File 菜单，单击 Save 选项或者单击保存工具，弹出如图 2.20 所示对话框，将模型保存至电脑硬盘。

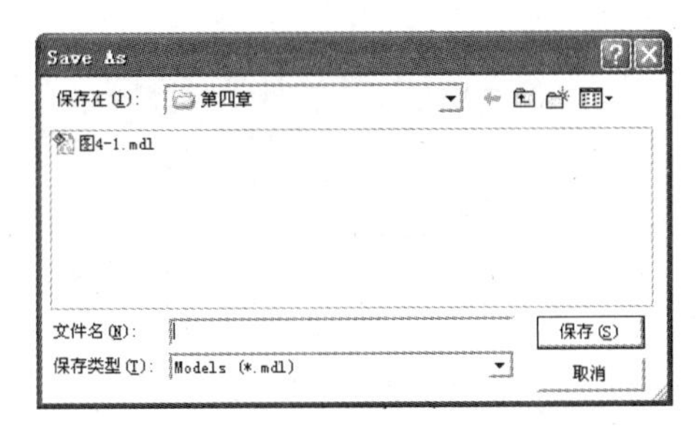

图 2.20

2.4 Rose 的作用

Rational Rose 拥有大量具体的建模图形，便于各类软件工程人员系统地理解软件。

它的具体作用表现如下。

2.4.1 项目投标阶段

Rose 可制作案例性质的应用模型，如通过组件图（别名为构件图，如图 2.21 所示）、部署图（如图 2.22 所示），展现各类系统组件的相互关系以及部署情况。

1. 组件图

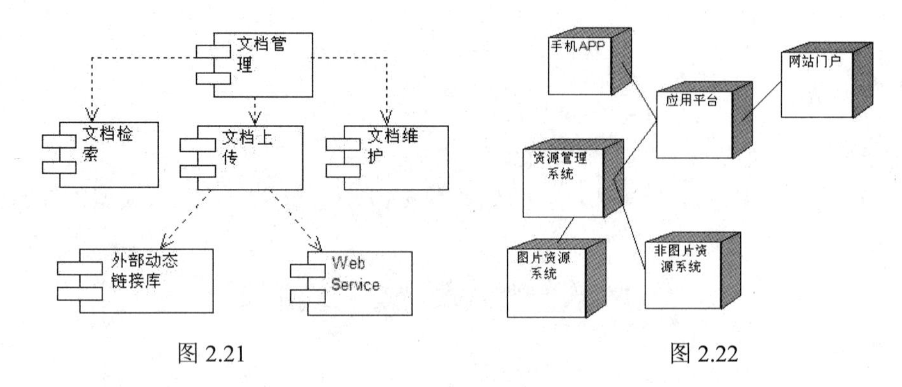

图 2.21　　　　图 2.22

- 文档管理由“文档检索、文档上传、文档维护”三部分组成。
- 文档上传依赖于“外部动态链接库、Web Service”。

2. 部署图

- “应用平台”的部署离不开“手机 APP、网站门户、资源管理系统”。
- 资源管理系统的部署与“图片资源系统、非图片资源系统”的部署关系紧密。

2.4.2 需求分析阶段

Rose 可有效地创建业务模型，如可通过用例图体现业务用户角色具备的相关权限。创建用例图可以可视化应用与外界的交互，如图 2.23 所示。

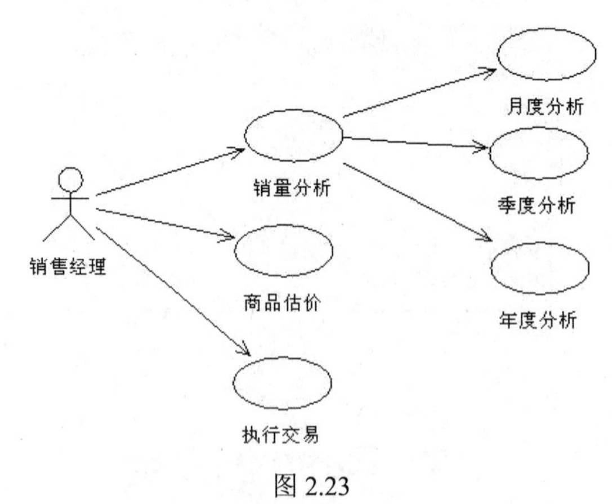

图 2.23

- 执行人即销售经理进行销量分析、商品估价以及执行交易处理。

- 销量分析包括“月度分析、季度分析、年度分析”。

2.4.3 系统设计阶段

Rose 可设计各类对象模型，用于展现软件系统的调用关系。如可使用类图（如图 2.24 所示）、时序图（如图 2.25 所示）体现对象之间的层次关系或调用关系。

1. 类图

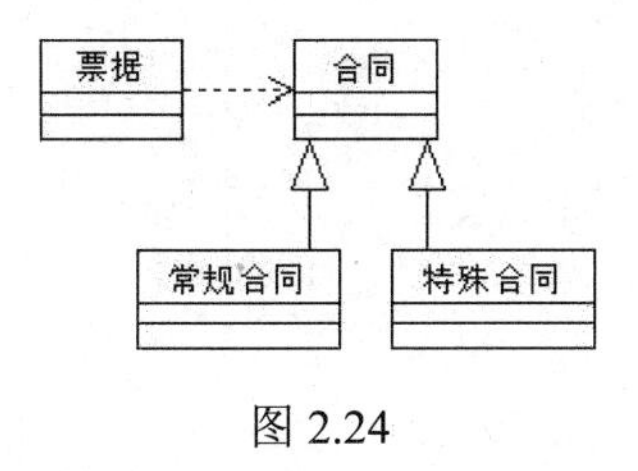

图 2.24

- 票据类调用抽象类合同。
- 合同类与其子类“常规合同、特殊合同”是继承关系。

2. 时序图

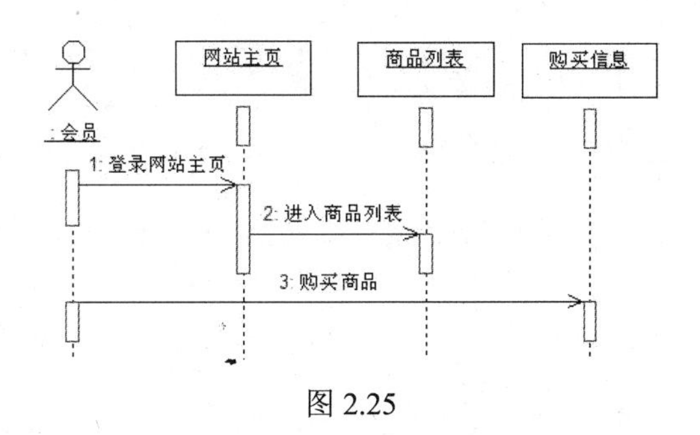

图 2.25

- 执行人即会员登录网站平台进行商品查询与购买的过程。
- 先登录网站主页，再进入商品列表，再购买商品。

2.4.4 数据设计阶段

Rose 可构建各类对象与数据模型的交互关系。例如，可创建工厂与工人主从表的类对象调用关系，内容如图 2.26 所示。

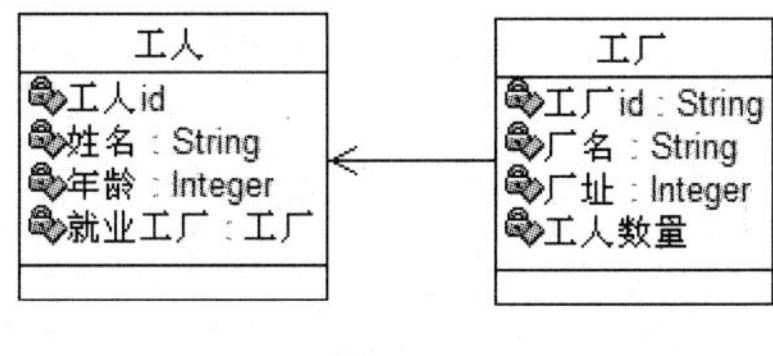

图 2.26

- 工厂类为主表而工人类则是从表。
- 工人类增加工厂 id 字段作为其外键。

2.4.5 编码阶段

Rose 可生成各种框架代码。具体可通过 Tools→Java/J2EE→Generate Code 命令将类图、对象图等 UML 图形对象生成 Java 代码。例如，创建父亲与儿子、女儿的主子类关系类图。具体步骤如下。

01 创建类图，如图 2.27 所示。

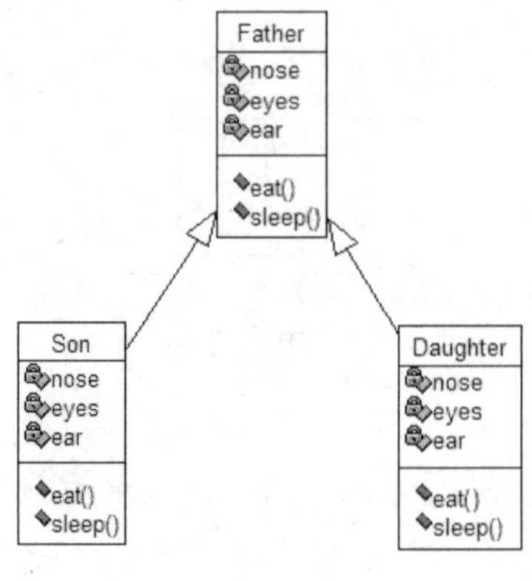

图 2.27

- Father（父亲）是父类，Son（儿子）、Daughter（女儿）是子类。
- Father（父亲）的属性与方法被 Son（儿子）、Daughter（女儿）继承。

02 选择类图，再通过 Tools 菜单的子菜单 Java/J2EE 触发 Generate Code 功能去生成代码，如图 2.28 所示。

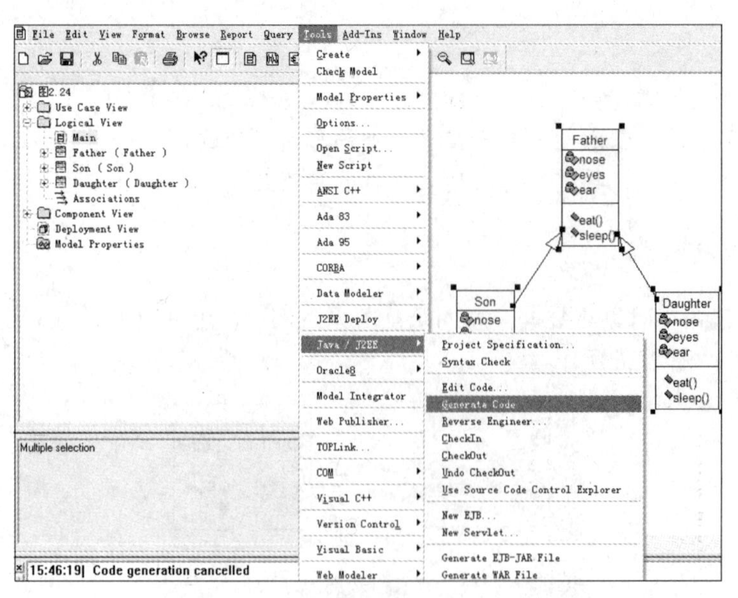

图 2.28

第二部分

在静态中提升之结构型

第 3 章

来自生活的抽象——类图

3.1 定义

在 IT 书籍当中涉及 UML 的图形往往以类图居多，原因在于它体现了对象的基本类型与某些固定的非动态关系或结构。所谓的 UML 类图是某个展示抽象或实体类所属各种静态结构的模型图，在软件系统构建的各个阶段均有较为重要的现实意义。它是 UML 建模中最需要掌握的基础图形，其他多种不同图形以其为原点进行拓展与延伸（诸如状态图、构件图、协作图等）。

其实 UML 类图来源于对面向对象语言类的一种图形化体现。由于类包括类名、各类属性与操作方法，因而 UML 类图也少不了此类信息。它可作为对系统功能的说明，也可预先制定对象类型的规则，并清晰地表现数据的封装与对象的交互关系。

例如，图 3.1 为表现人类基本特征的类图。

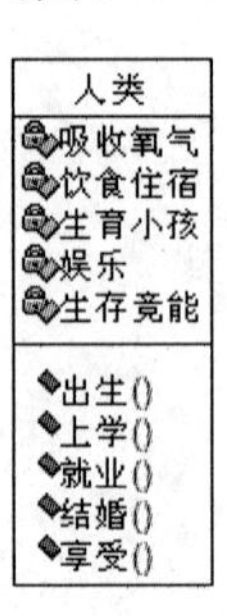

图 3.1

- 处于图形顶部的人类是 UML 类名，说明主题。

- 位于图形中间的“吸收氧气、饮食住宿、生育小孩、娱乐、生存竞能”均为类的属性，说明类的组成。
- 图形最下面部分的“出生、上学、就业、结婚、享受”则为类的操作方法，说明类具体组织哪些活动。

当然，面向对象的类不只是抽象类，也包括接口。

所谓的接口简言之即“某种表现实体或抽象类的局部情境，并能重复使用相同或相似元素的操作过程”。在 UML 类图中可进一步应用 Java 的接口概念进行延伸，即将接口体现某一实体行为特点的特征用类图展示。

如图 3.2 和图 3.3 所示，接口有两种图形表示方法。

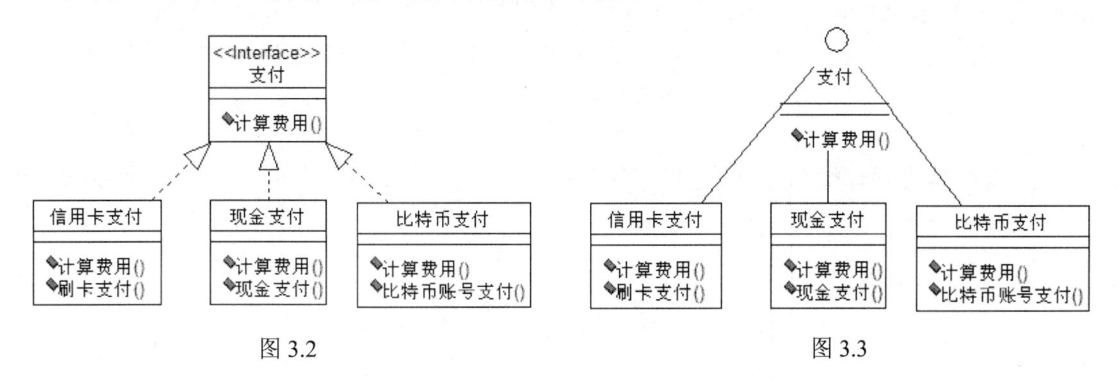

图 3.2　　　　图 3.3

图 3.2 和图 3.3 说明“支付接口”将由“信用卡支付、现金支付、比特币支付”三个实现类去实现三种不同的支付方式。

- 接口部分作用：支付接口实现的“计算费用”；
- 实现类部分作用：信用卡支付实现类的“计算费用、刷卡支付”；现金支付实现类的“计算费用、现金支付”，比特币支付实现类的“计算费用、比特币账号支付”。

3.2 应用优势与时机

3.2.1 应用优势

当前，类图在软件系统的研发过程中主要承担着系统设计的功能，它用于设计多个功能模块之间的各种交互关系，如基类与子类的继承、接口与实现类的实现关系，以及各种实体或抽象类外部相关的依赖或聚合关联。类图还表现了类的明细信息，如各种变量参数、数据类型以及方法。

运用类图可规定编码的大方向，编程人员只需按类图实现功能即可。这与工程人员建造高楼大厦没有本质区别，楼房的设计图也类似于实现软件系统的类图。

那是否意味着类图只适合应用软件设计阶段呢？答案自然是否定的。因为，实际上在系统分析阶段，分析师也需要绘制类图用于体现业务对象的固定结构以及业务对象间的交互关系。当然它与开发人员的具体技术实现无关，只体现业务层面的对象结构与关系。

3.2.2 应用时机

软件工程人员在面向对象方法体系当中经常会用到类图，那么是否要在软件项目的启动或创建阶段运用多种类的标志呢？笔者认为大可不必，完全可以从较容易理解的概念入手。可以先定义类，至于诸如各种实体类或抽象类之间的关联，可在有展现需求时再用。由于类图涵盖的内容很多，在系统分析时可绘制简单概念类图，在系统设计时可绘制说明性质的类图，而在系统实现时则可绘制详细的实现类图。

笔者认为，应用类图的较佳时机体现在以下方面。

（1）针对系统中全体的或特定范围的词和固定短语建模，以便在词汇中挖掘出各种面向对象的类与其相应的职责。

（2）通过容易理解、使用或处理的方式创建协作模型，从而实现在多种类与接口以及各种元素之间的合作关系。例如，在软件开发过程中的事务处理，开发人员往往运用多个类去实现功能。

（3）运用类图设计数据库表结构之间的关系，如“主从表、关联表”等对象之间的具体调用等。

3.3 关系大全

类图的关系主要体现为表 3.1 所述的几点。

表 3.1 类图关系表

关系名	概述
泛化（Generalization）	主要针对不同元素的现状，充分利用它们的一般性与特殊性进行科学归类；其实，泛化也就是主（父）子类之间的继承关系
实现（Realization）	通过类去实现接口的某种体现方式
关联（Association)	基于对象去实现各种类之间的引用关系，从而促使某些类熟悉其他类的内部属性与方法
聚合（Aggregation）	运用整个人力、物力或各类组织的全体与部分之间的关系形成的某种特殊关联
组合（Composition）	全局类与局部类之间的关系维系，需要运用同一生命周期去体现，并且局部类无法离开全局类而独立生存
依赖（Dependency）	当两个类显示为关联关系时，其中一个类描述的概念变化将影响另一个类的概念发生变更

1. 泛化

泛化主要用于体现父子类之间的继承关系。例如，卡车是汽车的某一种类，即卡车的特性包含了汽车的共性。

图 3.4 就体现了泛化关系。

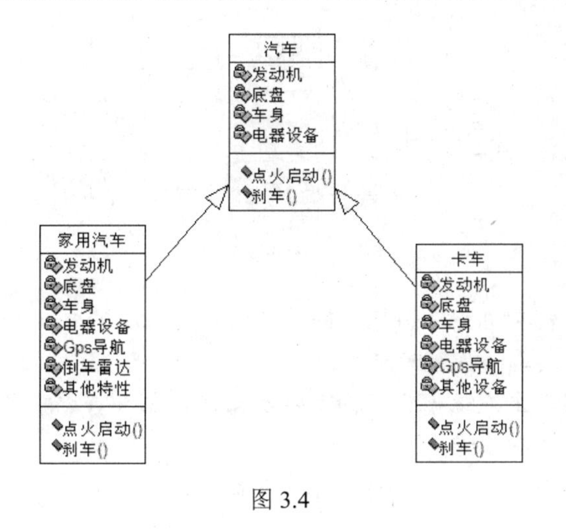

图 3.4

- 汽车是父类。
- 卡车是子类。
- “◁———” 是泛化关系标志符。

2. 实现

实现主要体现了某些类可以实现接口的特征与行为。例如用于数据操作的一个接口，由 Mysql 与 Db2 两个类去实现，如图 3.5 所示。

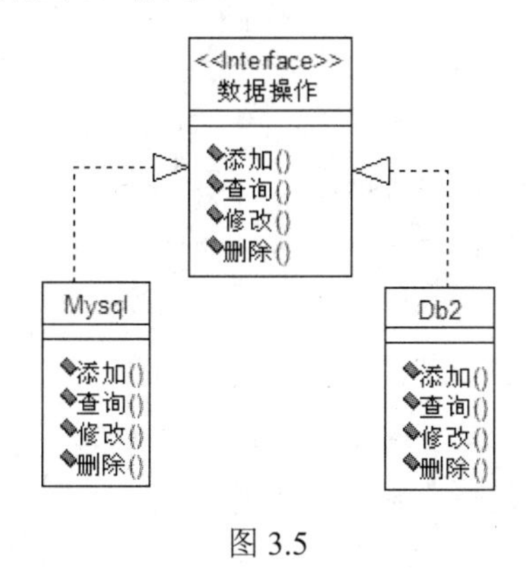

图 3.5

- 数据操作是接口。
- Mysql 与 Db2 是两个实现类。
- “◁┄┄” 是代表实现的标志符。

3. 关联

关联体现了不同对象在各种类之间的调用关系，它的表现形式分为单、双向两种。

例如，我国现阶段在飞速发展的现代建筑行业，处于行业中下层的各类包工头与男女工人之间的各种关系，如图 3.6 所示。

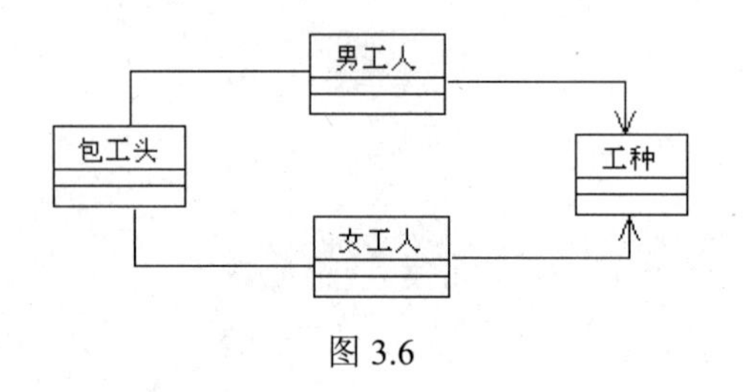

图 3.6

- "———"是代表双向关联的标志符，当然也可以用"<———>"标志符表示。
- "———>"是代表单向关联的标志符。
- "包工头"和男女工人体现为双向关联关系，包工头可以有多个男女工人，男女工人也可以帮多个包工头干活。
- 男女工人可干多个工种，但工种分属抽象概念，不具有分享对男女工人的使用与拥有权限。
- 此处男女工人类拥有工种类的引用，由男女工人类发动关联，所以是箭头需要男女工人指着工种类。

4. 聚合

聚合体现了全局与局部之间有别于同类事物或平常情况的某类关联。例如我国的空军部队由歼击航空兵、强击航空兵、轰炸航空兵和空降兵组成，如图 3.7 所示。

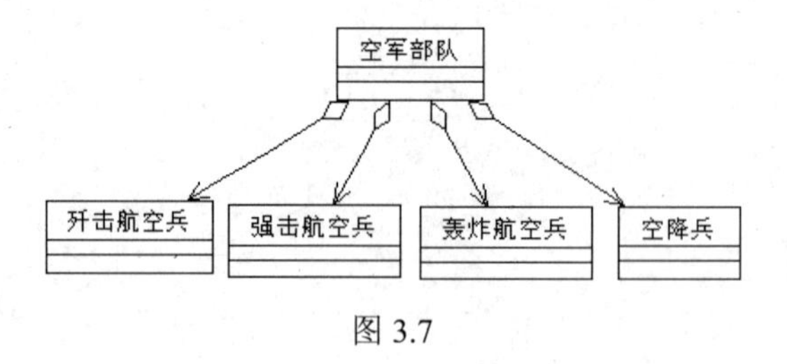

图 3.7

- "空军部队"是全局类。
- "歼击航空兵、强击航空兵、轰炸航空兵和空降兵"是局部类。
- "<>———>"是代表聚合关系的标志符。

此外，在软硬件系统项目需求阶段涉及"组成、由……组成、包括"之类的文字时，往往均是聚合关系的表现。并且局部与全局隔离也可有效生存，如空降兵离开空军也可以作为一支独立的部队存在。

5. 组合

在某种意义上而言，组合也可以算是聚合，但是它的局部不能离开全局独立存在。这是组合与聚合的最大区别。在日常生活中不难发现组合的例子，如小学与小学阶段的班级，两者是全局与局部的关系，没有小学的成立自然就不存在小学阶段的班级，如图 3.8 所示。

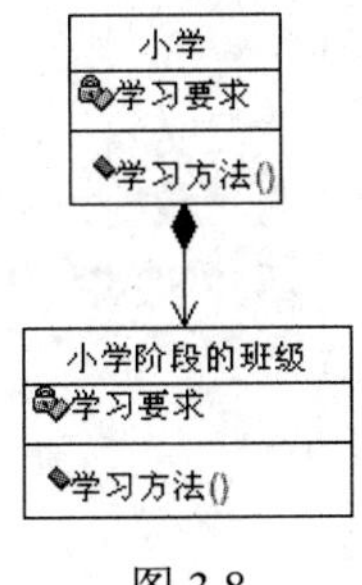

图 3.8

- “小学”是全局类。
- “小学阶段的班级”是局部类。
- “◆———>”是代表组合关系的标志符。

6. 依赖

当某个类内容的变更有可能使另一个类变更时，可以认为它们是依赖关系。当然依赖可能与关联并存，有关联关系必然存在着依赖关系，只需用关联标志符展现即可。

高中生使用智能手机以及日常生活、学习需要家长照料与提供开支的关系，是依赖关系的具体体现，如图 3.9 所示。

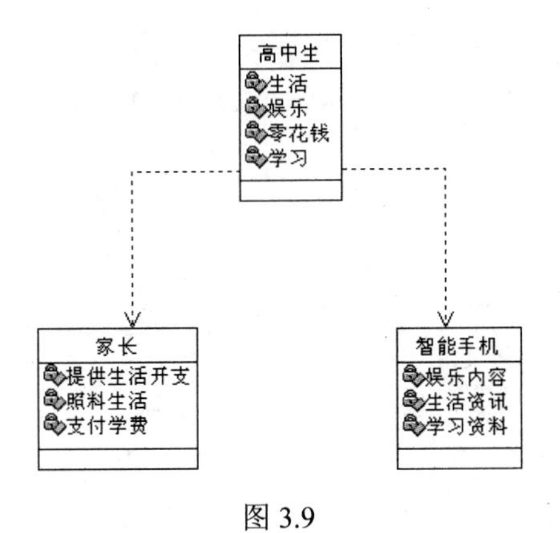

图 3.9

- “高中生”类依赖于家长类与智能手机类。
- “--------->”是代表依赖关系的标志符。

7. 关系大全实例

在生活中不难发现属于类图主要关系表现形式的实际案例。例如大家去电脑商城采购电脑笔记本时，有关电脑方面的组成原理或相关配件，就是一个良好的类图应用关系大全。其中，笔记本与键盘形成组合关系，笔记本继承了电脑的特质，电脑依赖于电源，电源实现电力能源接口。键盘与键盘系列属于聚合关系，键盘系列与工作环境相关联。具体内容如图 3.10 所示。

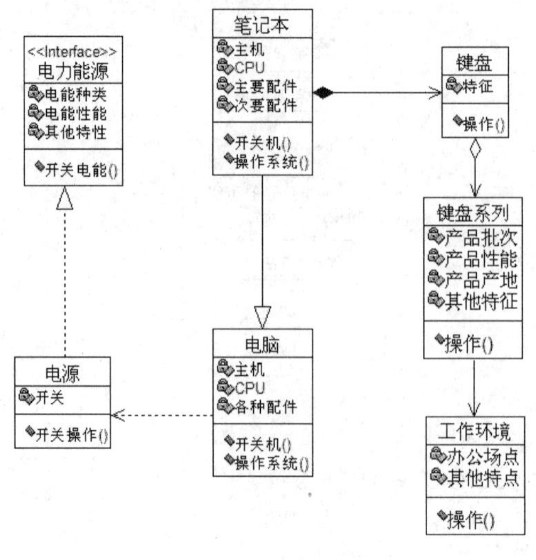

图 3.10

3.4 类图的绘制

软件工程人员使用 UML 类图，对于明确系统设计与编码阶段的实现思路很有意义。尤其是绘制较为细化的类图时，其类名、方法、属性以及各种类之间交互关系的绘制，可使软件开发人员快速地实现系统。

本处类图的绘制以 Rose 7 为基点，进行细节的描述。主要内容如图 3.11 所示。

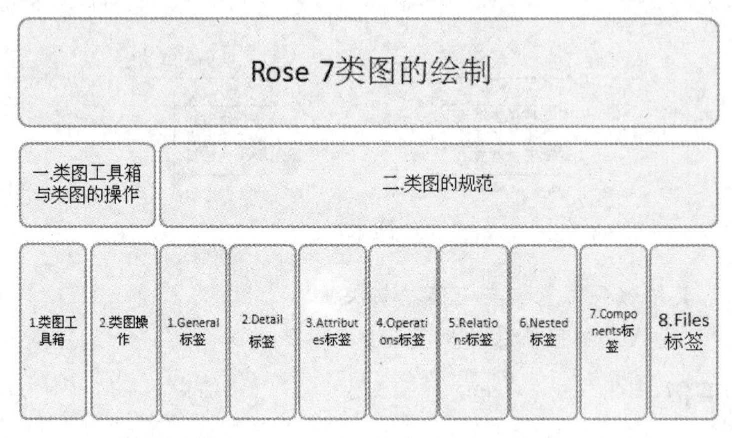

图 3.11

1. 类图工具箱与类图的操作

（1）类图工具箱

在 Rose 7 中绘制类图，可采用以下步骤。

打开 Rose 7，选择 Logical View 选项，单击 Main，弹出如图 3.12 所示的工具箱。

工具	作用
	把光标转变为箭头，用于选取目标
ABC	在模型图形里面增加文本框
	在模型图形里面增加注释
	将注释与模型图目标连接在一起
	便于在模型图中增加类
	在模型图中添加新接口类
	于模型图内部表现关联关系
	链接关联类与关联关系
	于模型图内增加包
	表现模型图的依赖关系
	表现模型图的泛化关系
	表现模型图的实现关系

图 3.12

图 3.12 中的工具在 Tools→Create 下属的子菜单中也存在。Tools→Create 下属的子菜单也包括诸如“聚合、接口”之类的其他工具。只是组合的话，需要先选择聚合。

例如，在我国现阶段的软件行业中存在一个共性，即一家比较规范的软件企业，为了保障软件产品的质量；其内部必然会成立质量部门。质量部门的团队组成包括多个角色，一般由“体系工程师、评测工程师、体系主管和评测经理”共同构成，具体如图 3.13 所示。

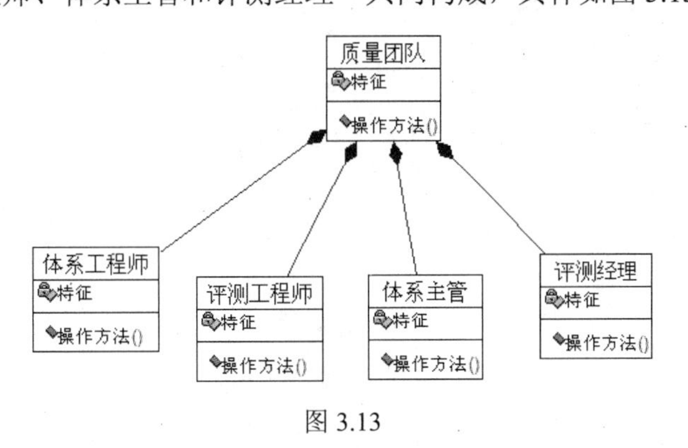

图 3.13

组合具体操作如下。

01 选择工具箱中的图标，分 5 次将其拖至模型图窗体。将类分别取名为质量团队、评测经理、体系主管、评测工程师和体系工程师，并添加各类的属性与方法，具体内容如图 3.14 所示。

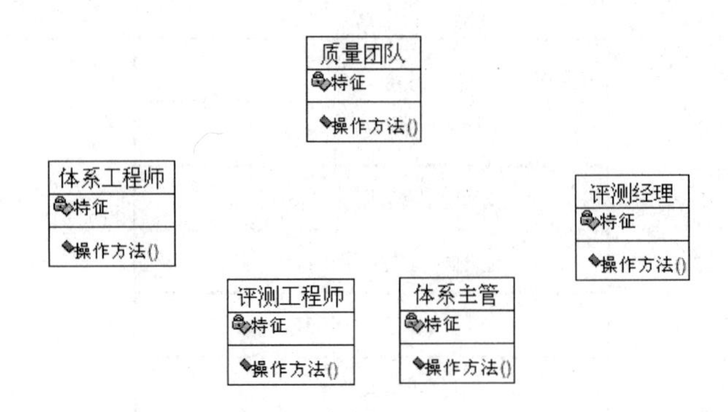

图 3.14

02 选择工具栏，创建 Aggregation（多向聚合）或 Unidirection Aggregation（单向聚合）。本处选择 Aggregatio（多向聚合），如图 3.15 所示。

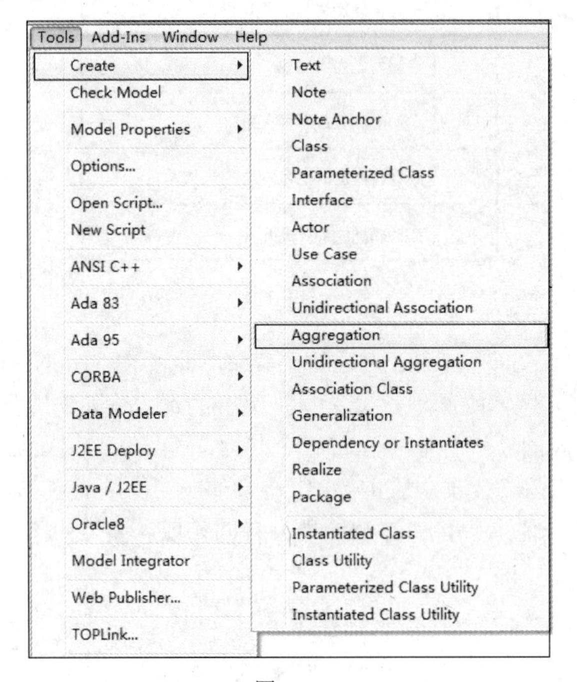

图 3.15

在几个类之间添加 4 个多向聚合，弹出如图 3.16 所示的关系。

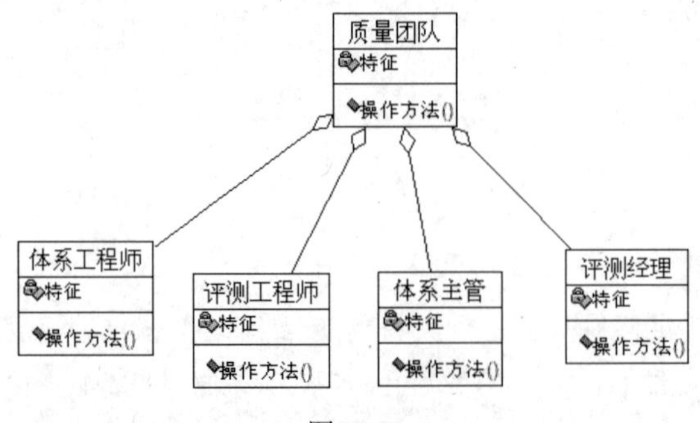

图 3.16

03 然后选择图 3.16 中的某个聚合关系图标“◇”，在其上单击鼠标右键，在弹出的菜单中选择 open specification 属性，此时将弹出如图 3.17 所示的对话框。

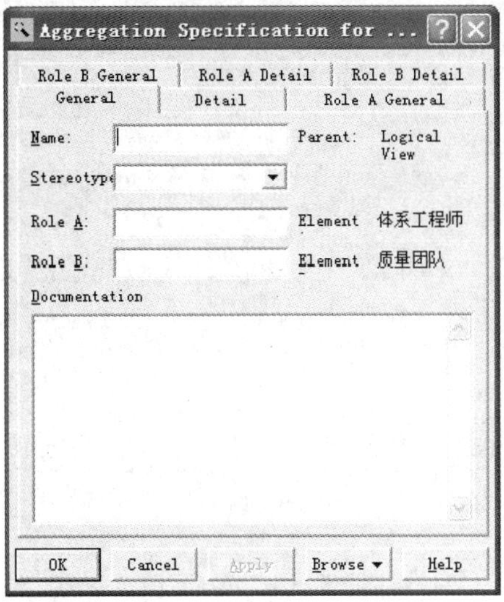

图 3.17

- General 选项卡是默认状态。
- 图中弹出“体系工程师、质量团队”的名字，原因在于操作时选择了两者之间的聚合关系。
- 其中，Stereotype 的下拉列表如图 3.18 所示。

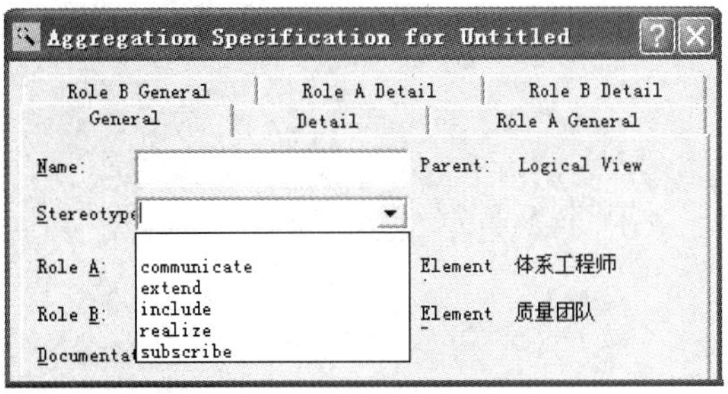

图 3.18

04 单击 Role B Detail 选项卡，选择 By Value 单选按钮，单击 OK 按钮，弹出如图 3.19 所示对话框。

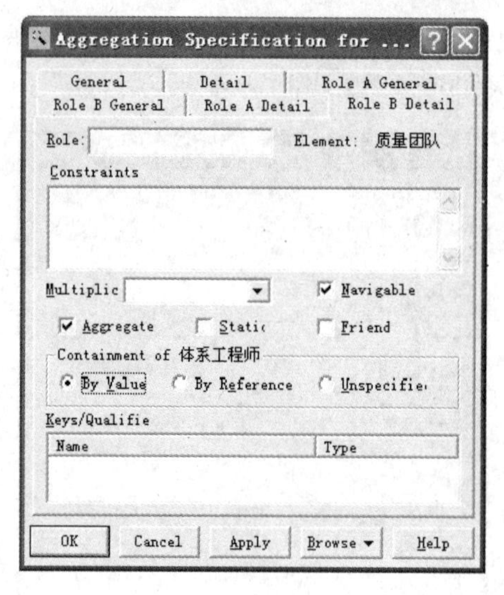

图 3.19

- 单击 OK 按钮后，“ ”图标将变为“ ”。
- 当不需要聚合关系时，可以根据需求在“Containment of 体系工程师”选项组中，选择 By Reference 或 Unspecifie 单选按钮。

（2）类图操作

1）新建类图

方法 1：

在 Logical View 选项上单击鼠标右键；在弹出的快捷菜单中选择 New→Class Diagram 命令；最后录入所需类图名。

方法 2：

在 Logical View 选项上单击 Main，直接选择 工具；最后录入所需类图名。

2）删除类图

方法 1：

在已创建的类图上单击鼠标右键 ，在弹出的快捷菜单中选择 Edit→Delete 命令。此时，类图没有真正删除，它还存在于浏览器中。

方法 2：

在已创建的类图上单击鼠标右键 ，在弹出的快捷菜单中选择 Edit→Delete from Model 命令。此时，类图将真正被删除。

2. 类图的规范

类图的规范主要包括 General、Detail、Operation、Attributes、Relations、Components、Nested、Files 标签。具体如图 3.20 所示。

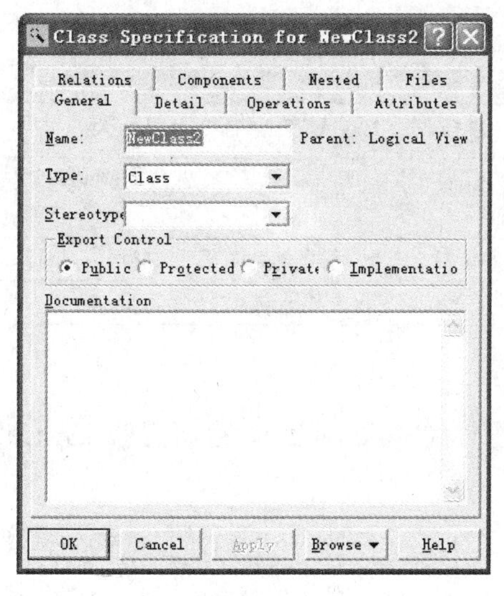

图 3.20

（1）General 标签

1）Name（名称）：
用于输入或修改类的名称。

2）Type（类型）：
用于选择类的分类。

3）Stereotype（构造型）：
用于选择所需要的角色，具体内容见表 3.2。

表 3.2 构造型说明表

名称	含义
Actor	参与者
Boundary	边界
Business actor	业务参与者
Business entity	业务实体
Business worker	业务工人
Control	控制
Domain	域
Entity	实体
Interface	接口
Table	表格
View	视图

4）Export Control（输出控制）
用于选择输出访问操作的控制，具体内容见表 3.3。

表 3.3　类输出控制表

选项	用途
Public	在某一系统的内部全体类，均可访问该类
Protected	该类具有保护型的特质，允许其他类在“嵌套或友元以及相同的类内部”开展访问操作
Private	该类仅可在“友元及相同类内部”进行访问操作
Implementation	仅允许在相同包下的其他类进行访问操作

（2）Detail 标签

Detail 标签主要包括多重性（Multiplicity）、存储需求（Space）、并发性（Concurrency）等明细设置。具体如图 3.21 所示。

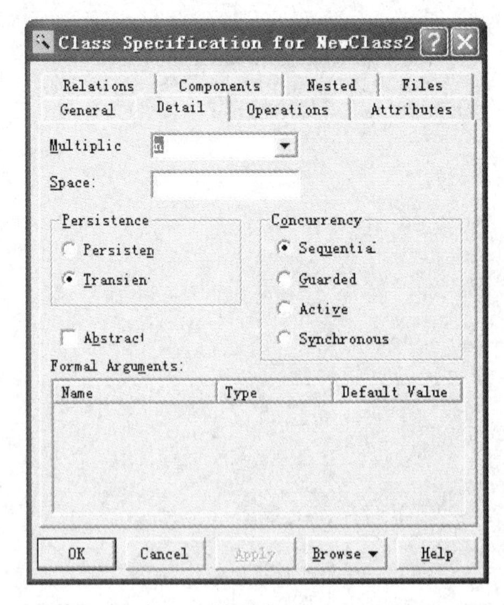

图 3.21

1）Multiplicity（多重性）

本属性主要弹出在“关联、聚合、组合”等类图关系的实际应用中，通常表示关联对象的具体量度或数量大小的区间。表现形式可以使用数字结合英文与“*”，具体内容如表 3.4 所示。

表 3.4　多重性属性分类表

分类	含义
0..0	表示为 0 种数量
0..1	表示为 0 或者是 1 种数量
0..n	表示为 0 或者多种数量
1..1	表示为 1 种数量
1..n	表示为 1 种或多种数量
n	表示为多种数量

多重性属性分类的实例如图 3.22 所示，某个网络线路检修通知可以关联 0~n 个网络报修单。

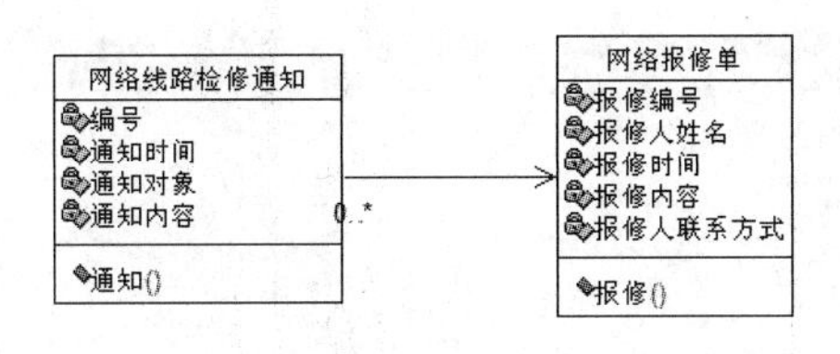

图 3.22

2）Space（存储需求）

存储需求属性，主要就是输入存储路径之类的内容，一般建模中使用的情况很少。

3）Persistence（持续性）

持续性属性包括 Persisten（持久化）与 Transient（临时的）。

4）Concurrency（并发性）

并发性属性，主要根据使用者实际的需求进行选定。一般情况应用于正在活动中的有关对象，方便明确其他某个活动中的对象调配使用此操作时所得到的有效行动。

具体属性分类如表 3.5 所示。

表 3.5 并发性属性分类表

分类	概述
Sequential	创建类图时默认生成。在仅仅包括某个控制线程的时候，类可在正常状态下使用。而当具备两个以上的控制线程时，则类未必能一切如常运行
Guarded	呈现两个以上的控制线程，使类肯定能够保持正常运行；并且差异化的类需要互相合作，以确保彼此之间互不骚扰
Active	类生成了具备自身所需的必要控制线程
Synchronous	呈现两个以上的控制线程，保证类可以正常运行而无须和其他类产生协作关系，使类自己就可解决互相排斥时的问题

（3）Attributes 标签

Attributes 标签主要包括构造型（Stereotype）、名称（Name）、来源（Parent）、类型（Type）和初始化（Initial）。可以创建包含以上分类的类图，如图 3.23 所示。

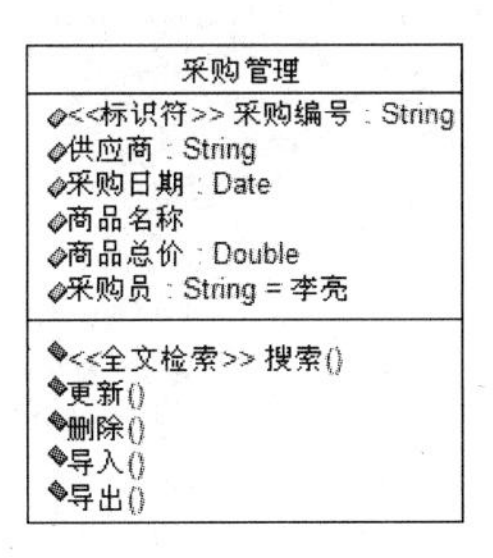

图 3.23

选择图 3.23 类名为采购管理的类图，在其上单击鼠标右键，在弹出的菜单选择 Open Specification（打开规范）选项，然后选择 Attributes 选项，弹出如图 3.24 所示的内容。

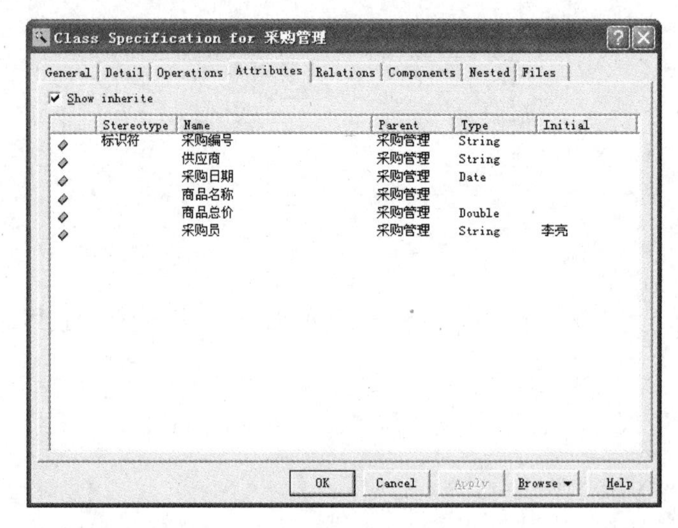

图 3.24

- Stereotype：需要手工输入，一般在类图中不常使用。它类似于模板，有助于在元素的规范中添加全新的内容。
- Name：显示采购编号、供应商、采购日期、商品名称、商品总价、采购员等属性的名称。
- Parent：显示采购管理类名。
- Type：为属性名称的类型。
- Initial：其实是指默认的初始化数据。

（4） Operations 标签

Operations 标签包括 Stereotype（构造型）、Operation（方法）、Return type（返回类型），Parent（所在的类）。

具体如图 3.25 所示。

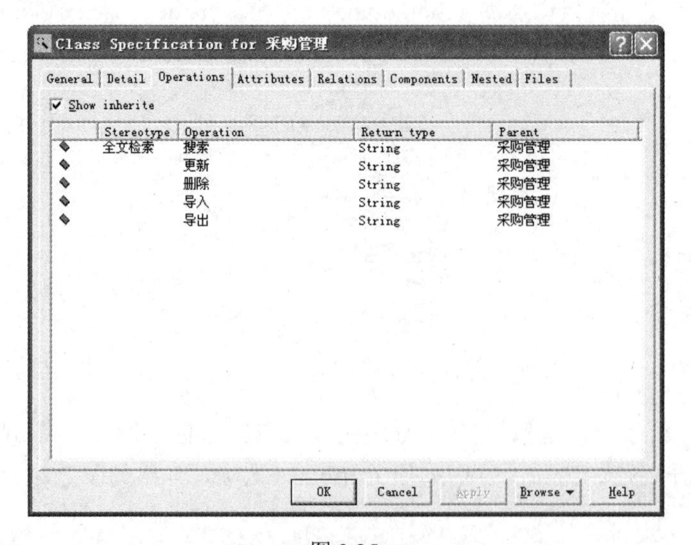

图 3.25

- Stereotype：需要手工输入，类图中使用的情况不多。它相当于为元素增添新的模板，从而扩大元素的内容库。
- Operation：显示“出生、上学、就业、结婚”等操作方法的名称。
- Return type：是指“方法返回的类型”。
- Parent：显示类名。

（5）Relations 标签

可以创建一个比较简单的聚合关系类图，查看与学习所属的标签。
具体展现的图形，如图 3.26 所示。

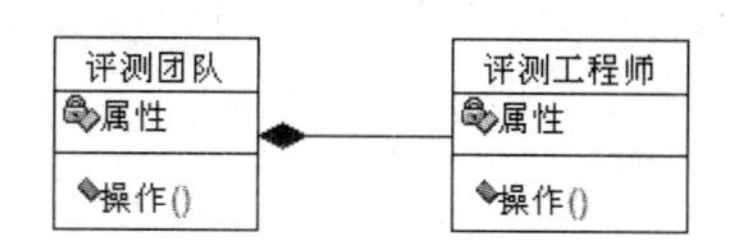

图 3.26

- 选择评测团队类，在其上单击弹出所属类的各个标签面版。
- 这里选择 Relations 标签，将弹出如图 3.27 所示的界面。

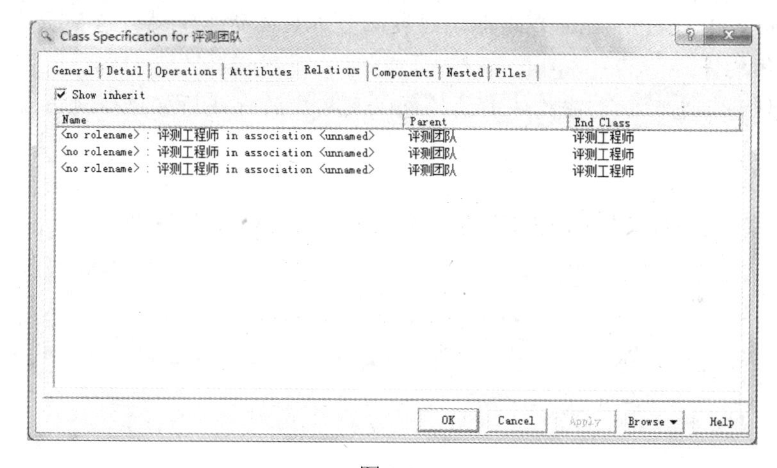

图 3.27

（6）Nested 标签

本标签主要用于创立一个至多个新生的嵌套类。右键触发该标签的任意空白处，选择弹出的 Insert 功能标志，录入实际项目所需要的嵌套类名。

（7）Components 标签

本标签主要用于展现各种系统中类的所有构件，具体内容如图 3.28 所示。

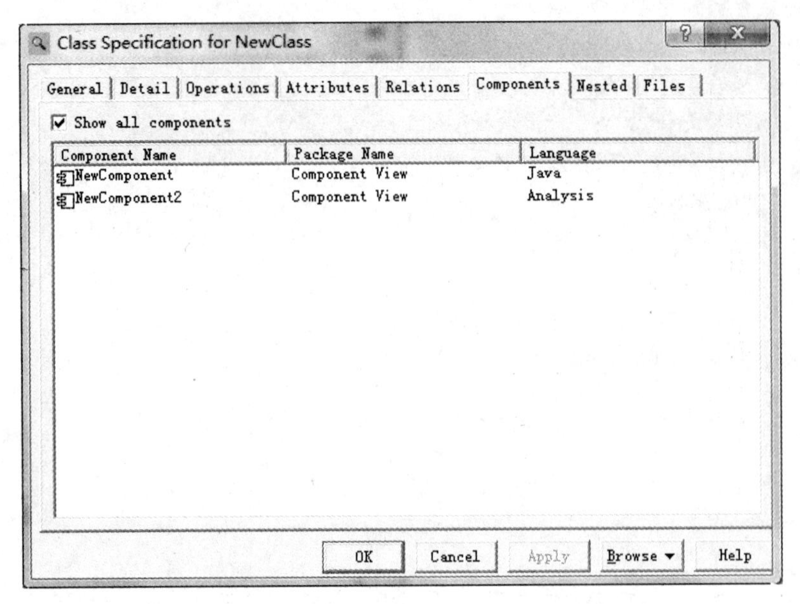

图 3.28

- 选中 Show all components 复选框，则展现全体系统所需构件；否则仅展现完成其选择类的具体构件。
- 展现构件的标志时，也将构件隶属的包以及相应的代码语言也体现出来。

（8）Files 标签

本标签用于展现各种文件以及相关的路径，具体内容如图 3.29 所示。

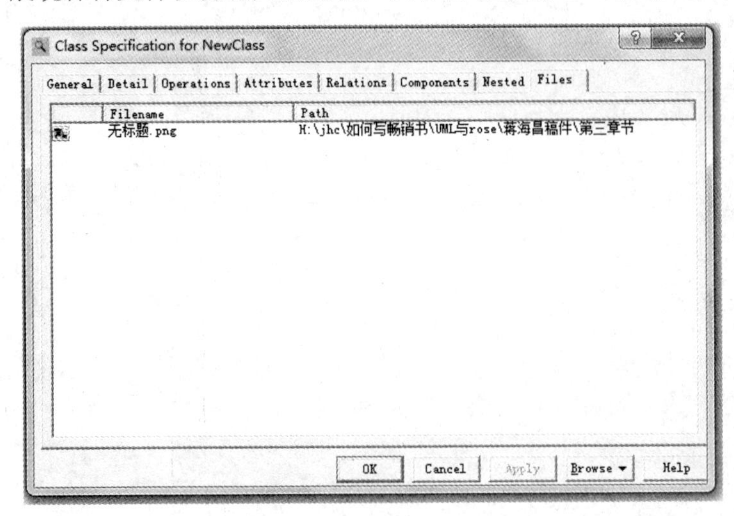

图 3.29

- 本标签经常用于控制操作文档相关的链接，属于较为方便的快捷功能。
- 路径支持中英文的文件夹，不会产生读取错误。

3.5 业务建模——构建车辆行政管理系统的类图

在一个车辆行政管理系统中，软件工程人员可以提取车辆采购的一些对象，包括采购员、采购清单与汽车配件。采购清单和采购员之间采用关联标志符表示，并标上数字以表现采购员可下多个采购清单。采购员类的属性包括采购员编号、账号、密码、姓名、年龄、性别、手机号码、电子邮件，采购员类的操作包括下订单、追货、追发票；其类的细分根据程度的高低，划分为高级采购员、普通采购员、实习采购员三个子类。

采购清单的属性包括采购时间、运输费用、其他费用、采购金额，采购清单的操作主要包括计算其他费用、费用合计。并且，采购清单为满足单位财务规范的要求，将其分为多个采购项。

采购项的属性分为商品采购量与商品单价，它的操作目的仅限于统计隶属于采购清单的费用。采购项因受现实原因影响对汽车配件形成依赖关系，汽车配件价目的变化将导致采购项数据的变更。

1. 在 Rose 中创建类图

01 打开 Rose 7，选择浏览器中的逻辑视图名称 Logical View；单击⊞标识。

02 单击 Logical View 下弹出的 Main 菜单，弹出如图 3.30 所示界面。

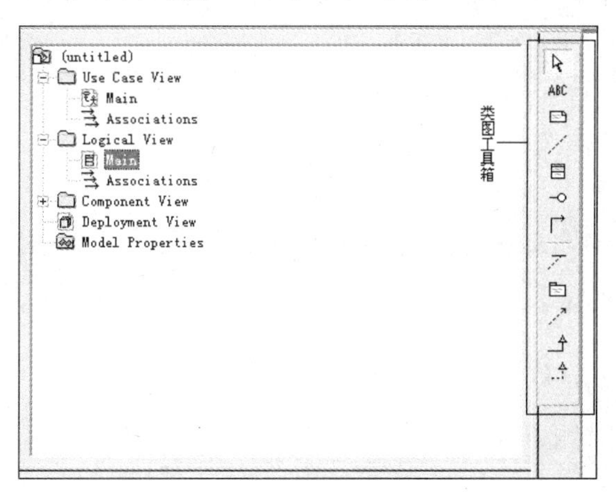

图 3.30

03 选择图 3.30 中类图工具箱部分的相关标志符，进行类图的构建。

创建采购员、采购清单与汽车配件的类图。

（1）浏览器窗口

各种类名与类之间交互关系的主体内容，如图 3.31 所示。

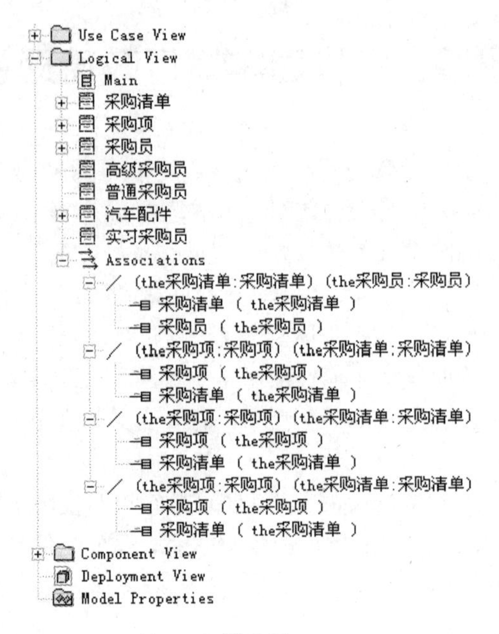

图 3.31

Logical View 文件夹作为一个整体的逻辑视图，其里面包含了各类图以及类之间的关系。

其中，采购清单、采购项、采购员、高级采购员、普通采购员、汽车配件、实习采购员均为类名。

Associations 是聚合的意思，此处主要说明采购项类与采购清单类之间的交互属于聚合关系。

（2）模型图窗口

各种类的属性、操作方法，以及各个类之间的交互关系通过类图的各类标志符绘制。核心内容部分如图 3.32 所示。

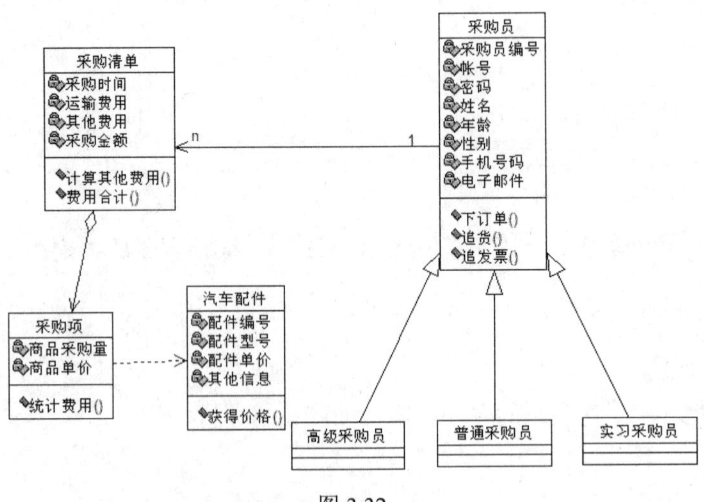

图 3.32

- 对于“采购员”类与“采购清单”类，在类图工具箱中选择“——>”标志符将两者连接起来，表示它们是关联关系；选择ABC标志符输入“1、n”的数字代表采购员对采购清单是“1对多”的交互关系。

- 采购员类为父类，高级采购员、普通采购员、实习采购员为其子类，在类图工具箱中选择“◁——”标志符将各方连接，以体现泛化关系。
- 采购清单类可包含多个采购项，它们的关系叫做聚合；在类图工具箱中选择“◇———>”标志符，用于表现聚合关系。
- 采购项对汽车配件是依赖关系，在类图工具箱中选择“-------->”标志符，用于表现依赖关系。
- 代表聚合关系的“◇———>”标志符，需要选择主菜单栏的 Tools→Create→Unidirectional Aggregation 命令，如图 3.33 所示。

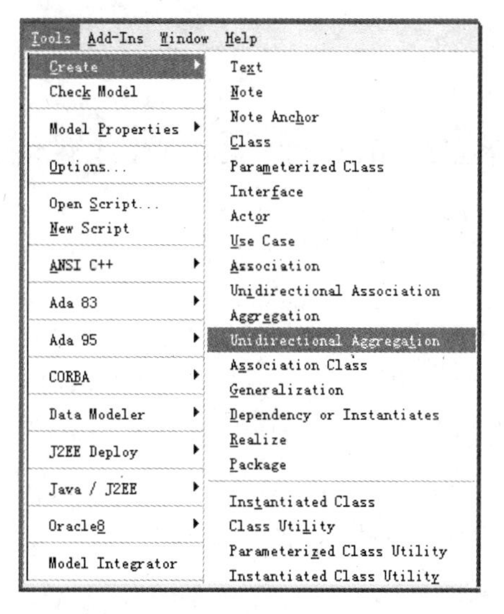

图 3.33

类的命名如图 3.34 所示。

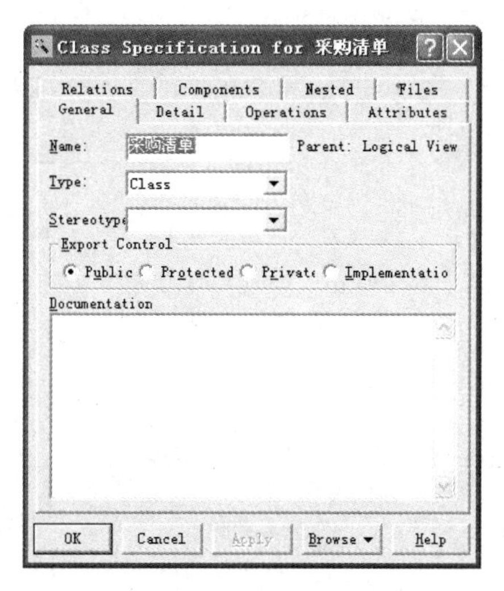

图 3.34

图 3.32 中类图的关系，可见以下简化的代码。

1）泛化

```
public class Buyer {} //采购员
public class SeniorBuyer extends Buyer {} //高级采购员
public class Test
{
public void Test()
{
Buyer  b=new SeniorBuyer();
}
}
```

2）依赖

```
public class ProcurementItems //采购项
{
public void getUnitPrice (AutoParts autoParts) //汽车配件-单价
{
autoParts. getUnitPrice();
}
}
```

3）聚合

```
public  class ProcurementList//采购清单
{
private  ProcurementItems  procurementItems; //采购项
public  ProcurementItems  getProcurementItems()
{
return procurementItems;
}
public void setProcurementItems (ProcurementItems  procurementItems)
{
this. procurementItems = procurementItems;
}
}
```

4）关联

```
public class ProcurementList//采购清单
{
private ProcurementItems  procurementItems; //采购项
public ProcurementItems getProcurementItems()
{
return procurementItems;
}
public void setProcurementItems  (ProcurementItems  procurementItems)
{
this. procurementItems = procurementItems;
}
public void handle()
```

```
{
procurementItems. Aggregate();
}
}
```

2. 在 Rose 中创建包

在 Rose 7 中创建包，将图 3.32 中的各个类放置于包中。具体步骤如下。

01 选择图 3.12 中类图工具箱部分的标志符。

02 创建三个包名，分别为汽车、采购单与细项、采购人员，将汽车配件类置于汽车包下，将采购清单、采购项类置于采购单与细项包下；将高级采购员、普通采购员、实习采购员类置于采购人员包下。

（1）浏览器窗口

在创建的包所属范围内，存在各种类名与类之间的交互主体内容，如图 3.35 所示。

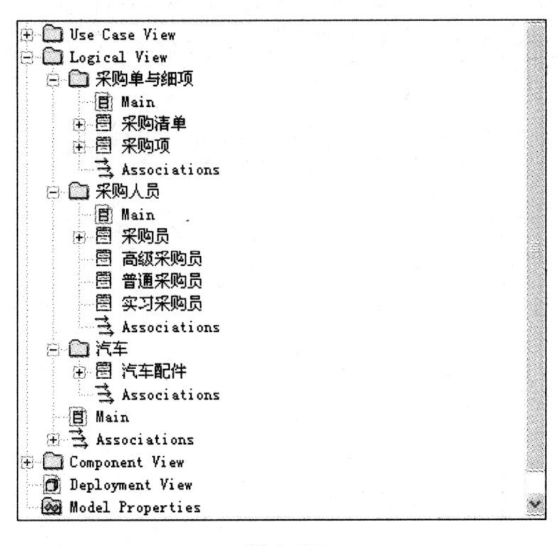

图 3.35

- “采购单与细项”包下面包含采购清单、采购项。
- “采购人员”包下面包含采购员、高级采购员、普通采购员、实习采购员。
- “汽车”包下面包含汽车配件类。

（2）模型图窗口

在创建的包所属范围内，各种类的属性、操作方法，以及各个类之间的交互关系通过类图的各类标记符绘制。关键内容部分如图 3.36 所示。

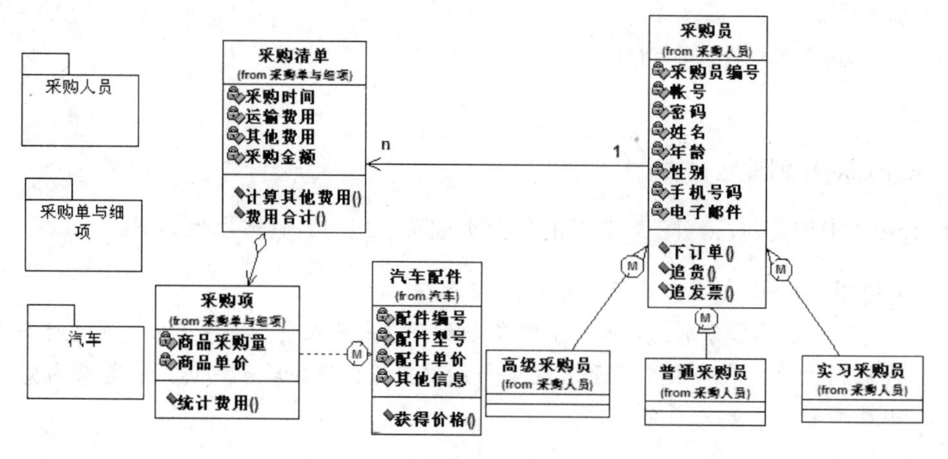

图 3.36

- 图 3.36 中 from 后面的文字是包名，用于说明类在哪个包中。
- 包的命名如图 3.37 所示，其中可以选择 Stereotype 下拉框中的内容，也可以在 Documentation 文本框中输入一些内容。

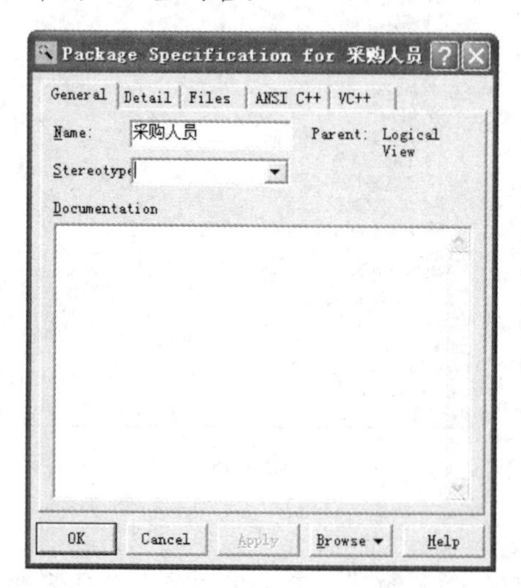

图 3.37

第 4 章

不做剩男与剩女——对象图

4.1 定义

UML 对象图形象化地阐述了某类系统处于不确定个体其中一个时间节点时的静态构架。本质上，可以认为对象图可具体地展现类图的实例过程，并可展现某些对象以及对象间发生的相互影响、相互制约和相互作用的关联。

为了便于理解，可观看建筑公司设计工作流程时的情景。在一个大厦完工之前，每个阶段、每个时间节点设计的建筑静态结构即是对象图。

当然，对象图不可能表现所有功能系统的内部构造。例如，当面对某一单体类，其内部如果有较多实例时；当面对有着交互关系的某组合类，对象之间能够存在的配置具有多个场景时。

至于对象图的具体构成原理，则离不开“某组对象与各种对象间”的链接。如图 4.1 所示为某品牌电视机创建一组对象，用于表现该电视机的组织结构。gb 为属于电视机 goggle-box 类的对象，它将组件 assembly 所属的 a1、a2、a3、a4 对象链接在一起。

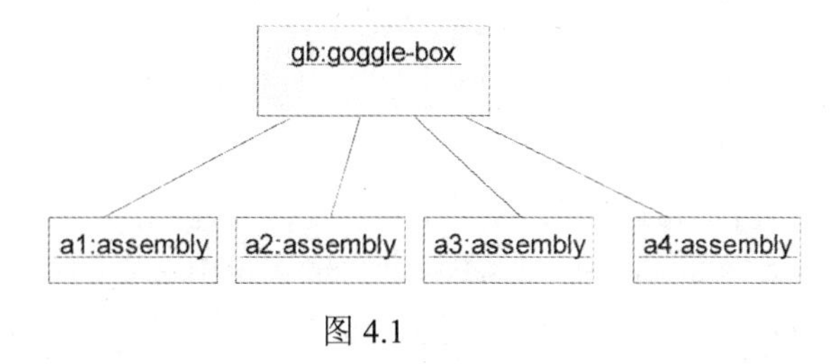

图 4.1

根据图 4.1 可以将对象图的展现形式进行归纳与总结，从对象的本源进行分析。具体情形如图 4.2 所示。

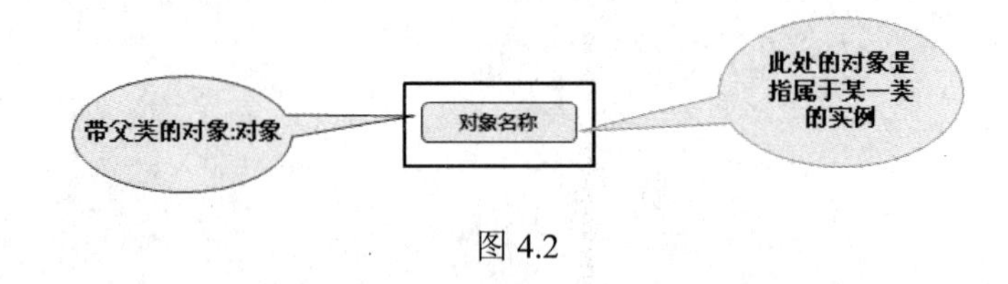

图 4.2

4.2 应用优势与时机

4.2.1 应用优势

对象图力求表现类图在某一时间节点上的真实静态面貌，它是简化版的某个特殊时段类图。

对象图的主要优势，如图 4.3 所示。

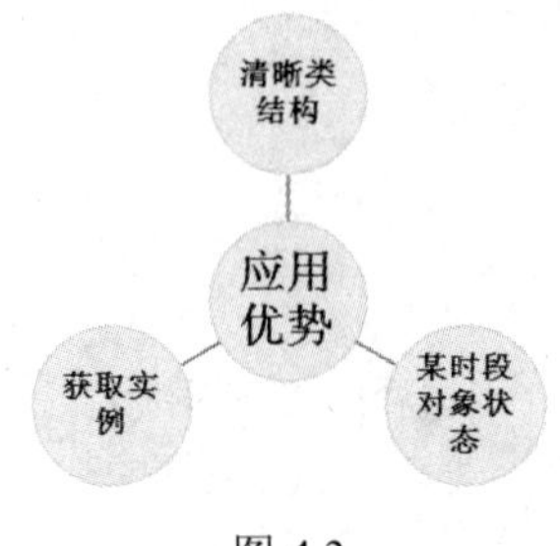

图 4.3

- 清晰类结构：针对类的层次结构，可清晰地进行表达与提取。
- 获取实例：可以方便地取得各类实例连接。
- 某时段对象状态：能够较快地展示某一时间节点的对象情况。

对象图的具体优势主要体现为以下几点：

- 可清楚地解释各种众多而繁杂的数据结构，将对象与对象间的抽象关系进行有效的提取。
- 可有效地获取各种实例，并配以连接。
- 可真实地体现某一时间段的对象百态，便于分解难题。
- 图形的绘制十分简洁，适合各类软硬件工程人员使用。

4.2.2 应用时机

软硬件工程人员可将对象图视为某一时间节点正在使用的软硬件系统的快照，这一情景在现实生活中并不难找。例如，上海市地铁网中一辆正在前进中的地铁车，假设将 6 节车厢中的一节单个运行，那将可捕捉到一些静态性质的图片。

某种与众不同的地铁列车运行状态，这是定量的特殊乘客群体，当时间节点变化时，这一现象将实时变更。因此，可视地铁车厢前进过程的管理单位为某个对象，它可能包括上述内容。

从上例可以发现对象图的实现时机。基于此，可以进一步细化何时使用对象图。

对象图的具体应用时机，如图 4.4 所示。

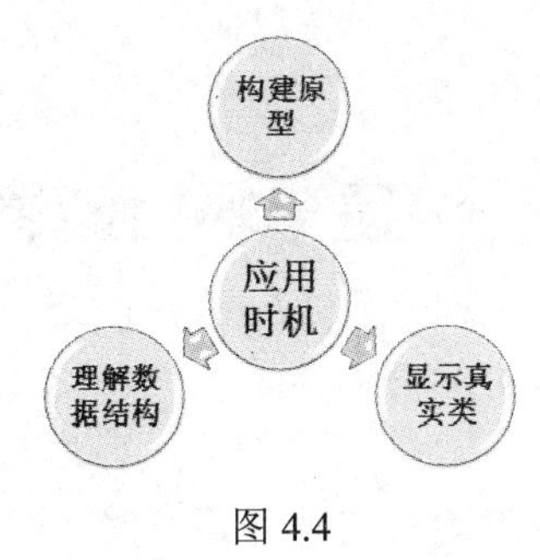

图 4.4

- 构建某类软硬件系统的简单原型时。
- 为了快速理解繁琐难懂的数据结构时。
- 仅需展现某些对象实例而无须显示真实的类时。

4.3 对象图的绘制

由于对象图本质上属于各种类图的某一实例，因而它与类图的基本元素构成一致。为了获取软硬件系统的具体情况，采用个体的对象图将无法取得全部所需的实例。因此可以从以下三个维度进行方案分析：

- 摸清各类软硬件系统的数据重要性排序与对象间的关联关系。
- 对各种实例的分析基于包含的功能点展开。
- 原则上不限制对各类实例进行量化提升。

同时，在绘制对象图之前需要清晰地树立“由于对象构成各种具体的对象图，其链接将是对象间的连接”的理念。并且构造图形时，需要将对象的目标与要点明确并细分。

综上所述，可以构建具体的对象图实例。

- 假设一个平台的用户管理模块分为前台和后台用户。
- 后台包括“系统管理员”对象。
- 前台包括“企业需求用户、加工商用户、技术服务用户”对象。

对象图的绘制如图 4.5 所示。

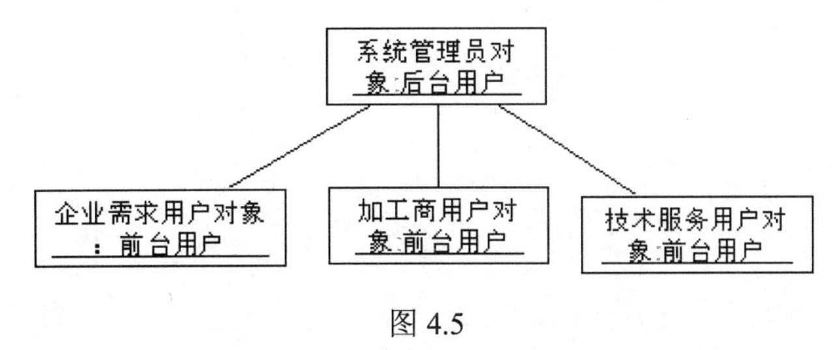

图 4.5

- 后台用户、前台用户为类。
- ————为链接标志符，用于连接各个对象以体现各种类间的关系实例，即对象间存在的真实关系。

4.4 业务建模——构建车辆行政管理系统的对象图

车辆行政管理系统中构建了众多类型不同的类，在 UML 建模时可以抽取一些对象进行对象图的展现。

例如，车辆具有轮胎、车灯、发动机三种主要配件，用于车辆的维护。由于 Rose 未直接提供对象图，只能借助协作图中的对象进行表现。

具体步骤如下。

01 打开 Rose 7，选择浏览器中的用例视图名称 Use Case View；单击鼠标右键，在弹出的菜单中选择 New→Collaboration Diagram 命令，将弹出如图 4.6 所示对话框。

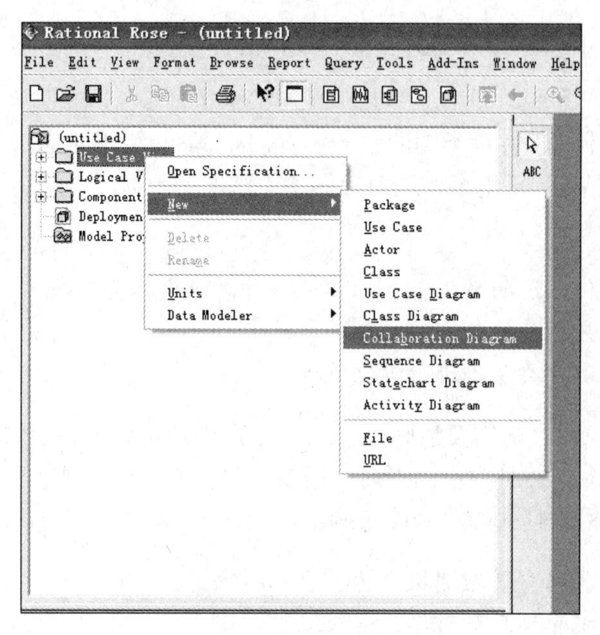

图 4.6

02 单击 Collaboration Diagram 命令后，弹出如图 4.7 所示界面。

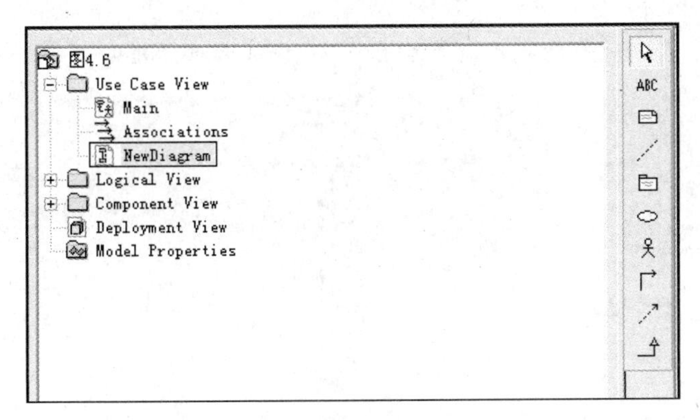

图 4.7

03 单击 NewDiagram 图标，弹出如图 4.8 所示界面。

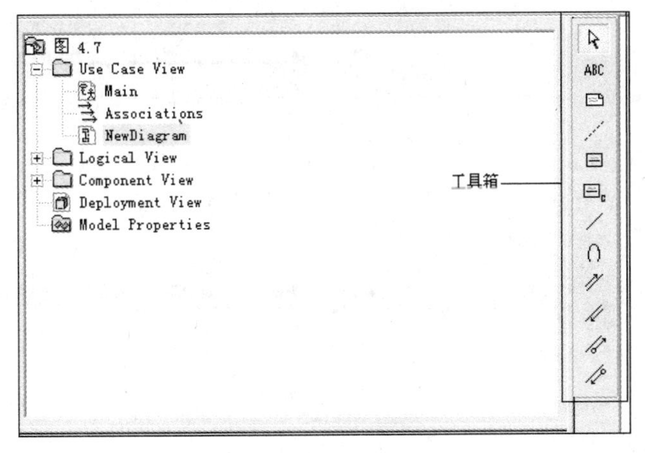

图 4.8

04 选择工具箱所属标志符，进行对象图的构建。

05 选择 ⊟ （对象）标志符，放置于模型图窗口中，如图 4.9 所示。

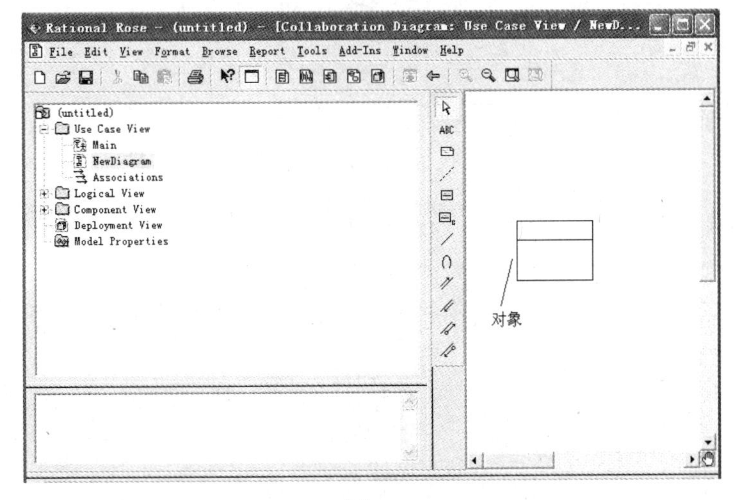

图 4.9

06 双击矩形框内的对象标识符，弹出如图 4.10 所示对话框。

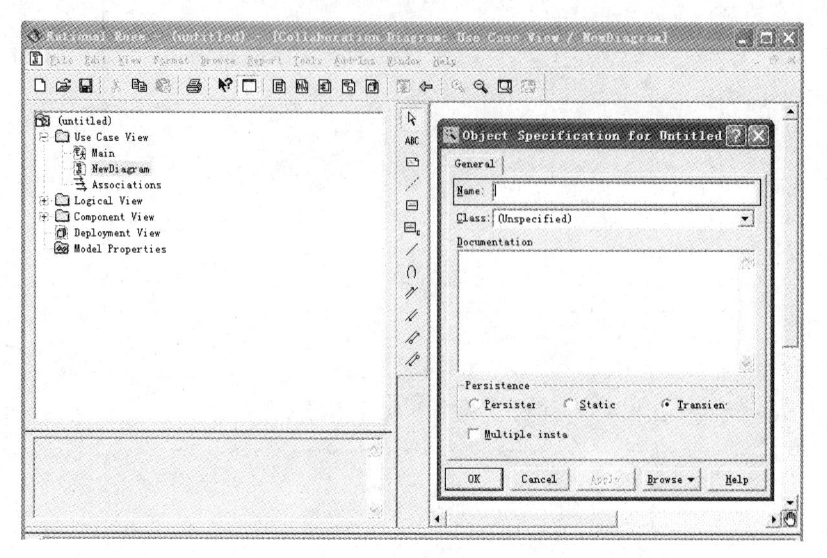

图 4.10

07 在图 4.10 的 Name 文本框处输入“对象名：类名”，如输入“汽车维护：汽车信息”，并单击 OK 按钮，如图 4.11 所示。

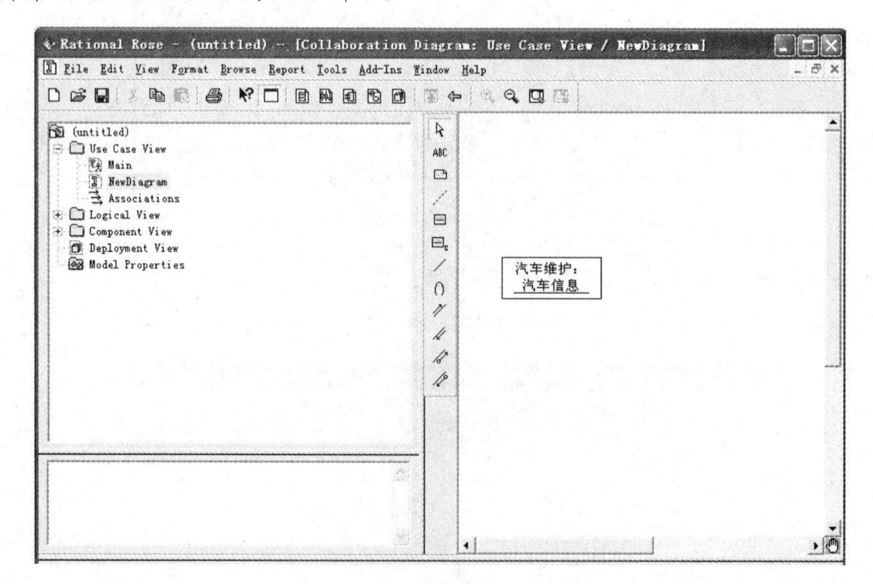

图 4.11

08 再选择三个 ⊟（对象）标志符和 ／（对象链接）标志符来表现对象交互关系，如图 4.12 所示。

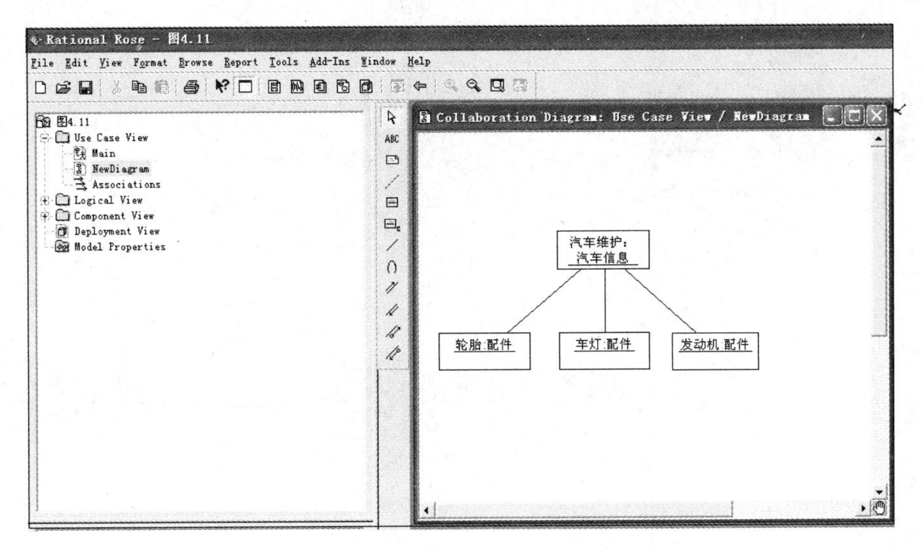

图 4.12

- 选择 ⁄ (对象链接) 标志符，必须是在两个对象之间进行连接，否则无效。
- 图中共包括 4 个对象与类名。

4.5　对象图与类图的对比

UML 类图用于表现软件系统内静止不变的各种结构，并对系统中的类所包含概念的内涵做简要而科学无误的描述。例如，定义各种实体类与抽象类的结构，展现类之间的交互关系。此外，UML 类图在软件系统生命周期的各个阶段都可使用。而对象图是用于体现类图情况的实例，与类图的主要区别在于它表现类图的众多对象实例，并且仅仅是处于软件系统某一时间段的对象图。

UML 类图与对象图的对比如表 4.1 所示。

表 4.1　UML 类图与对象图的对比

异同点		相同点
内容	类图包括名称、属性、操作，而对象图仅有名称与属性	图形的展现运用共同的符号与关系，类图的实例就是对象
属性	类图确定一些属性的各类特征，而对象图只确定属性的近期值	
操作	类图显示操作方法，而对象图不显示	
连接方式	类图采用关联方式链接，其包含对象类型的细分，而对象图采用一对一的单独链接	

第 5 章

组合团结——构件图

5.1 定义

构件图的形成离不开构件，所谓构件是指各类系统中存在持续地占据着空间并能够被替换的物理部分。它包括市场上现存的各类软件代码与脚本文件，包括 Java 代码、各类网页、动态链接库等。构件的产生方便工程设计人员实现系统设计的进一步简化与形象化。具体例子可见房产信息、房产销售管理程序、房产经纪信息与售出信息的构件图，如图 5.1 所示。

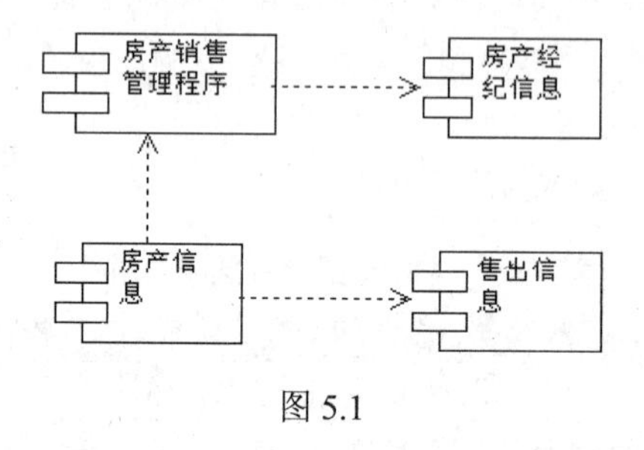

图 5.1

图 5.1 中构件间的依赖关系以及内容信息一目了然。

一个定义合理的构件可以被认为是一个性能优良的接口单元，它的实现仅仅依赖于可高效使用的接口，而无需直接依赖其他构件。因此，一个构件很容易被支持所需接口的不同构件代替。

基于此，在使用者运用 UML 进行构件图建模时，可重点关注构件的接口与系统的扩展性。

在了解构件的基本情况后，可以展开构件图的研究。所谓构件图是指从系统内部各类结构中的元素及元素间关系进行功能点描述的图形。如一个大的 J2EE 软件平台由多个子平台构成，每个子平台包含各种 J2SE 类、JSP 页面、Struts 代码等。

构件图从某种角度而言很像是构件的集合，它可体现各种构件间需要的相互依赖关系，也可便于项目经理、系统分析师编制开发计划与查看项目工作概貌。

5.2 作用

构件图（又名组件图）用于展现各类系统间的构件或单个系统内部构件之间的结构，使系统设计开发人员可以从宏观上对软硬件系统的全体物理组成产生一定的认识或感知。

从软件工程方面考虑，构件图可以形象的表现系统的功能结构以及功能间的交互关系（包括各种类、软件包以及构件等）。对于各类软硬件职能人员而言，有助于加快工作计划的编制与进度的把控。

从软件系统架构的角度分析，构件图能够清晰地表达软件系统的构造与功能，可大大提升软件的可重用性。对于软件系统架构师而言，可以快速地掌握各种代码文件、数据结构以及其他文件的总体构成关系。

从人员沟通方面分析，由于构件图具有直观易懂的特点，因而不失为一种人员间沟通交流的有效工具。无论是用于项目的投标阶段，还是与客户交流的需求阶段，构件图都为人们创造了一种轻松交流的机会。

为便于读者阅读，本处将代码间的交互关系举例展现如图 5.2 所示；文件间的交互关系举例展现如图 5.3 所示。

1. 代码关系

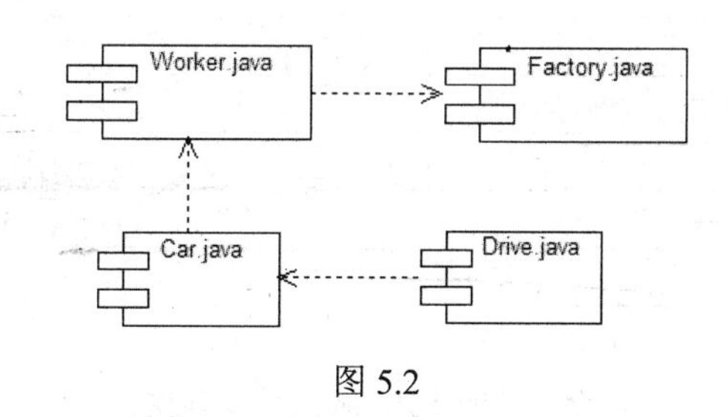

图 5.2

需要注意的事项：

- 分辨出各种有效的代码，采用构件的方式将可确定的不同对象视为某一整体。
- 如果软硬件系统规模较大，可运用包的方式去分组与归类。
- 有需要体现依赖关系时，要进行具体的展现。

2. 文件关系

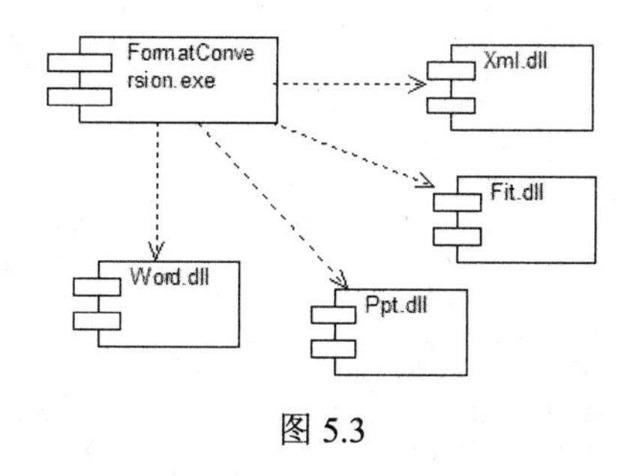

图 5.3

需要注意的事项：

- 分辨出文件的整体构成。
- 提炼出构件的共同性，并进行归类。
- 将构件间的交互关系，进行有效展现。

5.3　构件与类

构件与类的差别不大，但是两者考虑的方向有一定的区别。类面向的是逻辑范畴，而构件则偏向于物理方面。

构件与类的紧密联系主要体现在“经过某些类的共同协作，从而实现构件的相关要求”。

具体分析，见表 5.1。

表 5.1　构件与类的异同点

名称	构件	类
是否都有名称	是	是
是否能够实现一组接口	是	是
是否能够参与依赖和泛化以及关联关系	是	是
是否能够被嵌套和实例化，并可参与交互	是	是
面向实体进行抽象	否	是
面向计算机物理部件性质进行抽象	是	否
是否可以部署	是	否
是否为逻辑模块	否	是
能够不经过中间事物直接取用操作与属性	否	是
只可运用本身接口进行访问操作	是	否

5.4　构件图的绘制

1. 标识符

在 Rose 7 中绘制构件图，可采用以下标识符。

打开 Rose 7，选择 Component view 选项，单击 Main，弹出图 5.4 所示的工具箱。

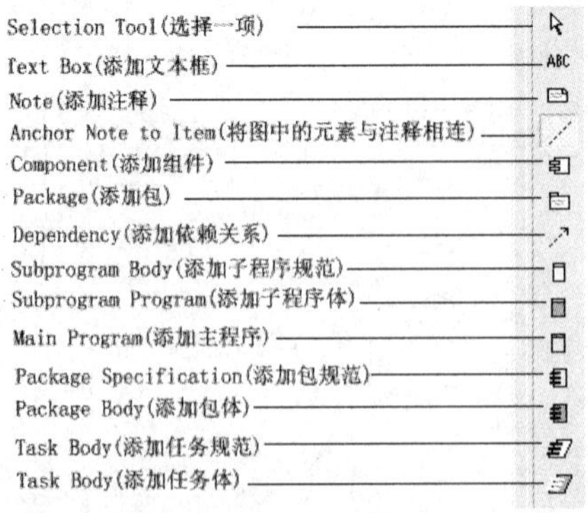

Selection Tool(选择一项)
Text Box(添加文本框)
Note(添加注释)
Anchor Note to Item(将图中的元素与注释相连)
Component(添加组件)
Package(添加包)
Dependency(添加依赖关系)
Subprogram Body(添加子程序规范)
Subprogram Program(添加子程序体)
Main Program(添加主程序)
Package Specification(添加包规范)
Package Body(添加包体)
Task Body(添加任务规范)
Task Body(添加任务体)

图 5.4

（1）其中，选择“添加子程序规范”，弹出如图 5.5 所示图形。

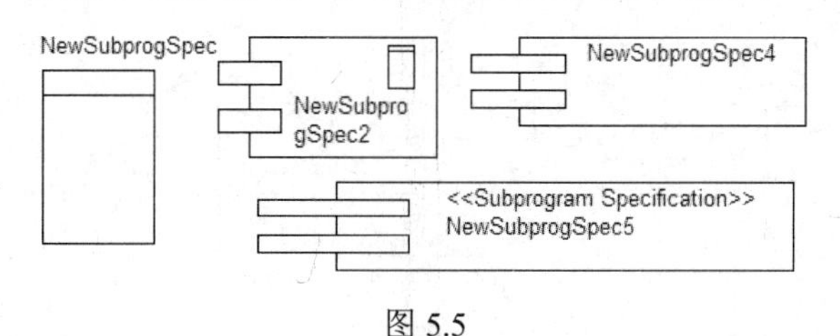

图 5.5

- NewSubprogSpec 即子程序规范，用于阐述关于“某组子程序集合” 的标准化规范。NewSubprogSpec 为选择添加“子程序规范”时默认弹出的选项，当选择 NewSubprogSpec 图形，单击鼠标右键，在弹出的快捷菜单中选择 Stereotype Display 命令，如图 5.6 所示。

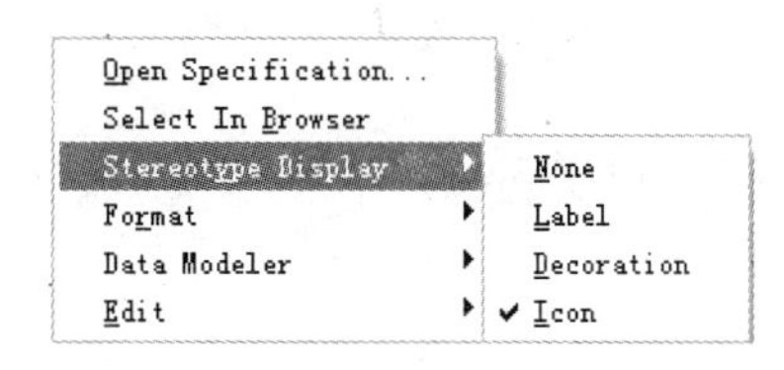

图 5.6

- NewSubprogSpec2 为选择 NewSubprogSpec 图形，单击鼠标右键，选择 Stereotype Display，单击 None 时弹出的选项。
- NewSubprogSpec3 为选择 NewSubprogSpec 图形，单击鼠标右键，选择 Stereotype Display，单击 Label 时弹出的选项。
- NewSubprogSpec4 为选择 NewSubprogSpec 图形，单击鼠标右键，选择 Stereotype Display，单击 Decoration 时弹出的选项。

（2）其中，选择“添加子程序体”选项，弹出如图 5.7 所示图形。

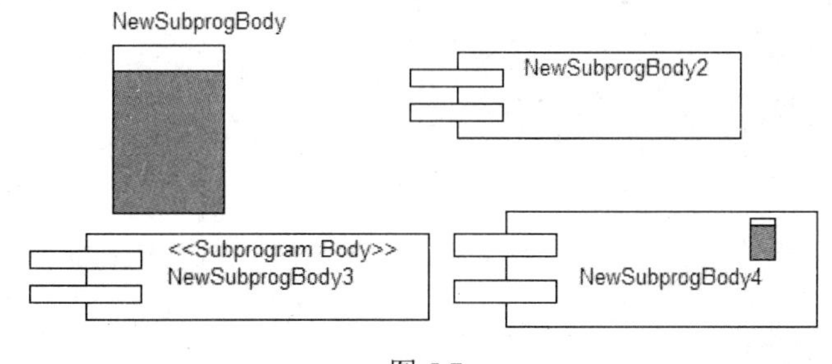

图 5.7

- NewSubprogBody 即子程序体，用于描述子程序的具体实现。NewSubprogBody 为选择添加“子程序体”默认弹出。
- 在 NewSubprogBody 图形上单击鼠标右键，选择 Stereotype Display 的 Icon 时，弹出 NewSubprogBody。选择 Stereotype Display 的 None 时，弹出 NewSubprogBody2。选择 Stereotype Display 的 Label 时，弹出 NewSubprogBody3；选择 Stereotype Display 的

Decoration 时，弹出 NewSubprogBody4。

（3）其中，选择添加“主程序”，弹出如图 5.8 所示。

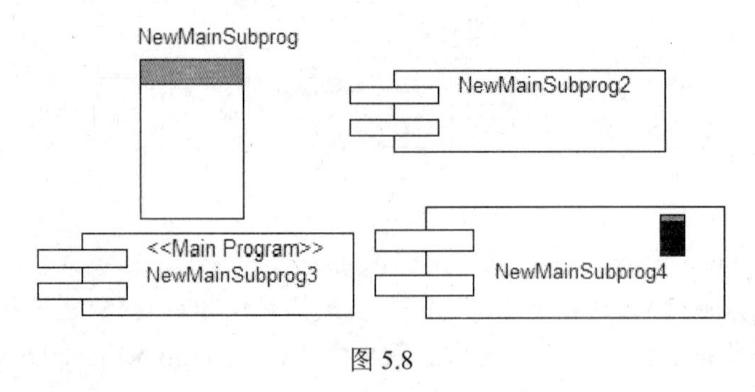

图 5.8

- NewMainSubprog 即主程序，用于描述主程序的结构。NewMainSubprog 为选择添加“主程序”默认弹出。
- NewMainSubprog2、NewMainSubprog3、NewMainSubprog4 与在子程序规范中选择 Stereotype Display 的情形一致。

（4）其中，选择添加“包规范”，弹出如图 5.9 所示。

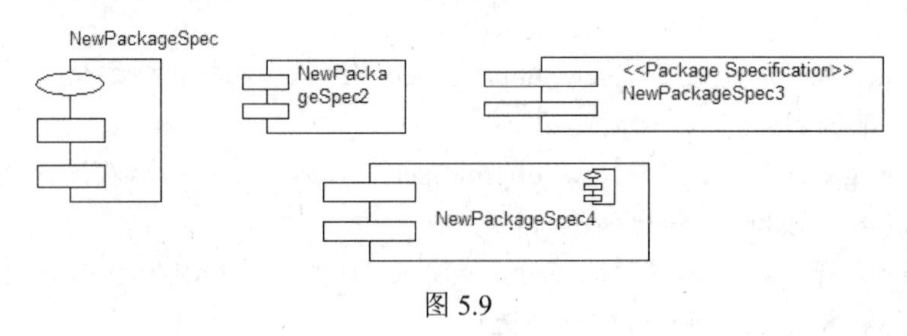

图 5.9

- NewPackageSpec 即包规范，用于描述包的结构。NewPackageSpec 为选择添加“包规范”默认弹出。
- NewPackageSpec2、NewPackageSpec3、NewPackageSpec4 与在子程序规范中选择 Stereotype Display 的情形一致。

（5）其中，选择添加“包体”，弹出如图 5.10 所示。

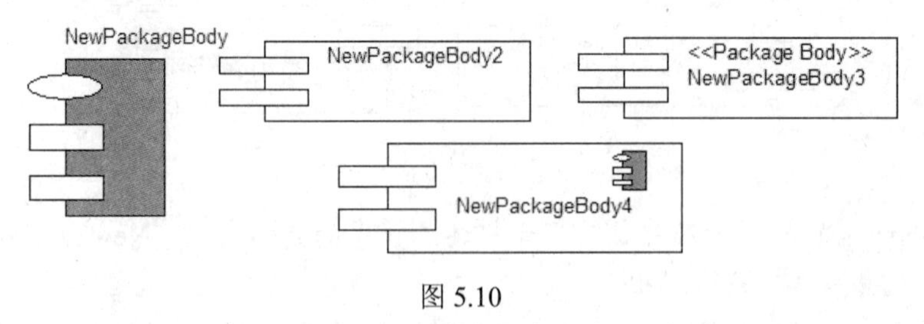

图 5.10

- NewPackageBody 即包体，用于描述包体的结构。NewPackageBody 为选择添加“包体”默认弹出。

- NewPackageBody2、NewPackageBody3、NewPackageBody4 与在子程序规范中选择 Stereotype Display 的情形一致。

（6）其中，选择添加“任务规范”选项，弹出如图 5.11 所示。

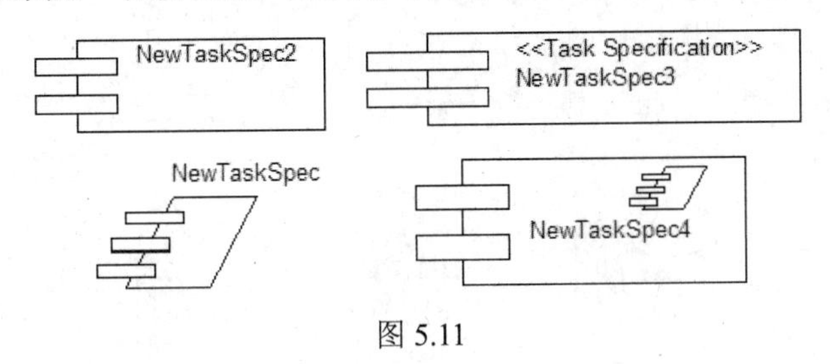

图 5.11

- NewTaskSpec 为选择添加“任务规范”默认弹出。
- NewTaskSpec2、NewTaskSpec3、NewTaskSpec4 与在子程序规范中选择 Stereotype Display 的情形一致。

（7）其中，选择添加“任务体”，弹出如图 5.12 所示。

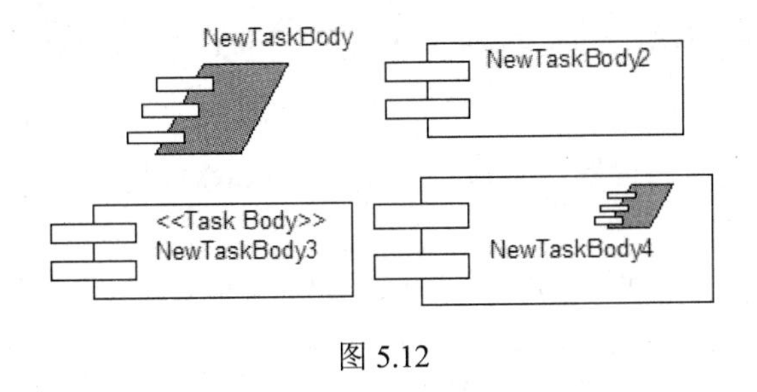

图 5.12

- NewTaskBody 为选择添加“任务体”时默认弹出的。
- NewTaskBody2、NewTaskBody3、NewTaskBody4 与在子程序规范中选择 Stereotype Display 的情形一致。

2. 功能模块

构件图的绘制需要考虑一个重要因素，那就是掌握各个功能模块所需的物理结构并进行展现。

例如，当前我国政府部门比较重视文化产业的发展，在全国各个区域都设置了专业基金以扶持产业发展。其中，针对数字出版领域就需要研发一些较好的排版或文档格式转换工具以满足文化工作者的创意工作。此时，软件从业人员可根据功能的需要进行系统的构建。考虑到系统的安全性，开发人员采用 C++语言进行数字加工转换平台的开发。在实现平台的类型调整功能时，类型调整需要“段落拆分、段落合并和图文链接”功能。由于 C++的类包括“.h”与“.cpp”文件，因而采用图 5.13 表示。

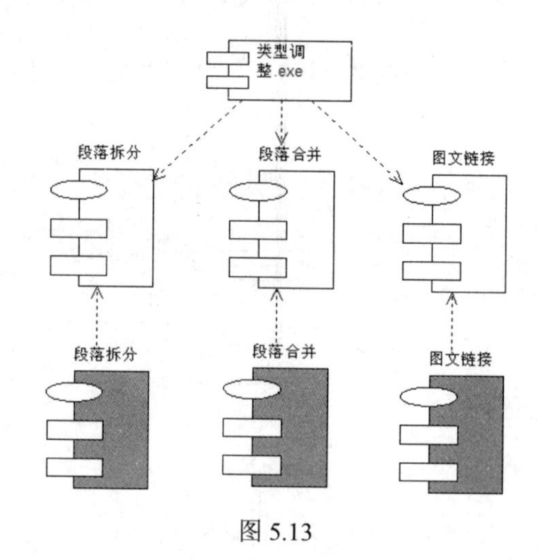

图 5.13

- 图中部非阴影构件在Rose软件中名为包规范，它代表“.h“代码。
- 图下部包含阴影的构件在Rose软件中名为包体，它代表“.cpp”代码。

5.5 业务建模——构建车辆行政管理系统的构件图

车辆行政管理系统使用构件图可在较高层次上显示软件功能，从而在整体上表现程序的自身结构。

例如，车辆行政管理系统包含了车辆管理模块与车辆使用报表模块。其中，车辆信息的添加、查询、修改功能依赖于车辆管理，车辆使用的年度、月度查询功能依赖于车辆使用报表。

1. 运用 J2EE 分层架构

当功能模块的开发运用 J2EE 分层架构进行时，分层如下：

（1）视图层：采用.vm（Velocity 的格式）生成 HTML 静态页面，本处运用<<Velocity>>模版来展现构件（Velocity 是某类基于 Java 的页面模板，本处不做详细介绍）。

（2）逻辑模型层：采用面向对象技术关注于业务规则的制定、实现等，本处运用<<JavaBean>>来展现该层构件。

（3）数据层：通过封装的方式把全体数据的访问行为保存在 DbManager 中，并说明其来源于 JDBC 数据连接。

在 Rose 7 中创建本功能需求的构件图形，具体步骤如下：

01 打开 Rose 7，选择浏览器中的构件视图名称 Component view，单击⊞标识。

02 单击 Component view 下弹出的 Main菜单。

03 选择弹出在 Component view 右边所属构件工具箱的“、”图标，弹出如图 5.14 所示界面。

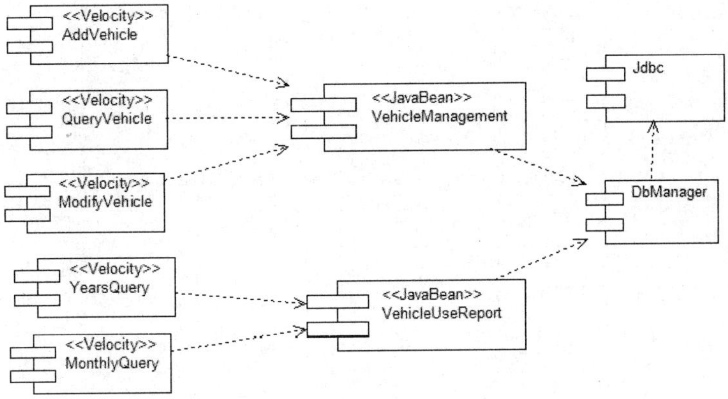

图 5.14

- VehicleManagement（车辆管理）。
- VehicleUseReport（车辆使用报表）。
- AddVehicle（车辆信息的添加）、QueryVehicle（查询）、ModifyVehicle（修改）。
- YearsQuery（车辆使用的年度查询）、MonthlyQuery（月度查询）。
- DbManager（车辆管理与车辆使用报表依赖于数据库连接管理）。
- DbManager（数据库连接管理）依赖于 Jdbc 连接数据库。

当然图 5.14 的分层总体架构也可以创建包含组件进行展现，即将多个组件放置于某一组件中来表示。如 J2EE 分层架构组件由三个不同概念的组件视图层、逻辑模型层和数据层组成。具体图形如图 5.15 所示。

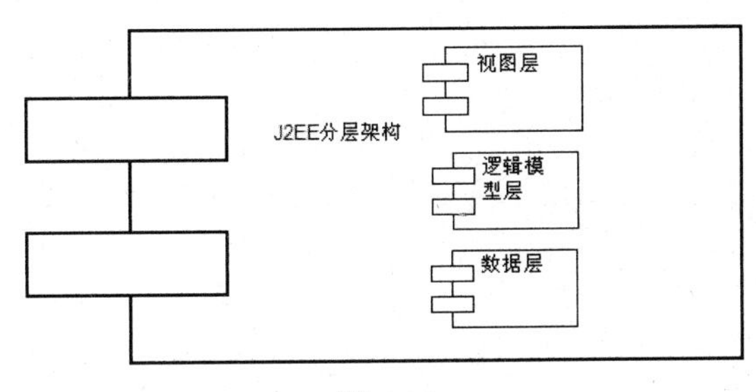

图 5.15

2. 用户界面构件图

可以将用户界面的所有相关构件名称进行罗列，以方便系统视图层的查看。具体图形如图 5.16 所示。

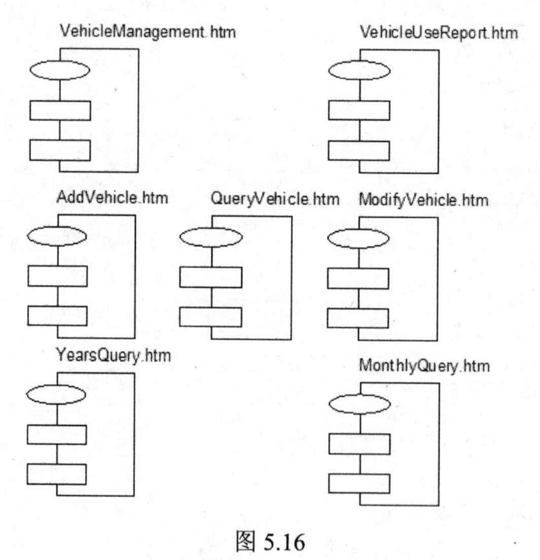

图 5.16

框图中包括以下页面：

- VehicleManagement（车辆管理页面）。
- VehicleUseReport（车辆使用报表页面）。
- AddVehicle（车辆信息的添加页面）、QueryVehicle（查询页面）、ModifyVehicle（修改页面）。
- YearsQuery（车辆使用的年度查询页面）、MonthlyQuery（月度查询页面）。

第 6 章

成功离不开部署——部署图

6.1 定义

部署图展现了各类系统正在被使用时的各个组成部分的搭配与排列，它用于体现硬件的各种配置与软件的总体部署。可以这么讲，部署图形拥有“一个部署图仅能对应一个系统模型”的唯一性特点值得重点关注；因为这样可以快速理解系统的构造。

如何去了解 UML 部署图呢？笔者建议先从元素着手。部署图的具体元素构成如图 6.1 所示。

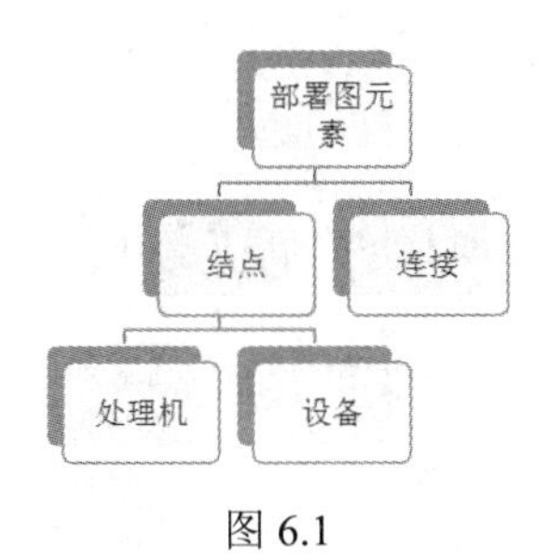

图 6.1

- 结点是指属于物理性质的资源类元素，它涵盖了计算机硬件与软件应用系统。
- 目前业界主要将结点细分成处理机（processor）与设备（device）两种类型。
- 所谓的处理机在于拥有执行各类软件的能力，而设备则不具备计算相关能力。

例如，目前国内外存在多种品牌的服务器或客户机，它们属于处理机；而传感器、卡读写器则属于设备。

连接是指用于表现两个节点相互联系的必然关系，它体现了某个富有特点的沟通运行机制，此机制包含了物理性质的各种信息源与其接受者之间的中介关系以及各种软件相关领域的有效协议。

连接的具体表现形式，目前采用实线。

在 IT 应用系统构建中，经常会使用部署图进行展示。

例如，国内二线城市的某个地方政府，其构建智慧社区平台的时候自然少不了系统地部署设计。由于平台涉及到地级市多个委办局，其在区、镇以及街道方面均需要进行业务办理。此时，必然要采用 BS 结构的软件架构。

因此，软硬件工程人员为智慧社区设计基于 BS 模式的平台软硬件架构配置，就可以通过部署图来体现。总体配置如图 6.2 所示。

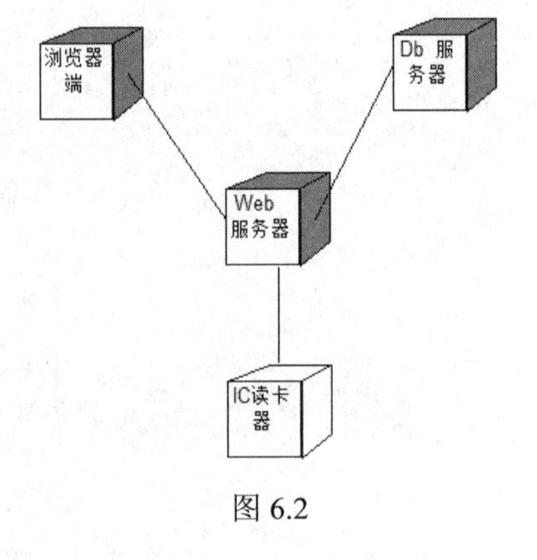

图 6.2

- "浏览器端、Web服务器、Db服务器属于处理节点。
- IC 读卡器属于设备节点。
- 浏览器端通过访问 Web 服务器，才可查看操作平台的有关内容。
- Web 服务器将部署在其空间上的打包程序进行部署发布，人们才可能访问平台内容。
- Db 服务器主要针对数据库的处理。
- IC 读卡器主要针对 IC 卡信息的读取。

6.2 应用优势与时机

6.2.1 应用优势

在学习部署图的过程中，有必要清楚其优势具体的表现内容。

从现阶段 IT 界的应用情况分析，优势主要以目标定位与实施计划为展现方式。主要内容如图 6.3 所示。

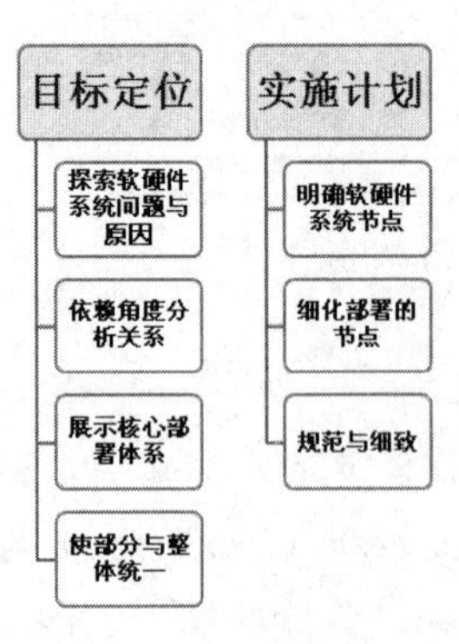

图 6.3

（1）目标定位包括以下几点：

- 深入地研究与探索软硬件系统实际生产时涉及的可能问题与原因。

- 从依赖的角度着手，分析应用系统与现存各类运行系统的各种关系。
- 展现某类商业化平台或系统的核心部署体系，以及相关的各种结构。
- 构建整合软硬件系统的组织级基础，使其部分与整体形成统一的结构。

（2）实施计划包括以下几点：

- 明确的肯定各类软硬件系统的相关节点，并对节点之间的种种关系给予认定。
- 可以运用构件对部署的节点进行细化，并配以构件关系的判断。
- 采以精益理念，对软硬件系统进行规范化与细致化。

6.2.2 应用时机

对定义部分的介绍，有助于IT从业人员明白部署图的总体含义。但是何时使用部署，可以从使用的条件与要求着手，其主要内容如图6.4所示。

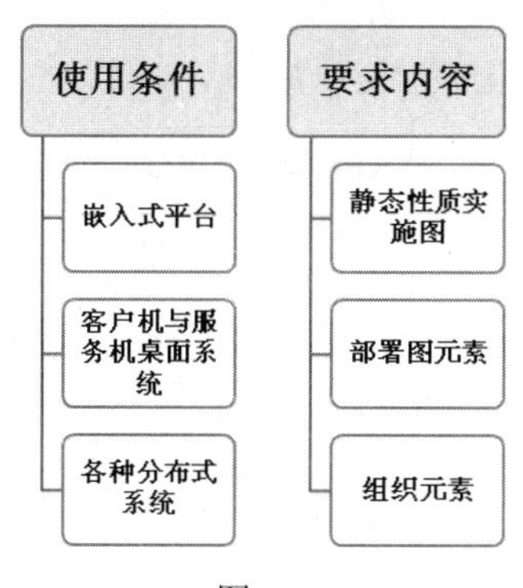

图6.4

（1）使用的时间

- 构建包含软硬件系统的嵌入式平台模型时。
- 构建传统的客户机与服务机桌面系统的模型时。
- 构建大中型或企业级的各种分布式系统的模型时。

（2）要求的内容

- 需要主动偏向于展现系统或平台静态性质实施图的某一方面。
- 只需明白部署图的相关元素即可进行建模，而无强制要求专业的理解程度。
- 体现有助理解系统的级别，从形态上组织相关元素即可。

6.3 部署图的绘制

部署图用于展现如何将各种应用软件类系统落实到具体硬件体系结构中，它的绘制可合理的表现物理部件之间的通信关系。

在IT的现实环境中，不必每个应用项目都进行部署图的相关绘制。只有在项目涉及到较多不同的处理器或非操作系统维护的多种设备时，为了便于软件工程人员明白平台或系统的软硬件具体关系时才需要绘制部署图。

在 Rose 7 中绘制部署图，可采用以下标识符。

打开 Rose 7，单击 Deployment View，弹出如图 6.5 所示的工具箱。

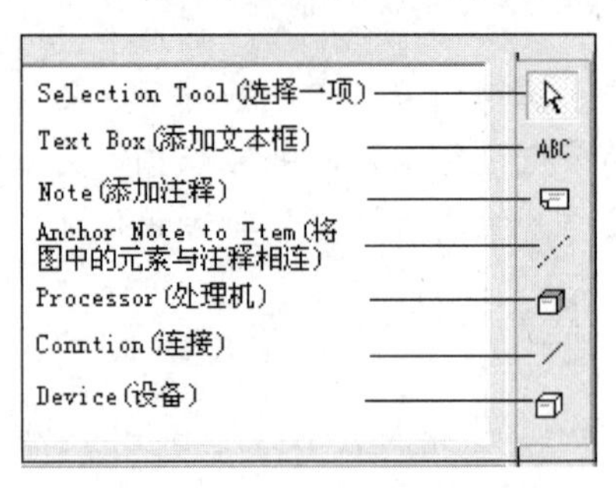

图 6.5

其中，选择添加“处理机”选项，弹出如图 6.6 所示图形。

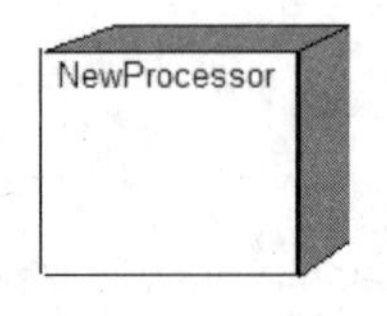

图 6.6

（1）当在 NewProcessor 图形上单击鼠标右键，选择 Open Specification 时，弹出如图 6.7 所示对话框。

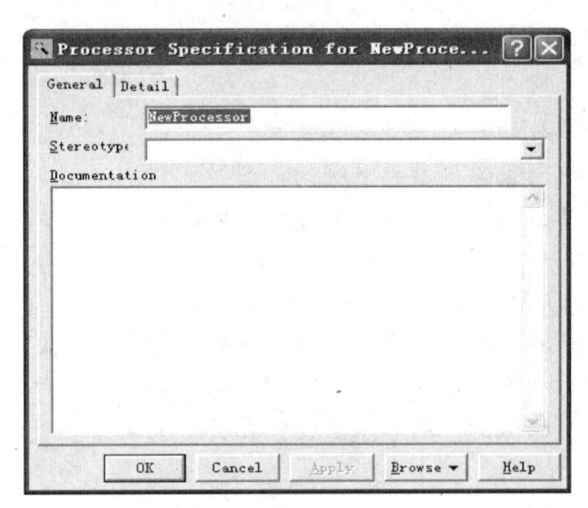

图 6.7

- Name 是指用于显示的处理器名称。
- Stereotype 是指用于处理器构造类型的展现。
- Documentation 是指展现增加与录入处理器的相关补充说明。

在图 6.7 中单击 Detail 标签，弹出如图 6.8 所示选项卡。

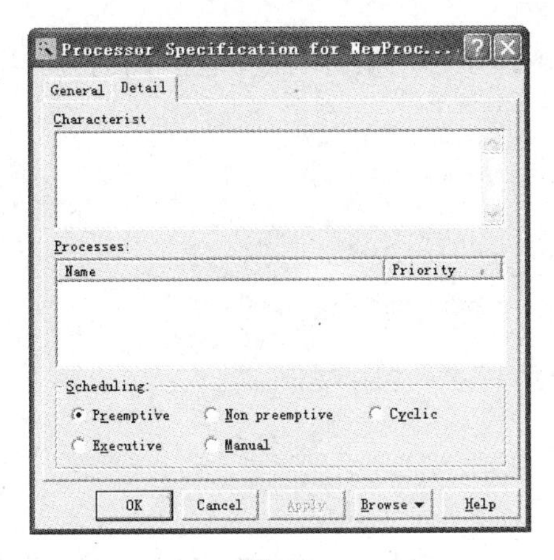

图 6.8

根据需要进行信息输入，并选择 Scheduling 的具体选项。

- Characterist 是指用于形容特指体现处理器的相关物理性质。
- Processes 主要是指接收到任务后，此处理器的相关进程。
- Scheduling 是指处理器正在操作的各种进程的相关调度规范。

其中 Scheduling 所属种类的主要含义如表 6.1 所示。

表 6.1　cheduling 所属种类表

种类	含义	图标
Preemptive	优先级程度高的进程可以占领“现在正在贯彻施行的进程与低优先级进程”的各类资源。而具有同等优先权利的进程则可以操作某种时间片，以方便资源的均摊	NewProcessor preemptive
Non preemptive	现在的进程不停操作，一直到无须控制为止	NewProcessor nonpreemptive
Cyclic	掌握住某一进程不使传输至其他某一进程的任意活动越出范围，从而将所有进程均设置为固定的所需安排时间长度	NewProcessor cyclic
Executive	通过某类算法去实现操纵进程之间的调度	NewProcessor executive
Manual	运用某一系统范围以外的某种用户去调度进程在弹出的菜单中	NewProcessor manual

（2）当在 NewProcessor 图形上单击鼠标右键，在弹出的菜单中选择 Stereotype Display 时，如图 6.9 所示。

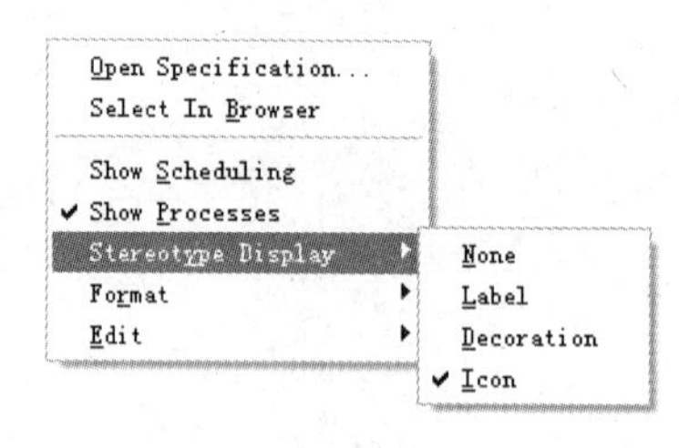

图 6.9

6.4 业务建模——构建车辆行政管理系统的部署图

软件项目管理或设计人员在构建一个完整的软件系统时，必然需要进行一个系统的部署设计，而车辆行政管理系统的部署结构，主要由 Web 服务器、数据库服务器、邮件服务器，以及客户机与打印机设备组成。

在 Rose 7 中创建本功能需求的部署图形，具体步骤如下：

01 打开 Rose 7，单击浏览器中的部署视图名称 Deployment view。

02 选择弹出在 Deployment view 右边所属部署工具箱的、，图标，弹出如图 6.10 所示图形。

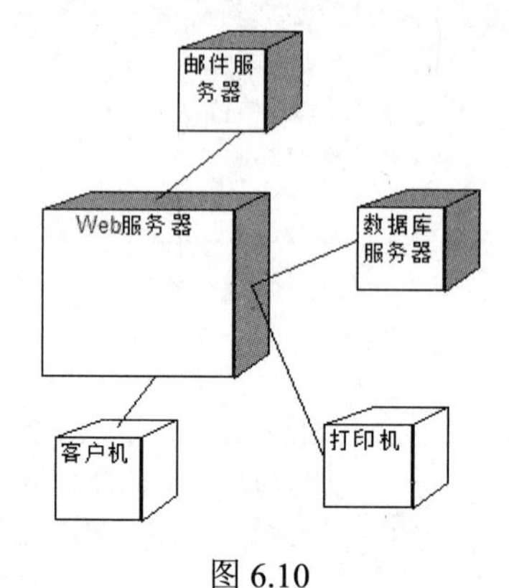

图 6.10

- Web 服务器、数据库服务器、邮件服务器属于处理器（Processor），因为它们具有处理各种邮件、Web、字段数据等能力。当然本处的 Web 服务器，可使用 Apache、JBoss、Weblogic、WebSphere 等。
- 打印机、客户机没有处理能力，只能算是设备。因为不需要考虑它们的内部构造，仅仅运用它本身的接口为其他事物实现某个服务即可。

第 7 章

无包不成器——包图

7.1 定义

买凳子时，会觉得凳子的组成比较简单，由 4 个大小相当的板凳腿用于承重，各个板凳腿中间配上固定的杆子，再配以加工精致的凳子面，一个凳子就由此产生了。

去 4S 店做家庭用车保养时，将会看到汽车的多项部件。作为采用动力驱动的汽车，其主要部件可以细分为发动机、底盘、车身、电气设备四大类型；并且每个类型各有不同种类的子类型零部件。

如果去飞机制造厂参观，飞机的组成更加复杂。其部件主类型下面可以划分为几个级别的下级类型，这些类型就是集合组。

在生产凳子时，可以不需要创建包图，但是生产汽车、飞机时，可以采用包图对各种复杂系统进行构造。UML 包就是集合组，同时，UML 包也是文件夹。

在熟悉 UML 包图之前，可以先了解包的相关概念。从传统角度而言，可以认为包即是用于区别多种类型或子类型的集合组。从软件角度而言，所谓包是指用于封装各个种类的图形，以便于人们较快明白命名空间与文件夹的相关构造。例如，从事 J2EE 面向对象开发的软件工程人员很容易发现软件系统中存在大量的类，各种类之间也许存在多个关联或依赖等交互关系。这种错综复杂的情况，软件工程人员处理起来十分不便，因而采用包图的方式细分类的类型显得十分重要。

从 IT 行业现实应用角度分析，包图本质上就是文件夹，能够在各种 UML 图形中运用。关于图形在系统化层面的应用，主要表现在用例图、类图、组件图等方面。人们把包图的思维融入到软件工程中可以维护软硬件系统，从而达到免受外部风险侵害的目的。

为了各类软硬件工程人员能较快地掌握包图的组成关系，本处先对具体元素的构成进行简要的介绍。

包图的具体元素构成如图 7.1 所示。

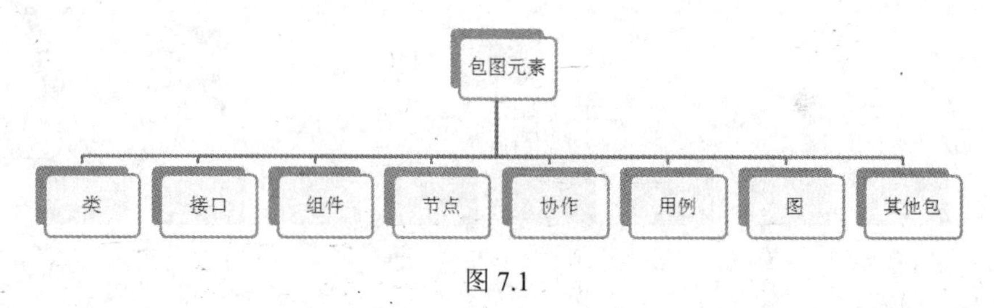

图 7.1

- 当包执行删除后，其内部元素也将不存在。
- 一个元素不可以由多个包控制，只能以一对一的方式存在。
- 某个包内的元素调用其他包内的元素时，两个包就形成了关系。

包图的具体展现内容如图 7.2 所示。

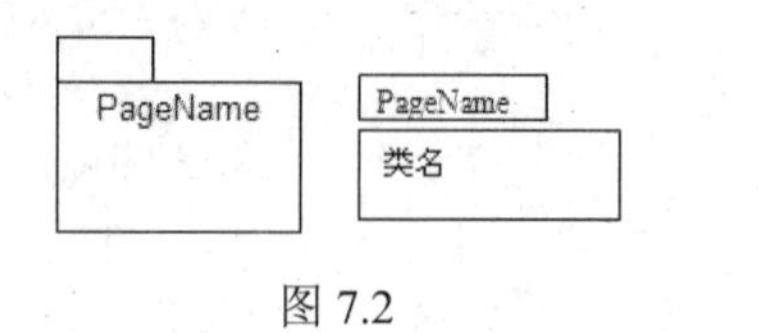

图 7.2

- PageName 为包名，这是比较常规的命名，也叫普通包名。
- “包名的位置”可处于第二栏或第一栏。
- 所有包的称谓绝不可以相同，否则在具体代码环境中系统将无法运行。
- 包的命名比较自由，没有特别限定。它的命名包括英文单词、中文、阿拉伯数字与一些符号（有些特殊的不一定可以），同时包名的长度也可以较长。

此外，包图的命名也可以采用限定包名的方式，即将外围包名与普通包名组合在一起展现。外围包名就是指外部的包名，它比普通包高一级别，其具体图形如图 7.3 所示。

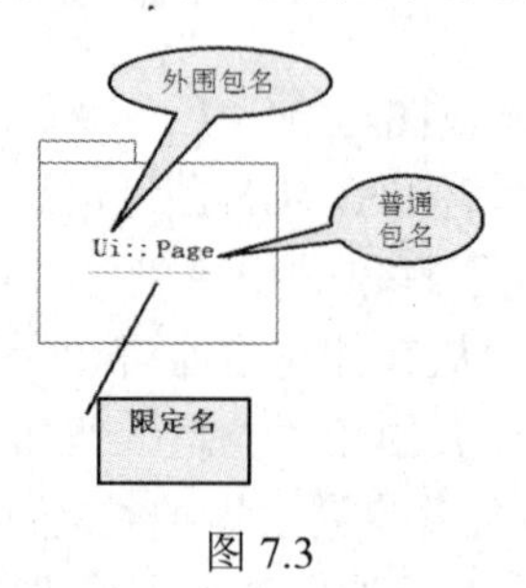

图 7.3

- ：：用于分割包名。
- Ui::Page 共同构成限定名。
- Page 包属于 Ui 的下属包。

为了更加清晰地介绍包图的运用，本处以银行柜员开通账户、处理存取款为例进行内容展现。银行柜员的操作与储户有一定的关联，可采用角色与包相结合的用例包图表现；用例主要针对功能需求。

具体图形如图 7.4 所示。

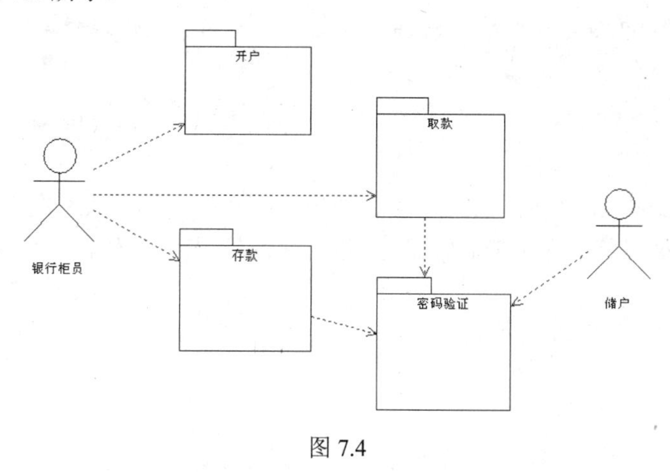

图 7.4

- 银行柜员为主动操作者角色。
- 储户为响应银行柜员要求的被动执行者角色。
- 银行柜员为储户开户时设置了密码，需要对密码进行验证。
- 存、取款时，储户输入密码方可完成操作。

7.2 应用优势与目标

7.2.1 应用优势

包图具有简捷易学的特质，其在软件工程领域运用范围相当广泛。在学习包图的过程中，就能体会包图有文件夹的特点。

从通用管理学易管理角度与计算机科学的分层分类角度思考，包图具有如图 7.5 所示的优势。

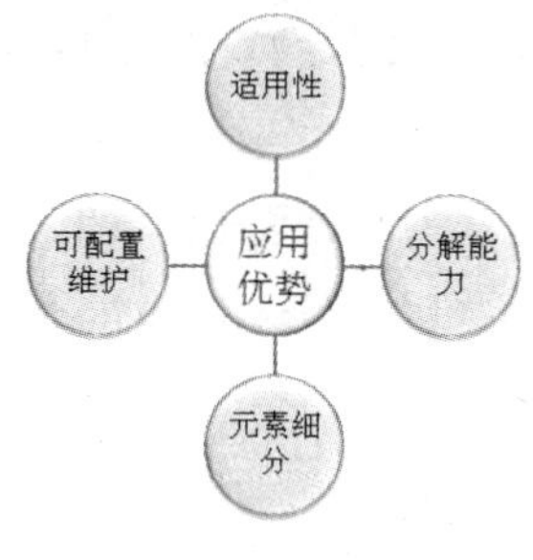

图 7.5

- 适用性：包图具有高度的适用性，其以文件夹方式进行范围的限定，适用所有 UML 图形。
- 分解能力：包图具有可靠的分解能力，能将比较复杂的图形分解为多个模块，有利于功能的拆分与理解。

- 元素细分：包图可使语义方面有一定关联影响的元素得以细分，从而归类以形成业务单元。
- 可配置维护：包图为软件系统提供了自成体系的可配置化维护单位，有利于系统的升级改造。

7.2.2 应用目标

包图属于UML体系内的某一结构，可将建模中存在的全体元素归类进行梳理。其目标与软件工程领域的发展道路和人员的思维息息相关，内容涉及系统架构、高层设计、模块分解，内容开发等环节。

包图的主要目标如图7.6所示。

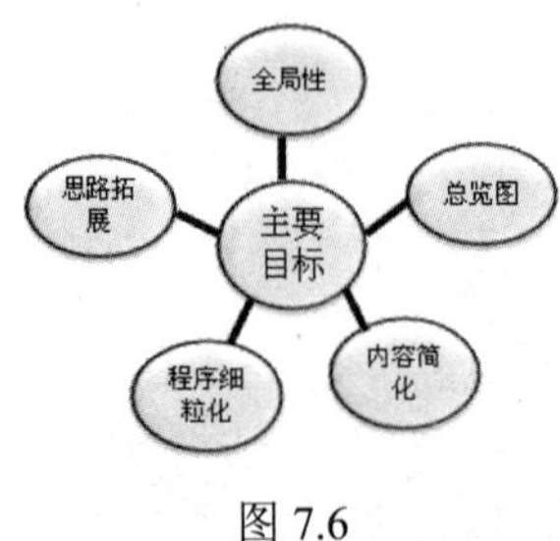

图7.6

- 全局性：从事物的本源出发，以展示高层次的需求总体概况为导向。
- 总览图：体现系统设计相关的高层性总览图，便于系统的开发与测试。
- 内容简化：运用化繁为简的方法论，使复杂的各类内容得以简化，以功能模块分解大功能。
- 程序细粒化：使各类程序细粒化，实现按功能要求进行细分。
- 思路拓展：从维护与掌握软硬件平台的内在要求出发，推动系统架构人员的思路拓展，便于快速进行系统建模与框架构建。

7.3 包图的注意点

作为软件工程学科的一种程序设计方法，面向对象思想包含的类是具有基础性质的概念起点。UML包图的展现方式通过包为类进行了抽象或封装，在使用包图时需要关注几个要点。具体内容如图7.7所示。

图7.7

- 依赖：千万不可弹出循环，死循环将导致功能的崩溃。
- 单位：包在软件测试过程中可作为一个单位存在。
- 元素：将内容与定义相似度较高的元素放置于某一包下。
- 归类：对包自带的几种元素进行归类。
- 导入：任何一个包中的所属元素根据需要都可以单方面访问其他某个包内的元素。但是，属于不同包的相关元素，不建议使用相同的名字，以防止调用出错的情形。

不建议使用的错误应用如图 7.8 所示。

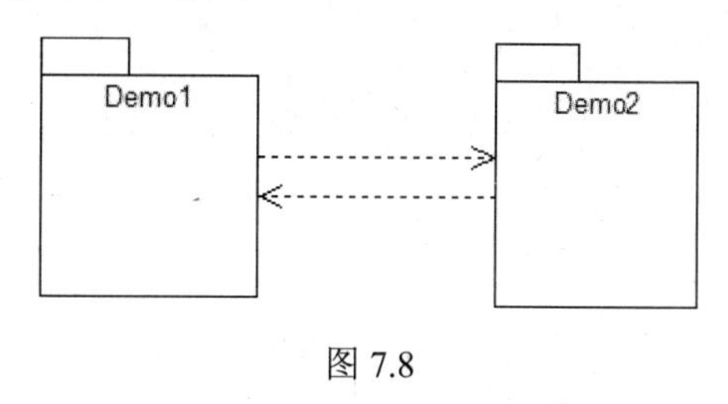

图 7.8

说明：

- ------------>、<------------两个图标表示相互依赖的关系。
- Demo1、Demo2 包之间的互相依赖关系将导致死循环。

7.4 包图的绘制

在各类软硬件系统中，所有元素均只可以纳入某一个包中。当然包与包之间，也可以存在嵌套关系。

由于包图能够体现 UML 的各种图形结构，因而在绘制时需要了解清楚项目的需求。绘制包图的流程如图 7.9 所示。

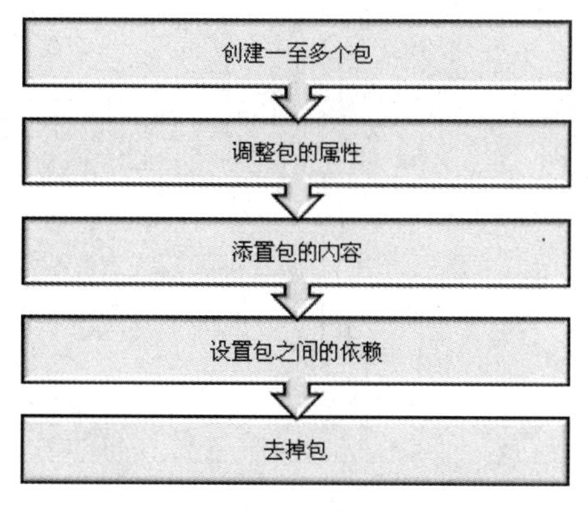

图 7.9

- 创建一至多个包时，可以视需求情况将平级的包设置为子包。
- 去掉包时，主要在需求变动不需要某些包时将其删除。

1. 绘制包图

在 Rose 7 中绘制包图，主要针对用例图、类图，组件图。

（1）用例图绘制包图

打开 Rose 7，单击 Use Case View 选项；再单击 Main；在弹出的工具箱中选择、，图标。

Ues Case View 常见的应用如图 7.10 所示。

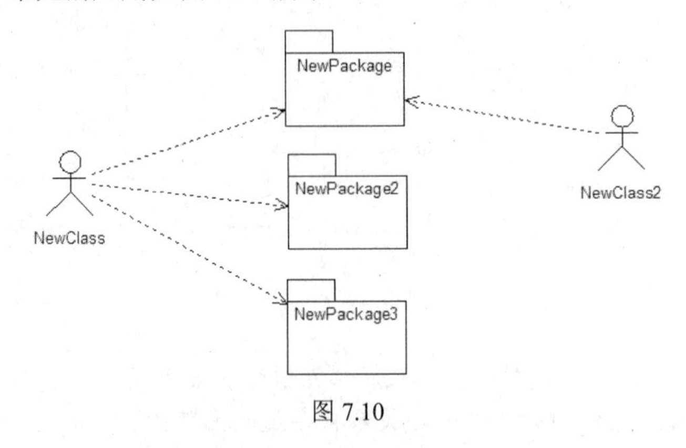

图 7.10

- NewClass、NewClass2 为两个执行角色。
- NewPackage、NewPackage2、NewPackage3 为三个包。

（2）用类图绘制包图

打开 Rose 7，单击 Logical View 选项；再选择 Main 后；在弹出的工具箱中选择、，图标。

Logical View 常见的应用如图 7.11 所示。

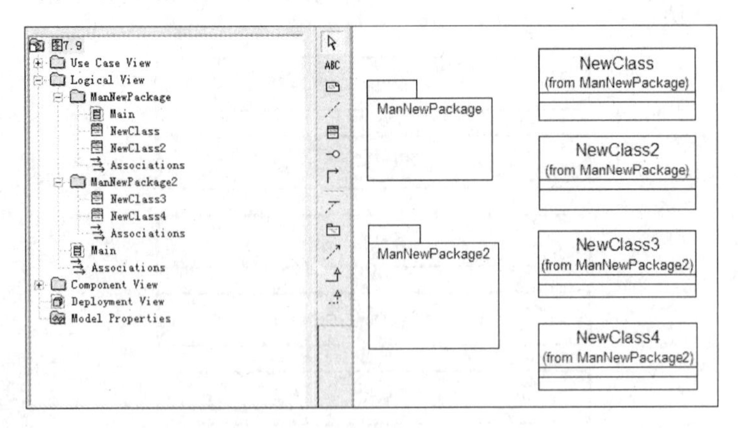

图 7.11

- 图 7.11 左边部分，面向对象的类放置于对应的包下，如 ManNewPackage 包包括 NewClass、NewClass2 两个类；ManNewPackage2 包包括 NewClass3、NewClass4 两个类。

- 图 7.11 右边部分，类中的 from 代表隶属的包。

（3）用构件图绘制包图

打开 Rose 7，单击 Component View 选项；再单击 Main 后；在弹出的工具箱中选择、图标。

Component View 常见的应用如图 7.12 所示。

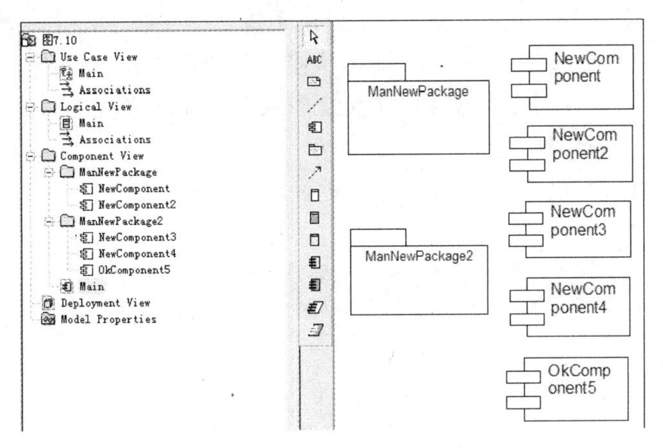

图 7.12

- 在图 7.12 左边视图部分，构件放置于对应的包下，如 ManNewPackage 包包括 NewComponet、NewComponet2 两个类，ManNewPackage2 包包括 NewComponet3、NewComponet4、OkComponent5 三个类。
- 在图 7.12 右边部分选择具体一个构件，这里以 NewComponet 为例，在其上单击鼠标右键，具体步骤如下：

01 打开 Open Specification 包，弹出如图 7.13 所示的对话框。

02 单击图 7.13 中的 Browse 下拉框，弹出 Selcet in Browser（在浏览器中浏览）、Browse Parent（打开所选项父项的规范窗口）、Browse Selection（浏览选择），Show Usage（显示使用）4 个选项。在此选择 Browse Parent 选项，弹出如图 7.14 所示的对话框。

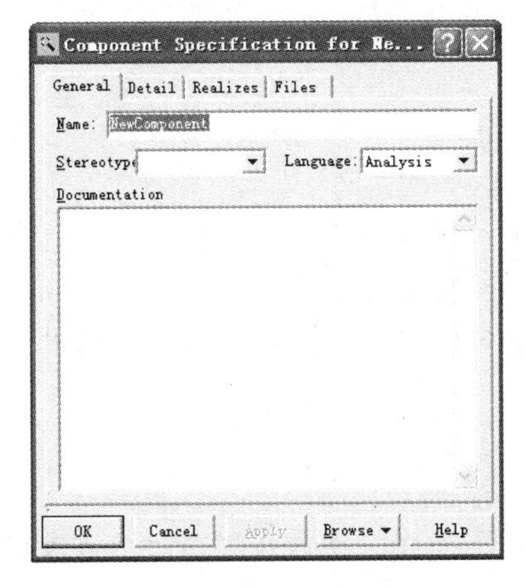

图 7.13

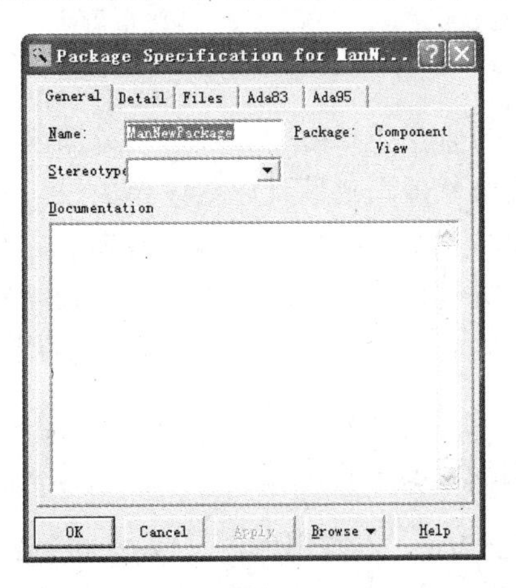

图 7.14

- Name：ManNewPackage 是构件所属包名。
- Stereotype：此处可输入任意名称，不填也可以。

2. 满足与显示用户需求

包图的使用因素有一些，其中必须要关注的一个重要因素，就是如何更好地满足与显示用户需求。

例如，浙江省地级市某区域的实验高中，提出了提高学生自学能力与教师信息化水平的需求。软件需求分析人员成立前期调研组，根据学校实际情况构建 BS 结构的智能学习平台。其中，在教学子系统中，学生自主学习与教师在线授课功能模块之间的需求运用了 UML 包图与用例的方式进行了良好的体现。

系统主要角色包括学生、教师以及系统维护人员，其各个角色与模块之间存在着一些交互关系。

图 7.15 是智能学习平台具体功能的主要内容图形化表现形式。

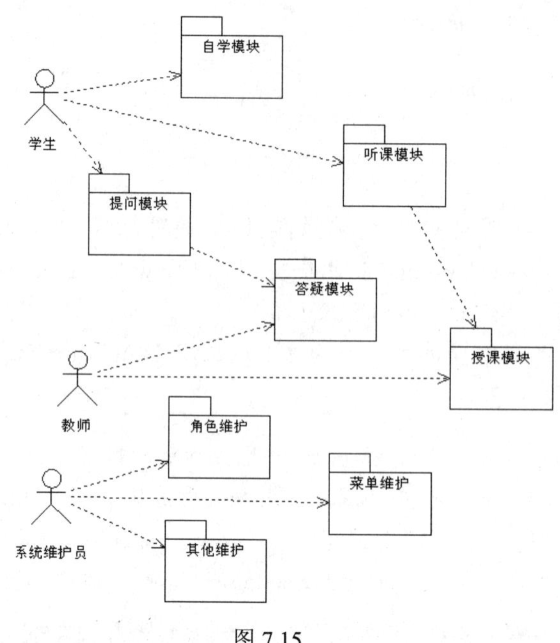

图 7.15

- 系统为学生提供自学、提问、听课模块。
- 系统为教师提供答疑、授课模块。
- 学生在“提问模块”中输入内容后，将传入到教师的“答疑模块”进行解答；学生选择“听课模块”时，信息将载入教师的“授课模块”内容。
- 系统维护员对学生、教师等角色与权限进行维护，同时也保持菜单与其他方面内容的维护。

3. 包图规范使用的共性

Use Case View 创建用例图、Logical View 创建类图，选择包图标时，创建包图后，其规范均相同。

具体规范类型（Stereotype）如图 7.16 所示。

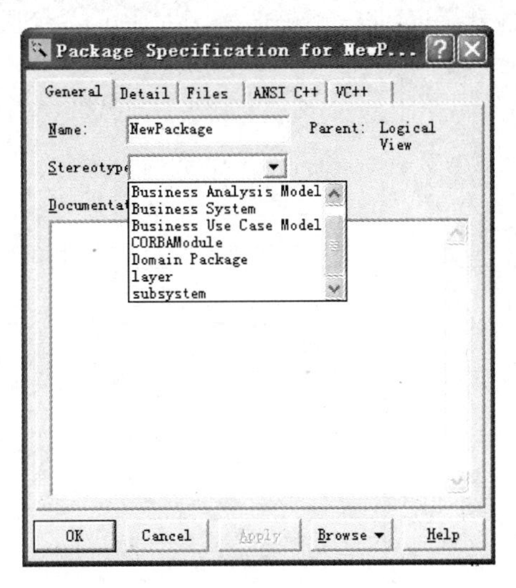

图 7.16

包图的规范（Stereotype）主要体现为表 7.1 所示的几点。

表 7.1 包图规范表

类型名称	图形
为空	NewPackage
Business Analysis Model	NewPackage3
Business System	NewPackage18
Business Use Case Model	NewPackage8
CORBAModule	<<CORBAModule>> NewPackage6

（续表）

类型名称	图形
Domain Package	NewPackage9
layer	<<layer>> NewPackage5
subsystem	<<subsystem>> NewPackage2

选择包图规范表中的任一图形，单击鼠标右键，在弹出的菜单项下选择 Sub Diagrams 选项，都会弹出如图 7.17 所示内容。

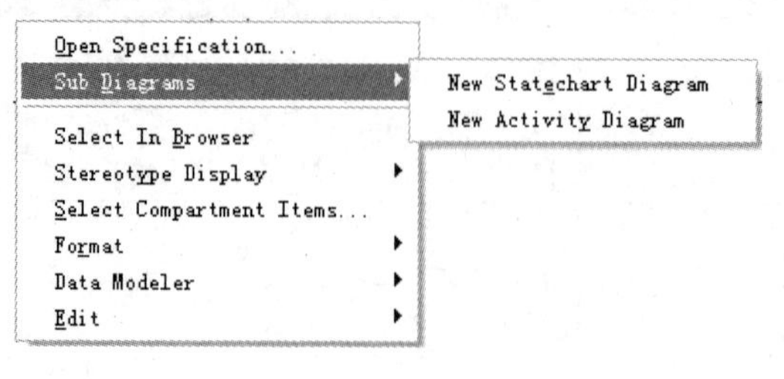

图 7.17

- New Statechart Diagram 是创建状态图。
- New Activity Diagram 是创建活动图。

单击 New Statechart Diagram 选项，弹出图 7.18 所示界面。
单击 New Activity Diagram 选项，弹出图 7.19 所示界面。

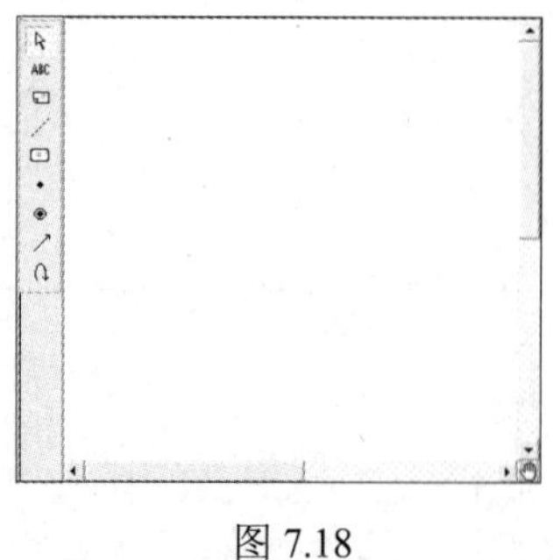

图 7.18

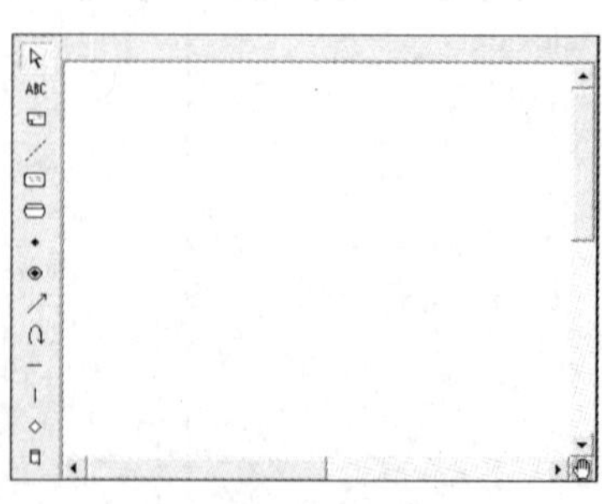

图 7.19

4. 包图子包的绘制

（1）在 Logical View 下绘制子包

01 在工具箱中选择▭，将其拖至模型图窗口。此处，将包名命名为 Ui，弹出如图 7.20 所示界面。其中，Ui 为顶层包。

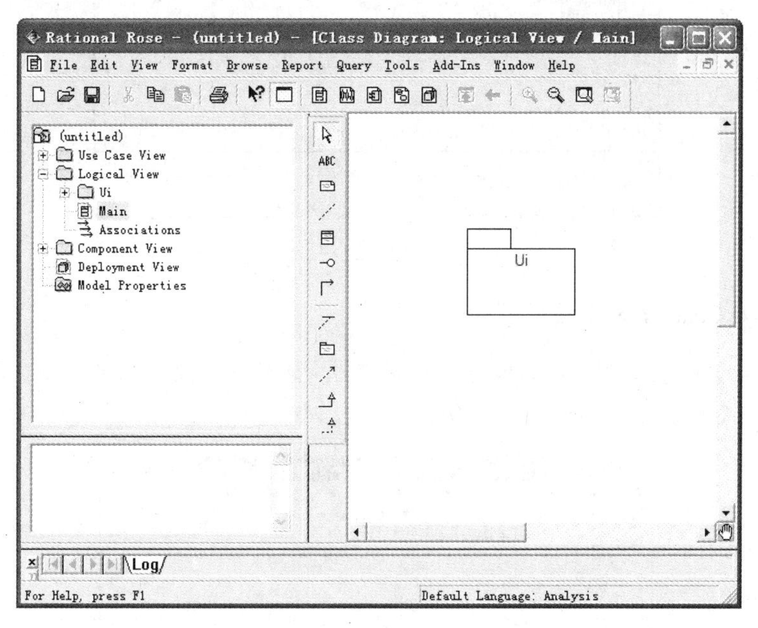

图 7.20

02 在如图 7.20 所示的 Ui 选项上单击鼠标右键，弹出如图 7.21 所示的界面。

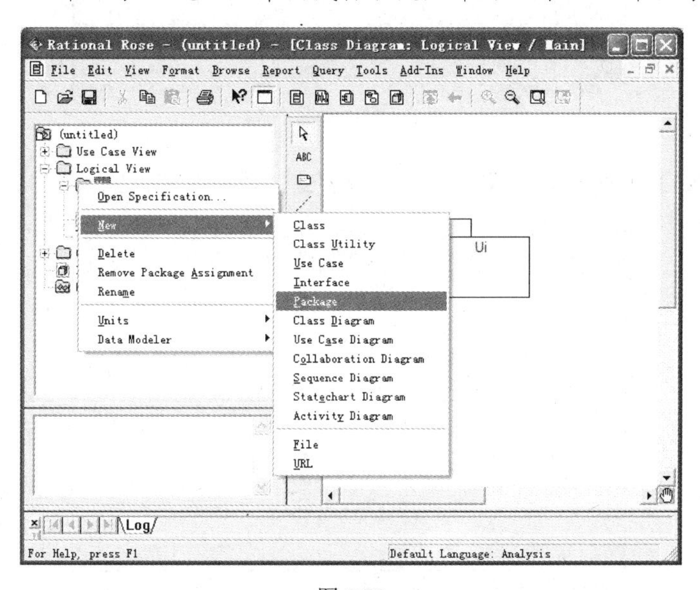

图 7.21

03 单击 Package 选项，产生子包，如图 7.22 所示，其中，NewPackage 是 Ui 包的子包。

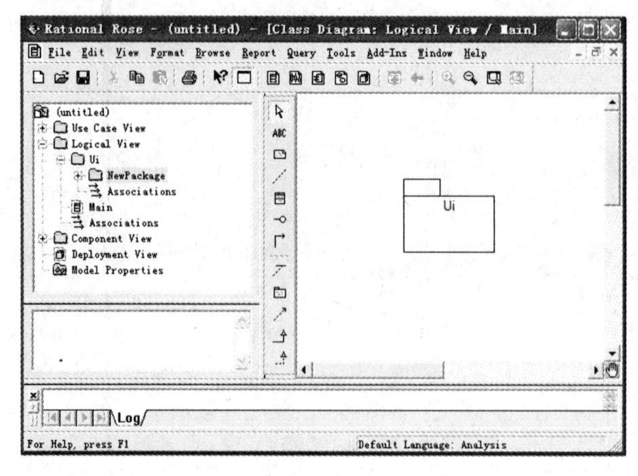

图 7.22

（2）在 Use Case view 下绘制子包

01 在工具箱中选择 ，将其拖至模型图窗口。此处将包名命名为 Test，将弹出如图 7.23 所示界面，其中，Test 为顶层包。

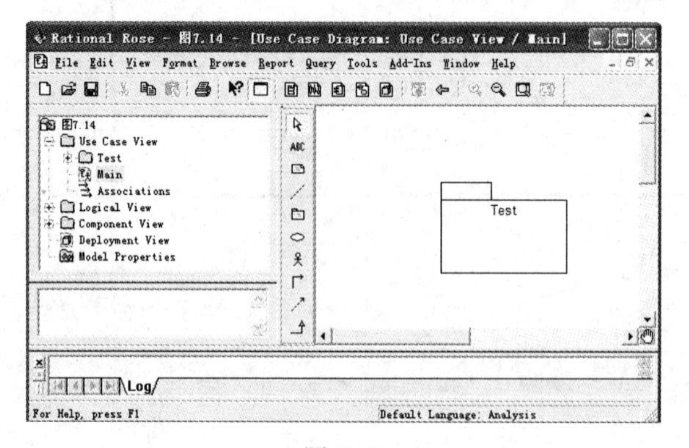

图 7.23

02 选择图 7.23 中的 Test 选项，单击鼠标右键，弹出如图 7.24 所示快捷菜单。

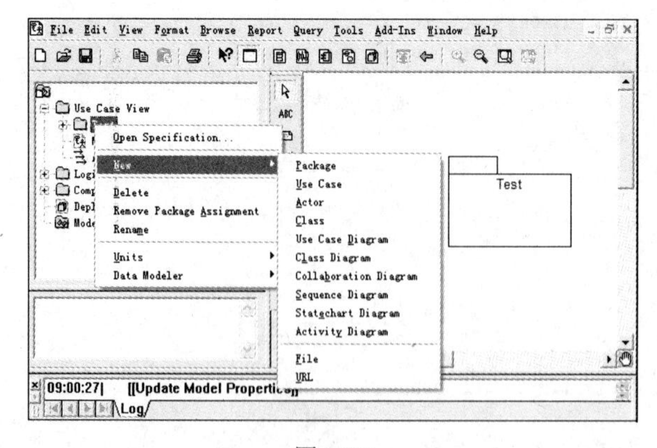

图 7.24

03 选择 Package 选项，产生子包，如图 7.25 所示，其中，NewPackage 是 Test 包的子包。

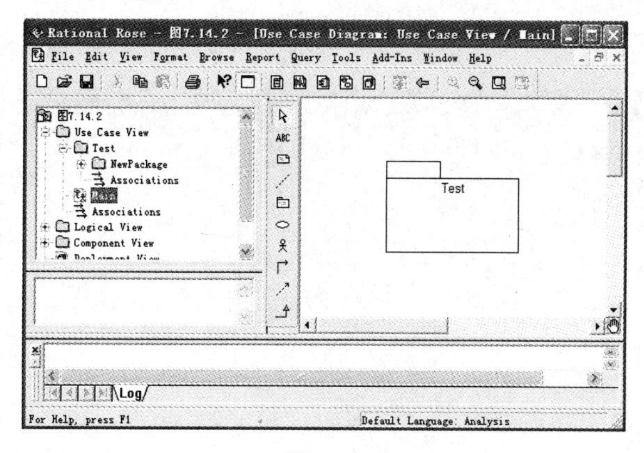

图 7.25

（3）在 Component view 下绘制子包

01 在工具箱中选择▭，将其拖至模型图窗口。此处将包名命名为 Man，弹出如图 7.26 所示界面，其中，Man 为顶层包。

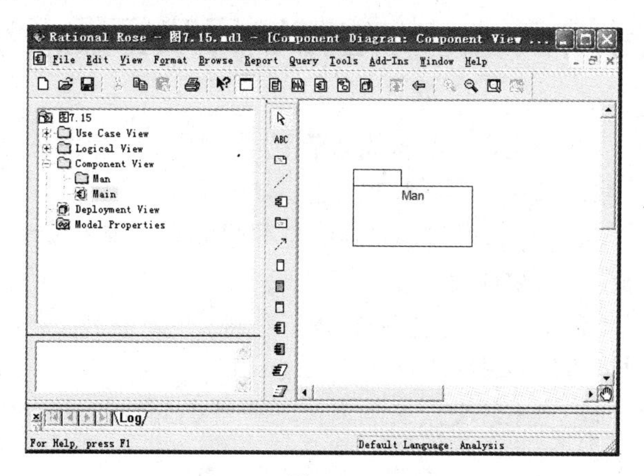

图 7.26

02 在图 7.26 中的 Man 选项上单击鼠标右键，弹出如图 7.27 所示快捷菜单。

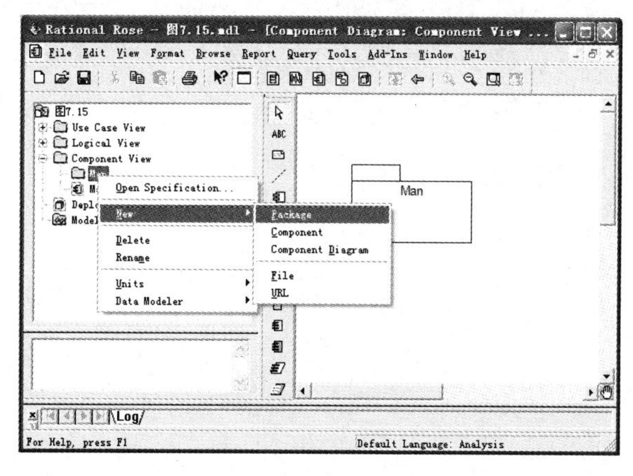

图 7.27

03 选择 Package 选项，产生子包，如图 7.28 所示，其中，NewPackage 是 Man 包的子包。

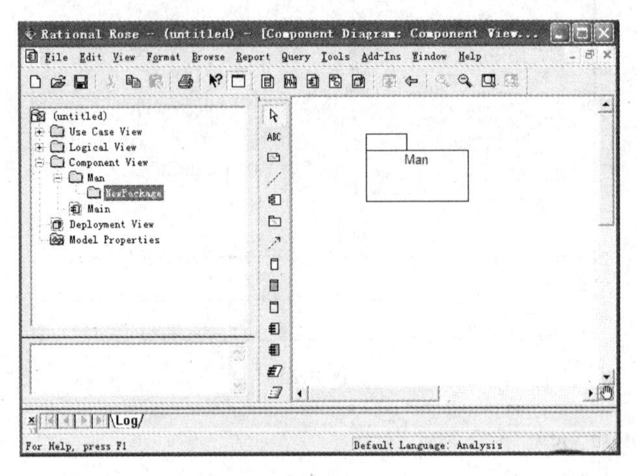

图 7.28

7.5　业务建模——构建车辆行政管理系统的包图

为了满足关于提高政府机关行政办事能力的要求，如何运用 IT 技术对车辆行政管理单位的各项事务进行高效管理，成为一个具有重要意义的课题。

基于此，由车辆行政管理单位牵头，安排信息部门成立系统专项研发小组，通过招投标的方式，承包给有着良好资质的软件商开发。

软件商要使系统以车辆管理、车辆使用报表、车辆采购、人事管理，系统管理为基础模块，完成车辆行政日常主要事务的管理。

从软件工程角度分析，将系统使用者的岗位与职责进行梳理，具体内容如表 7.2 所示。

表 7.2　岗位与职责表

岗位	工作职能
车辆管理员	结合系统进行车辆管理和使用维护
采购员	结合系统进行采购管理与维护
人力经理、人力专员	结合系统进行人力资源管理与维护（人力经理管理人力专员）
系统管理员	系统配置管理与各模块的维护

需要实现的主要功能如图 7.29 所示。

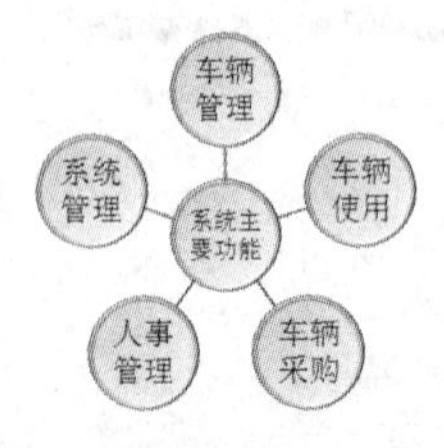

图 7.29

- 车辆管理：实现车辆信息的添加、查询、修改等功能。
- 车辆使用：实现车辆的年度、月度查询报表。
- 车辆采购：实现采购清单与汽车配件的管理。
- 人事管理：实现对职工的工作情况、薪酬信息、档案状况的查询、监控、添加、删除与修改功能。
- 系统管理：实现系统角色管理、模块管理、菜单管理以及备份恢复数据、查看系统运行日志。

在 Rose 7 中创建本功能需求的 UML 包图，具体步骤如下：

01 打开 Rose 7，单击浏览器中的视图名称 Use Case view。

注意： 此处如果有调用 J2EE 包的需要，打开 Rose 7 后单击图 7.30 中的 OK 按钮，否则单击 Cancel 按钮。

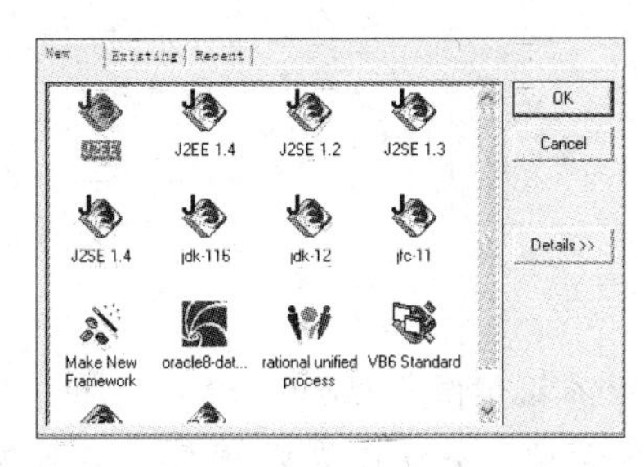

图 7.30

02 单击图 7.30 中的 J2EE 图标，将弹出如图 7.31 所示界面。

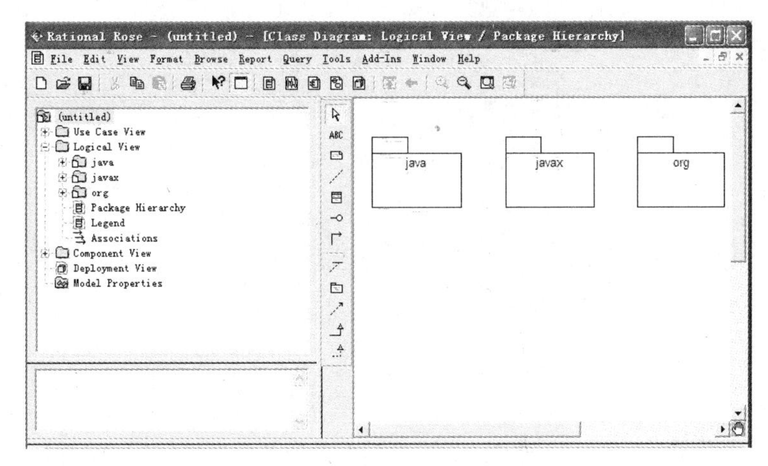

图 7.31

03 选择 Main 选项，在窗口右边弹出的工具箱中选择 、 ， 图标，进行如图 7.32 所示的绘制。

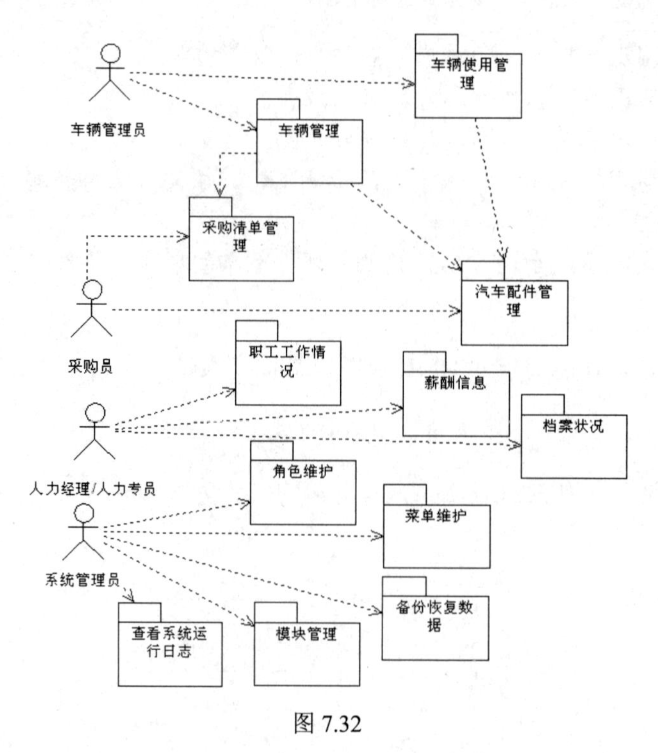

图 7.32

- 车辆使用管理、车辆管理依赖于汽车配件管理，车辆管理也依赖于采购清单管理。
- 查看系统运行日志、模块管理、备份恢复数据属于与业务关联不大的非直接功能需求。

第三部分

在动态中分析之行为型

第 8 章

事件动力源于活动——活动图

8.1 定义

所谓活动图，是指详细解释完全满意于某些用例的要求而实行的相关活动以及活动之间的各种限制。尤其是在各种对象之间所流转的流程化控制方面，活动图针对功能性建模显得格外重要。

因此，从事物的内在角度分析，活动图针对的是对象之间的活动；它属于某种对象层面的流程化图形。活动图的建模过程针对业务的场景活动与过程展开，本质上体现了事物从输入转化为输出的整个业务基本规律。

下面可以从一个在现实生活比较常见的商品管理的简单例子入手，通过描述商品在网站中在线进行管理的活动过程，展示活动图的图形结构。具体图形如图 8.1 所示。

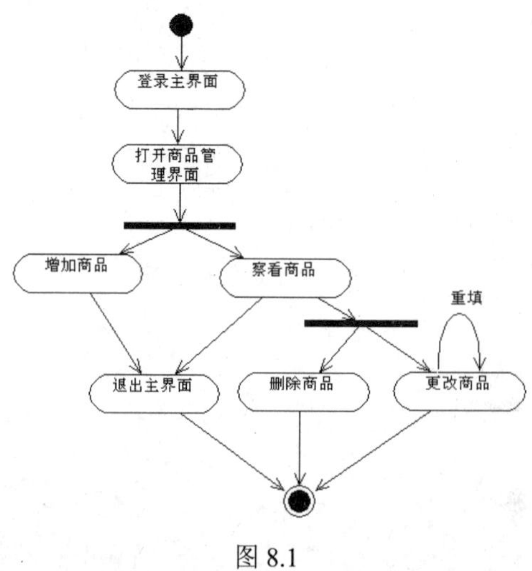

图 8.1

- 登录主界面之前的图标是指活动的开始状态。
- 退出主界面、删除商品、更改商品活动指向的图标，表示状态的结束。
- 从开始状态启动后，登录主界面，打开商品管理界面，同时进行增加商品、察看商品活动。
- 增加商品、察看商品后退出主界面，察看商品后可删除商品与更改商品。
- 更改商品时可重新填写信息。
- 图中所有的圆角矩形均代表具体的活动，它们能够自动或手动落实目标。

8.2 应用目标与作用

8.2.1 应用目标

活动图的总体目标偏向于类似工作流程的样子与构造，它用于体现业务层面的流程与软件计算的具体步骤。

UML 活动图主要目标如图 8.2 所示。

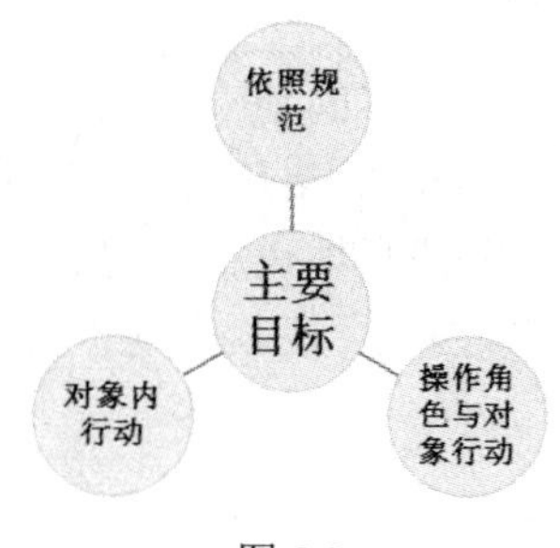

图 8.2

- 依照规范：主要遵循操作层面的原理。
- 操作角色与对象行动：面向操作人员流程运转的层面展开。
- 对象内行动：针对各个种类的对象内部进行动作规划。

活动图的详细目标表现为以下几点：

（1）阐述某一按照规范与要领操纵执行将输入转化为输出需要实现的动作，这是核心目标所在。

（2）趋向于体现事物对象内部层面的行动，主要是贯彻施行某个组合相关联的动作与动作可能影响对象的表现。

（3）表达某类操作中间的角色与对象具体将如何开展所属行动，并侧重于使用者针对运作的相关流程。

8.2.2 作用

UML 活动图应用范围较杂，它主要针对业务逻辑的执行过程以及用例进行有效建模。

UML 活动图主要作用如图 8.3 所示。

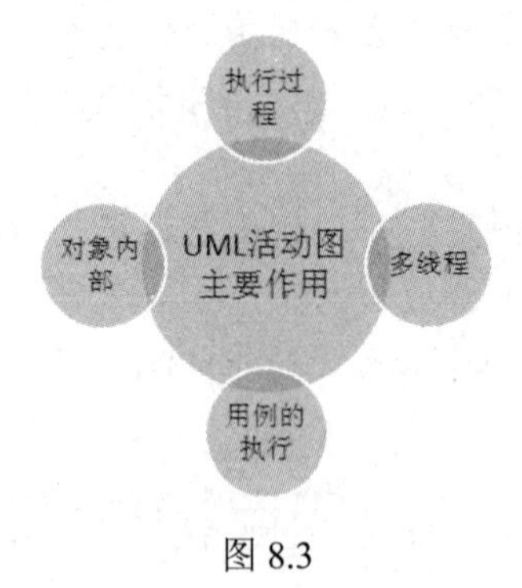

图 8.3

- 执行过程：针对的是操作层面的活动处理。
- 对象内部：面向的是事物内部某些范围的具体工作。
- 用例的执行：可以更加清楚地表现各种用例相关的操作。
- 多线程：侧重于表现事物的性能层面。

活动图的具体作用表现为以下几点：

（1）体现某类人们开展活动时表现出来的动作状态，并形成有效的收尾行动。

（2）详细地解释各种对象在某一范围内所能开展的各种工作事宜，以达到完整的对象描述。

（3）实际履行各类用例的操作，并清晰地进行展现。

（4）通过安排各类多线程的良好实施，体现某类动作对环绕着中心部分对象施行呼应或扩散。

8.3 创建活动图

8.3.1 新建活动图

UML 活动图能够将所见所闻通过某些手段去体现运作方法的逻辑，其方向侧重于业务目标动作的完成。

UML 活动图的创建需要先确定好建模范围，接下来设置好开始与结束，再者增加活动方面的内容以及活动之间的关联变化。

为了更加具体地介绍 UML 活动图的使用，本处运用 Rose 7 进行建模讲解。

在 Rose 7 中创建活动图，可采用以下标识符。

（1）打开 Rose 7 后，在浏览器中的视图 Logical View 选项上单击鼠标右键，在弹出的快捷菜单中选择 New→Activity Diagram 命令，如图 8.4 所示。

注意：

1）如果打开 Rose 7 后，在浏览器中的视图 Use Case view 选项上单击鼠标右键，也将弹出与图 8.4 同样的快捷菜单以及子菜单。

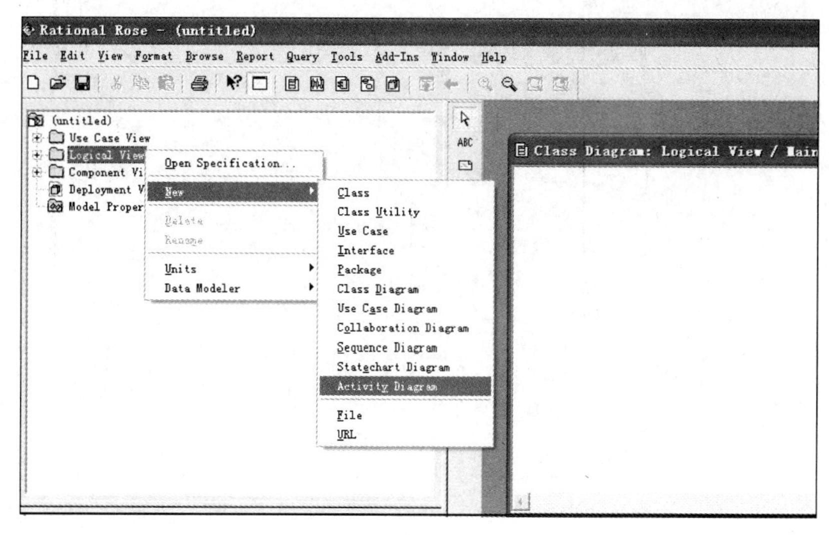

图 8.4

2）单击浏览器中的视图名称 Componect View 选项，无法创建活动图。

（2）单击如图 8.4 中的 Activity Diagram 命令，弹出如图 8.5 所示对话框。

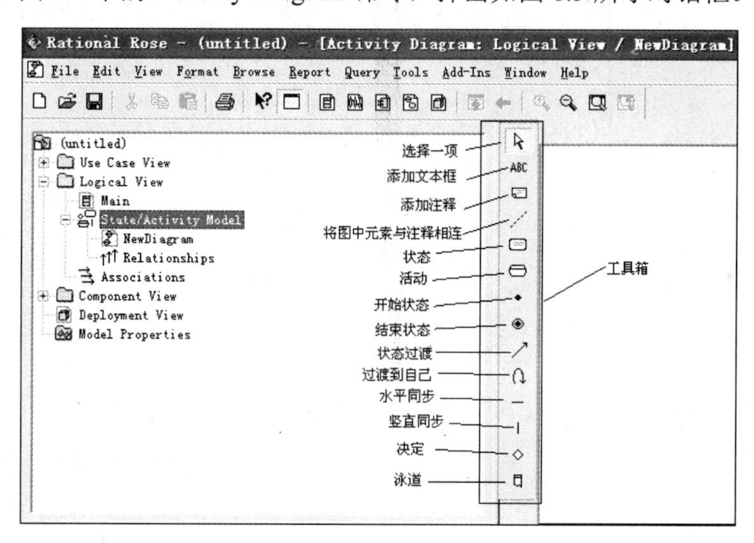

图 8.5

（3）选择如图 8.5 所示的工具箱图标，根据需求进行 UML 图形的创建。

1）选择 Tools→Create 下属的子菜单也包括诸如 Object（对象）、Object Flow（对象流）之类的其他工具，具体操作菜单如图 8.6 所示。

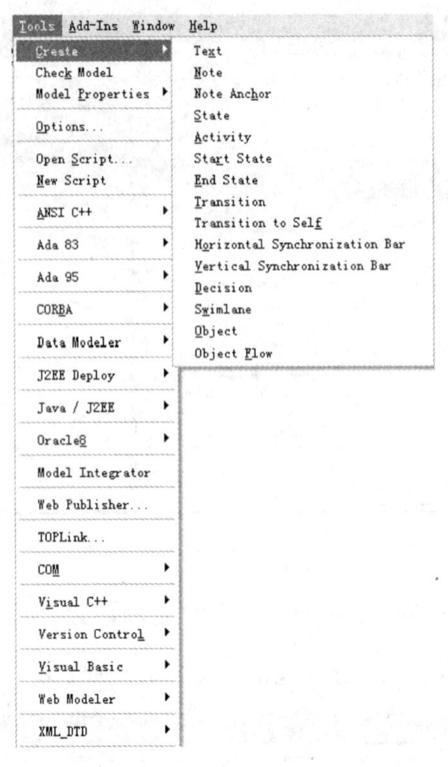

图 8.6

2）对象与对象流的图标如图 8.7 所示。

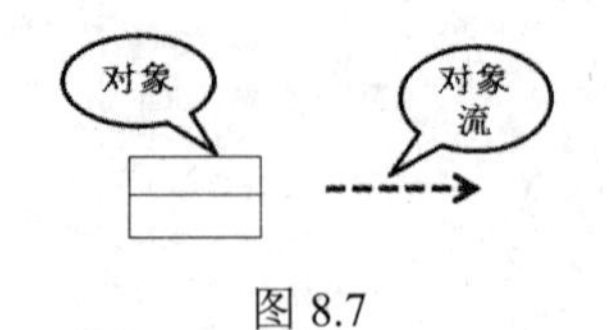

图 8.7

8.3.2 活动图主要组成操作

1. 活动和活动流

（1）新建活动与相关操作

1）选择工具箱中的 （活动）图标，将其拖至模型图窗口。此时，新增了某个活动。将活动命名为 TestActivity，将弹出图 8.8。

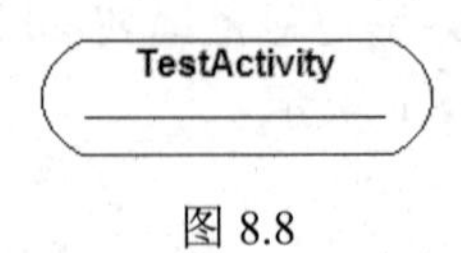

图 8.8

2）选择活动 TestActivity，单击弹出图 8.9。可以对活动名称进行修改，也可以根据需求选择 Stereotype 或对 Documentation 进行填写。

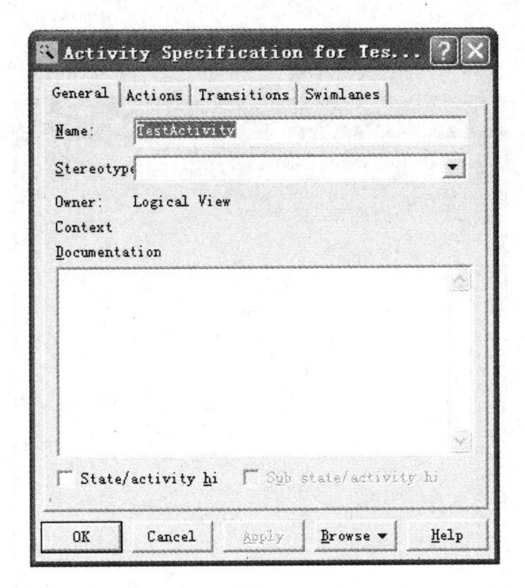

图 8.9

- Name 是指活动的名称。
- Stereotype 是指构造型的展现。
- Documentation 是指补充说明。
- Actions 是指动作，包括 On Entry（进入动作）、On Exit（离开动作）、Do（执行）、On Event（事件）。
- Transitions 面板是指转变，用于表现活动转移。如对象流名称、结束的活动名。
- Swimlanes 面板是指业务相关的内容，一般此栏目弹出内容的情况较少。

需要注意活动的名称在活动图的绘制中不可以重复，否则会出错。

3）单击图 8.9 中的 Actions 标签，弹出如图 8.10 所示选项卡。

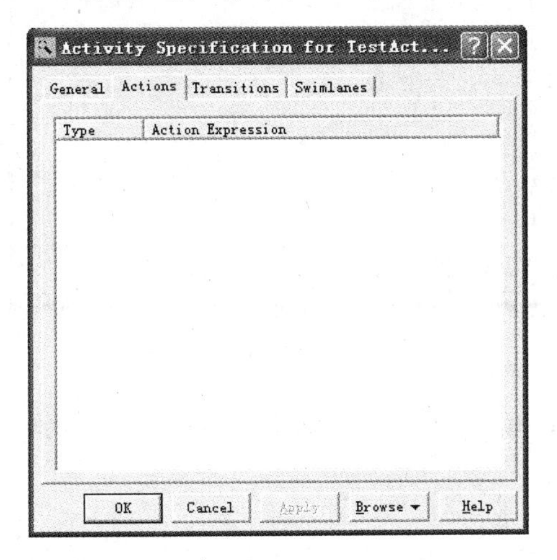

图 8.10

一个活动没有与其他活动关联时，Transitions、Swimlanes 各自界面内容为空。

4）在图 8.10 中单击鼠标右键，弹出如图 8.11 所示快捷菜单选项卡。

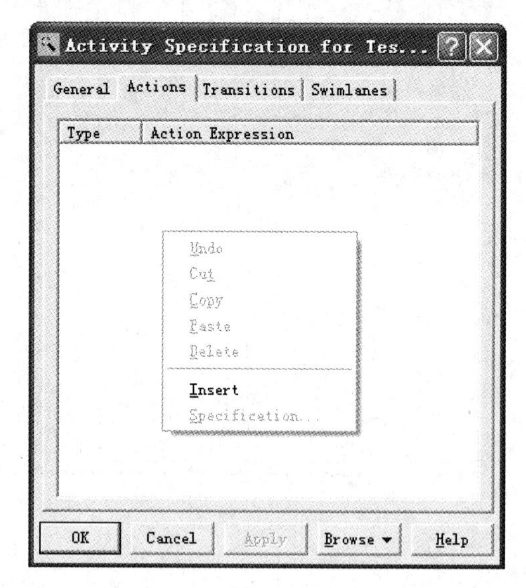

图 8.11

5）在图 8.11 中单击 Insert 菜单，将插入如图 8.12 所示选项。

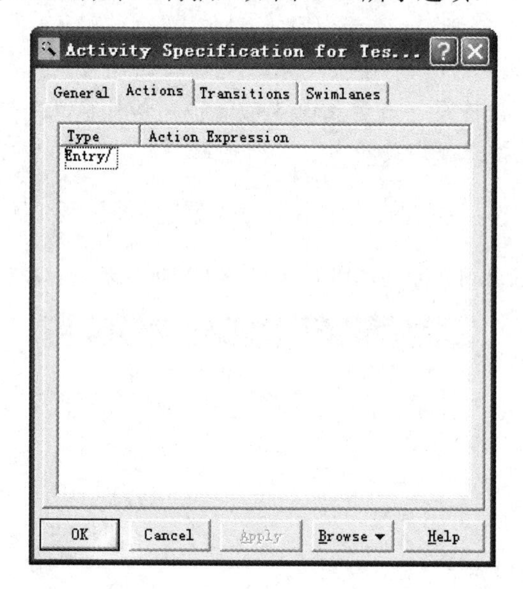

图 8.12

6）在图 8.12 中单击 Entry 选项，弹出如图 8.13 所示对话框。

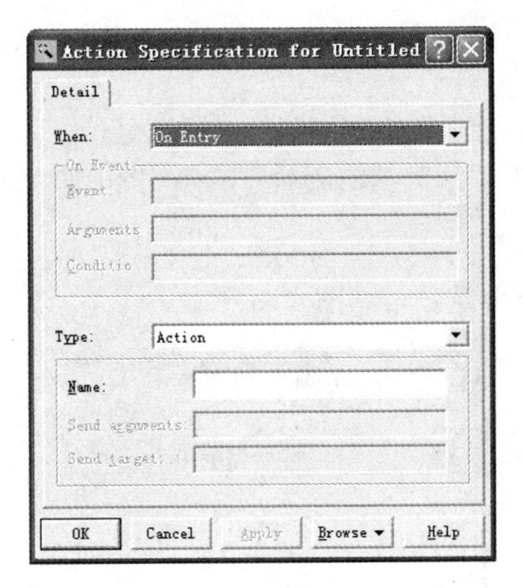

图 8.13

- 在 Name 处输入进入动作的名称。
- Send arguments 部分无效。
- Send target 部分也无效。

7）在图 8.13 的 Name 处输入 ShowObj，弹出图 8.14。

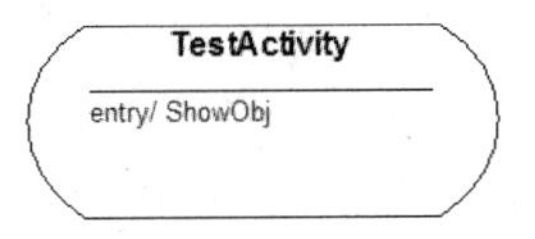

图 8.14

8）选择图 8.13 的 When 下拉列表框，如图 8.15 所示。

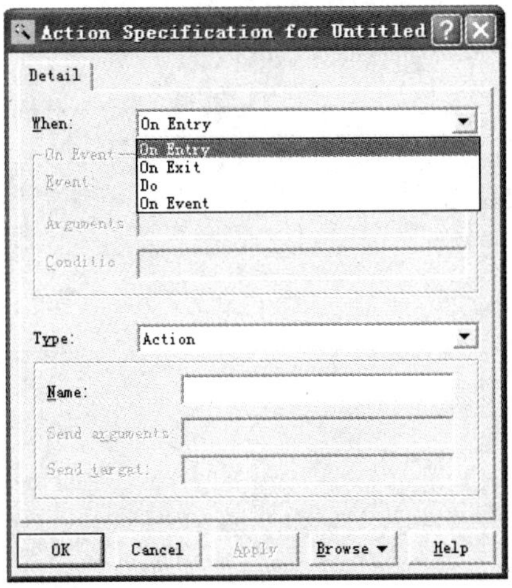

图 8.15

- On Entry、On Exit、Do、On Event 的界面各不相同；On Entry、On Exit、Do 界面的 On Event 部分无效；在选择 On Event 界面时，On Event 部分才生效。

- On Entry、On Exit 属于动作，Do 只是执行，On Event 则是相关事件。

Detail 界面的各项属性，促使活动得以进一步的细分。

Detail 界面上的各项属性除活动图的活动外，状态图中的状态也有类似属性，可以根据业务需要进行绘制。

9）选择图 8.15 的 On Exit 选项，如图 8.16 所示。

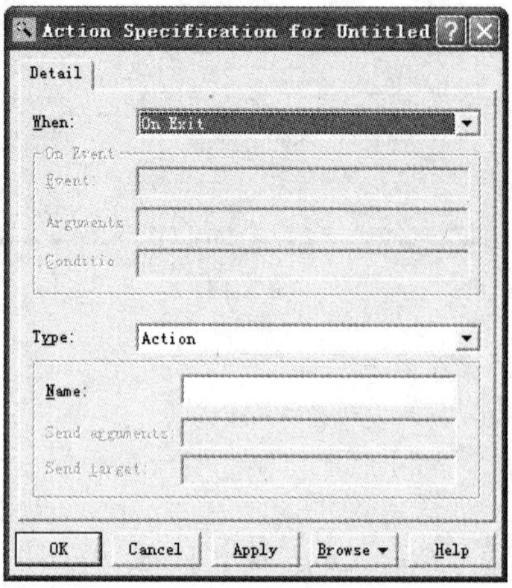

图 8.16

10）在图 8.16 的 Name 处输入 OpenObj，弹出图 8.17。

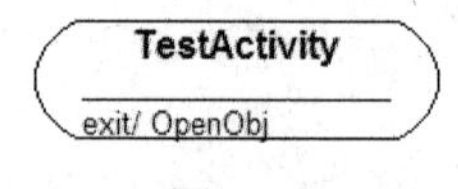

图 8.17

11）选择图 8.15 的 Do 选项，如图 8.18 所示。

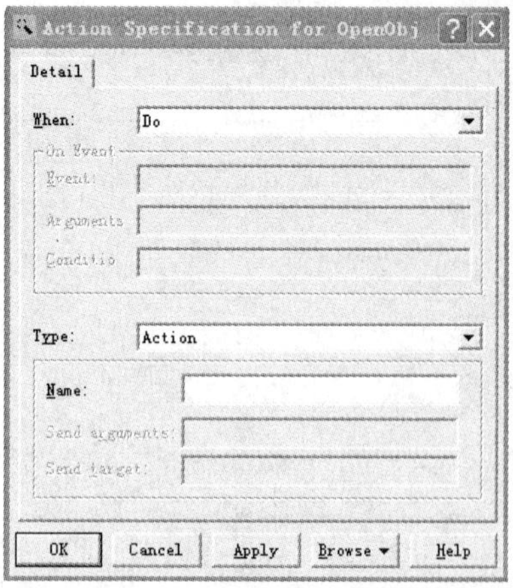

图 8.18

12）在图 8.18 的 Name 处输入 DoObj，弹出图 8.19。

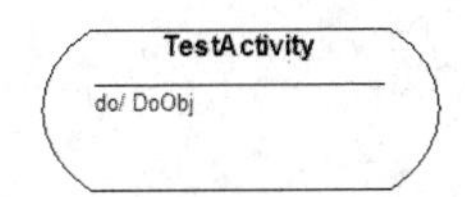

图 8.19

13）选择图 8.18 的 When 选项为 On Event，如图 8.20 所示。

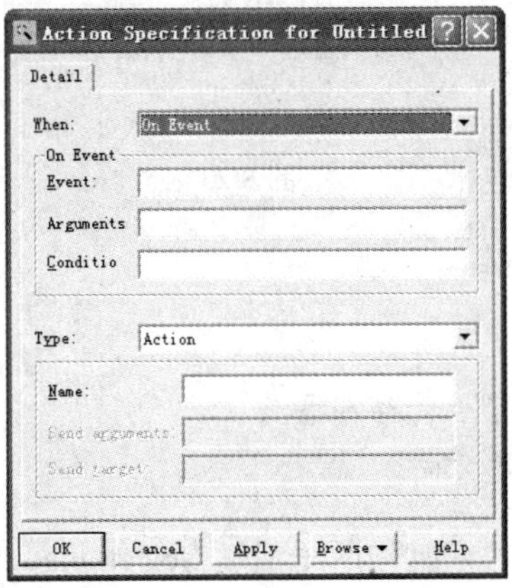

图 8.20

- Event 是指事件具体方法。
- Arguments 是事件的具体参数。
- Condition 是事件的具体条件。

14）在图 8.20 的 Name 文本框中输入 SureObj，在 Event 文本框中输入 OkObj，在 argumens 文本框中输入 x，在 Condition 文本框中输入 a=1，单击 OK 按钮，将弹出图 8.21。

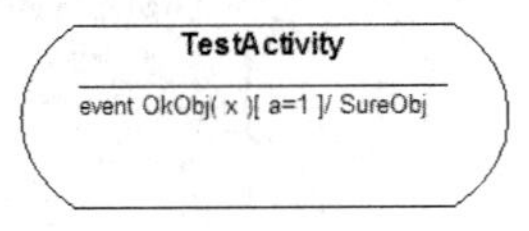

图 8.21

15）在图 8.20 中选择 Type 为 Send Event，如图 8.22 所示。

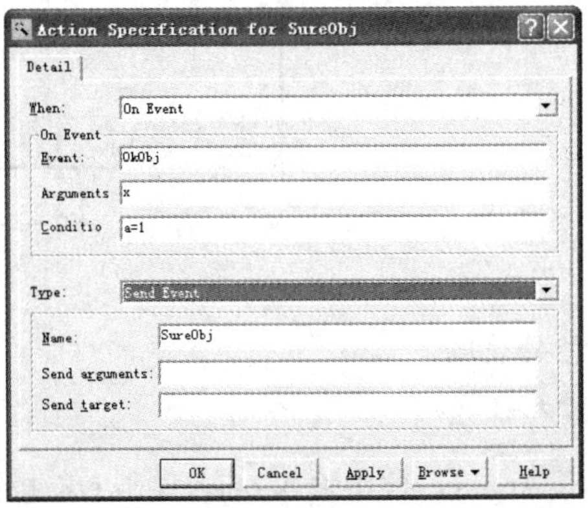

图 8.22

- Send arguments 是指发送的参数。
- Send target 是指发送的目标。

16）在图 8.22 的 Send arguments 文本框输入 y1、在 Send target 文本框输入 Test，弹出图 8.23。

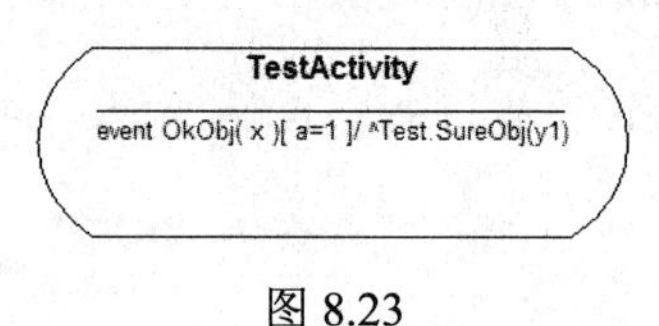

图 8.23

（2）新建活动流与相关操作

注意：

- 创建活动流的前提必须有活动存在方可。
- 活动流说明了活动的指定方向。

1）在工具箱中选择工具，制作两个活动 SelectOne、SelectTwo 之后，再选择工具（活动流）图标，将其拖至模型图窗口。

此时，新增了某个活动流，将该活动流命名为 TestSelect，弹出图 8.24。

2）选择活动流 TestSelect，单击它弹出如图 8.25 所示对话框。

可以对活动流名称进行修改，也可以选择 Stereotype 下拉框或对 Arguments、Documentation 文本框进行填写。

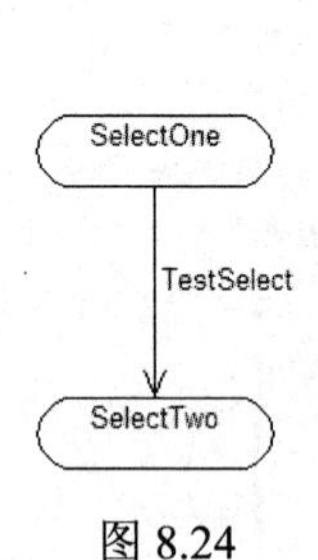

图 8.24

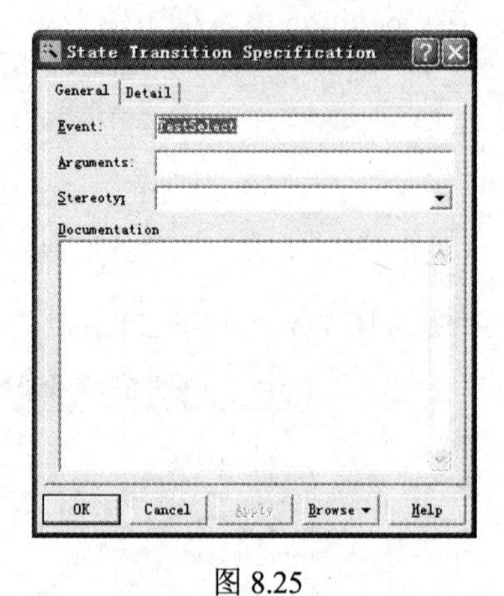

图 8.25

- Arguments 是指参数。
- Stereotype 是指构造型的展现。
- Documentation 是指补充说明。

3）在图 8.25 中的文本框 Arguments 中输入 obj，单击 OK 按钮，弹出图 8.26。

4）在图 8.25 中单击 Detail 标签，如图 8.27 所示。

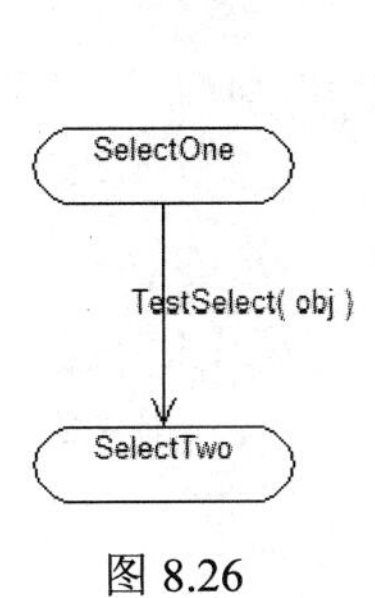

图 8.26

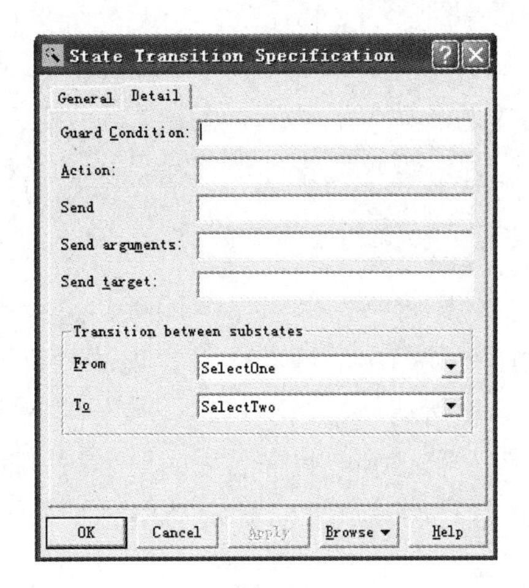

图 8.27

- Guard Condition 是指条件。
- Action 是指动作。
- Send 是指发送。
- Send arguments 是指发送参数。
- Send target 是指发送标题。
- From 是指从哪个活动出发。
- To 是指到哪个活动。
- SelectOne、SelectTwo 属于活动名。

5）在图 8.27 中输入如图 8.28 所示信息，单击 OK 按钮，弹出图 8.29。

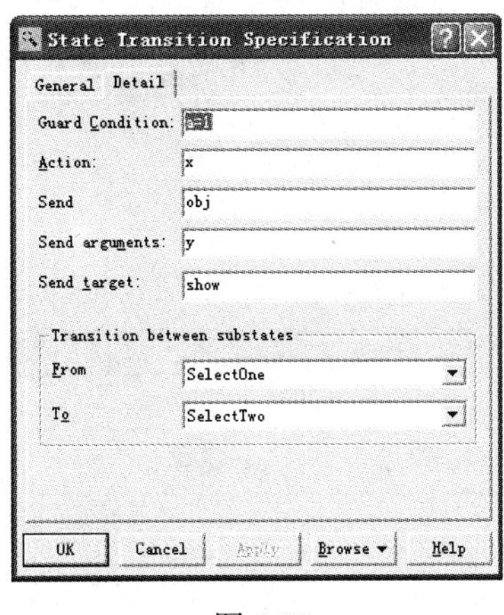

图 8.28

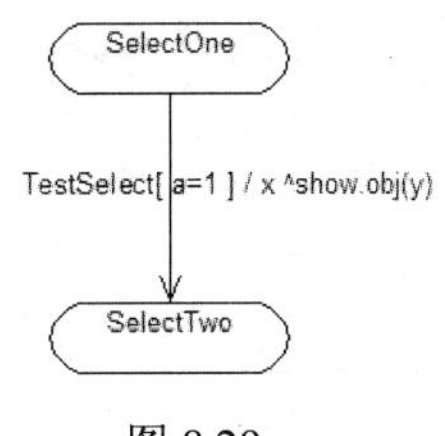

图 8.29

（3）删除活动和活动流

方法 1：

选择已创建的活动与活动流图标，单击鼠标右键 ，在弹出的快捷菜单中选择 Edit→Delete 命令或者按键盘上的 Delete 键。此时，模型图中不再显示两者，但它们还在浏览器中。

方法 2：

选择已创建的活动与活动流，单击鼠标右键，在弹出的快捷菜单中选择 Edit→Delete from Model 命令。此时，两者将被真正删除。

（4）活动与活动流相结合的操作

选择图 8.5 工具箱中的 、 图标，进行活动与活动流的绘制。

在实际软硬件项目中，活动根据实现的复杂程度细分为简单型与复合型。

所谓的简单型活动是指无法再进一步分解的活动，复合型则是指能够进一步分解的活动。具体实例，可在人们日常采购生活用品时体现。例如，去菜市场用现金购买猪肉，是比较简单的活动。而通过登录网站进行购物则是相对复杂的活动，需要登录网站、选择产品以及下订单、付款的相关活动。

具体展现图形如图 8.30 所示。

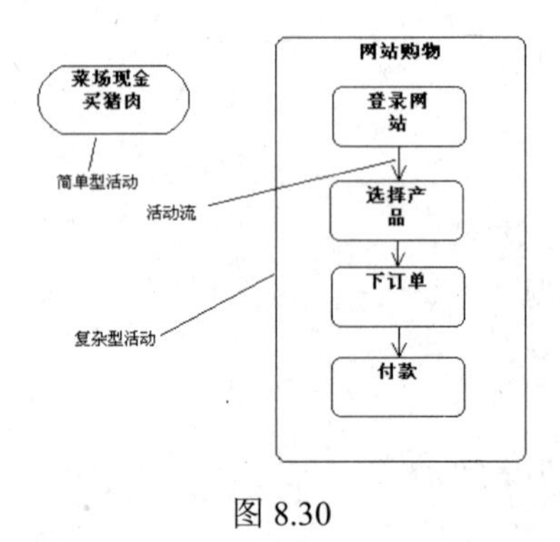

图 8.30

- 菜市场用现金买猪肉是简单型活动，没有活动流图标。
- 网站购物是复合型活动，其内部各子活动之间通过工作流图标去表现活动间的有向交互。

此外，活动的主要表现形式如表 8.1 所示。

表 8.1　活动表现方式表

活动名称	表现方式	图形展现
初始节点	采用某个实心的圆来展现	
结束节点	采用空心圆内部添加某个实心圆去展现	
文字型节点	采用文字描述来表达活动	管理员增加菜单项
表达式型节点	采用数字表达式的形式来描述活动	height=X.height+3
消息型节点	采用收发消息的描述表示活动	Message(Email)

注意：

1）无论是描述那一种活动的 UML 活动图都只可以拥有一个初始节点，不过结束节点的数量不受限制（结束节点不存在也是很正常的表现）。

2）活动图标与状态图标差不多，只是活动的圆角更大一些。

3）活动的表现方式一般用动词，而状态则一般采用为某状态的单词或短语说明。例如，Write off（注销中）是一个状态，而 logout（注销）则是一个活动。

2. 分支

分支是指用合适的图标示意活动流涵盖的分叉与合并，说明活动依据哪些条件移动至其他类型的活动。

以考生参加机动车考试为例，考生通过报名获取证件赶赴考场，在证件检查无误的情况下，考生进入机动车考试现场。此时，现场工作人员还会对考场进行巡查，判断是否存在代考的情况。如果工作人员通过观察与询问发现存在代考人员，则要将其驱离现场。

选择图 8.5 工具箱中的◆、⊟、↗、◇、◉图标，将 5 者拖到模型图窗口，进行活动图的绘制。具体情况如图 8.31 所示。

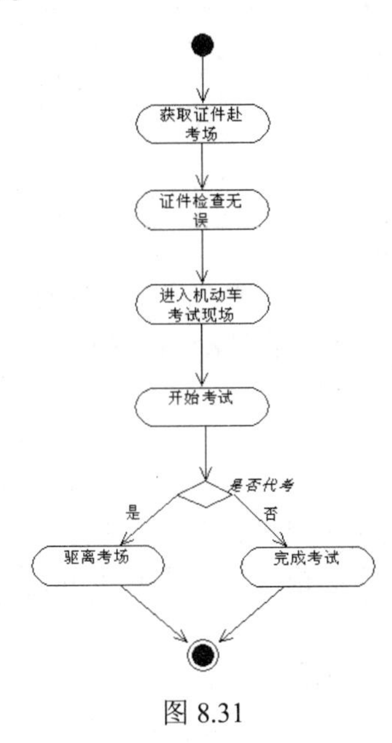

图 8.31

- 分支的输入活动是一个，本处是开始考试。
- 分支能够具备两至多个输出转移，本处包括是、否两个。
- 分支转移的条件一般情况下需要意思相反。
- “是否代考”的条件为“是”时，将进入“驱离考场”活动。
- “是否代考”的条件为“否”时，将进入“完成考试”活动。

3. 转移

转移是针对两个以上的状态或活动彼此之间移动的控制流。UML 与 Rose 采用↗图标去展现转移。

例如，电脑的具体使用便是一个状态转移的真实例子。

选择图 8.5 工具箱中的◆、⊟、↗、◉图标，将 4 者拖到模型图窗口，进行活动图的绘制，具体图形如图 8.32 所示。

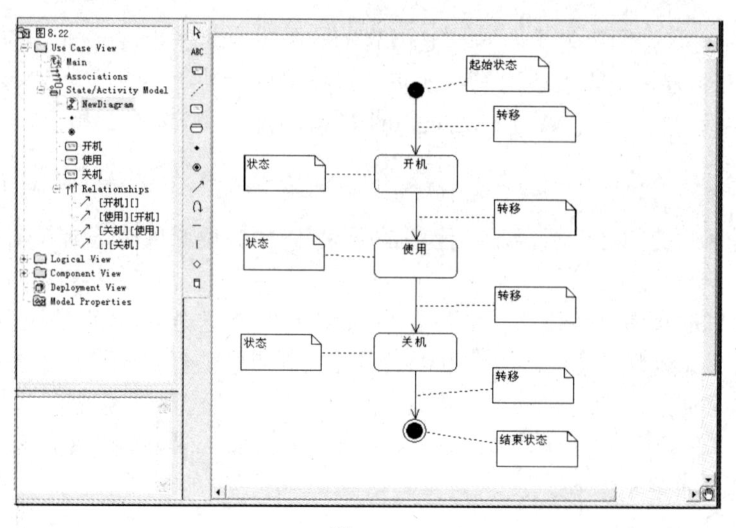

图 8.32

注意：

Relationships（关系）如下。

- [开机][]，“[]”是因为“开机”前面是起始状态图标。
- [使用][开机]，“开机”是“使用”前面的状态图标。
- [][关机]，“[]”是因为关机后面是结束状态图标。

4. 同步

同步主要分为“分劈”与“汇合”两大情况，目的在于处理并发方面的活动。

例如，目前有些国内知名的快递公司在官网上开通了在线下单的功能，用户在网站注册一个账号后，输入寄件人与收件人的详细地址与手机联系方式。快递公司可在线上收款的同时进行快递传送。

选择图 8.5 工具箱中的•、↗、⊖、—、◉图标，将 5 者拖到模型图窗口，进行活动图的绘制，具体情况如图 8.33 所示。

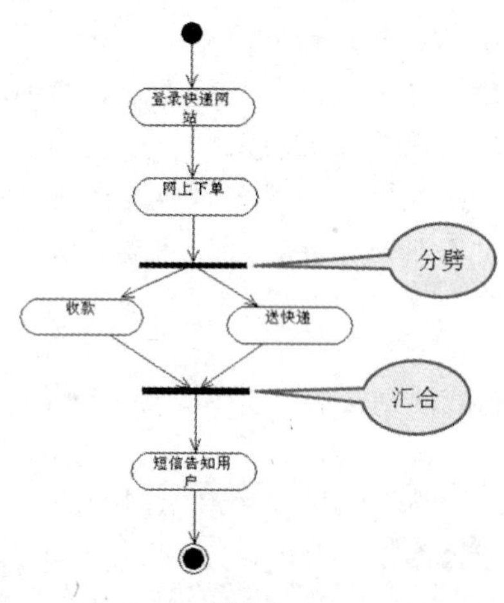

图 8.33

- 分劈是指活动将分开，汇合是指活动能够合并在一起；两者均说明并发处理时的同步活动。
- 分劈与汇总使用同一个图标“▬▬▬”表示。

5. 泳道

“泳道”是指将活动图细分成若干的区域，每一泳道对应某个区域范围，并且由一至多个活动构成。泳道的目的在于将活动图形清晰化，从而可使人们快速读懂图形。例如，三个不同的角色可以参用泳道去表现。具体泳道的图形如图 8.34 所示。

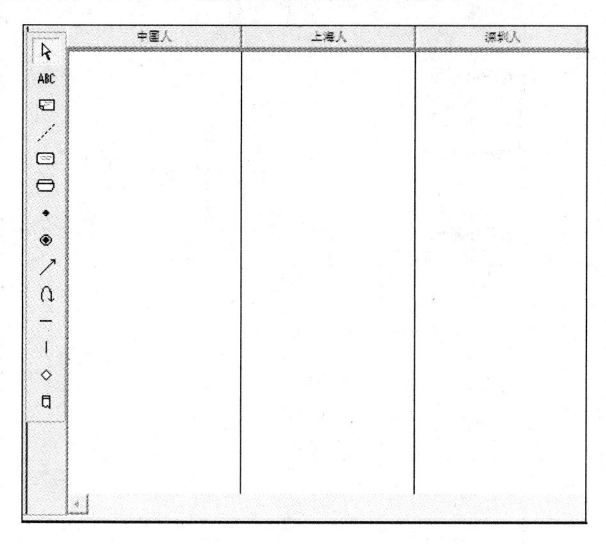

图 8.34

- 泳道对于顺序方面没有什么特别的规定，处于各个泳道内部的活动按顺序或并发方式运行。
- 调整泳道宽度，拖动“⊥”调整线即可。

单击泳道名可以进行名称的修改，例如单击“中国人”，将弹出如图 8.35 所示对话框。

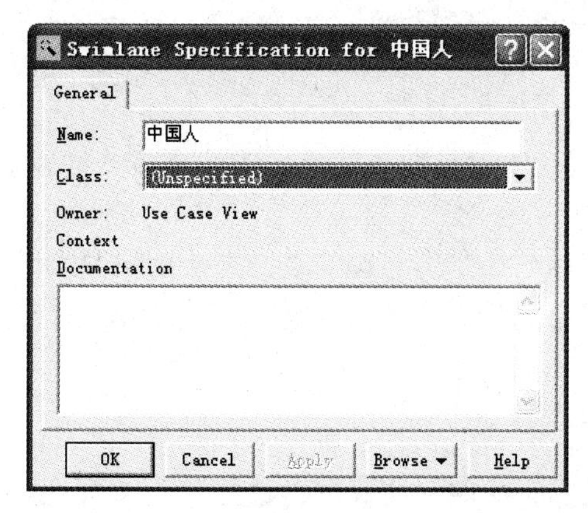

图 8.35

活动图的泳道在商业应用之中的实例，在软件系统建设中并不缺少。例如，会员登录快递公司官方网站在网上下订单，对会员快递费用支付环节选择后，需要对会员撤销订单进行判断，订单生成与收款活动后合并到快递员送快递活动。之后进行订单状态更改，并进行是否“订单快递明细全送完”判断。

先选择图 8.5 工具箱中的图标，再选择、或图标，进行活动图的绘制，具体情况如图 8.36 所示。

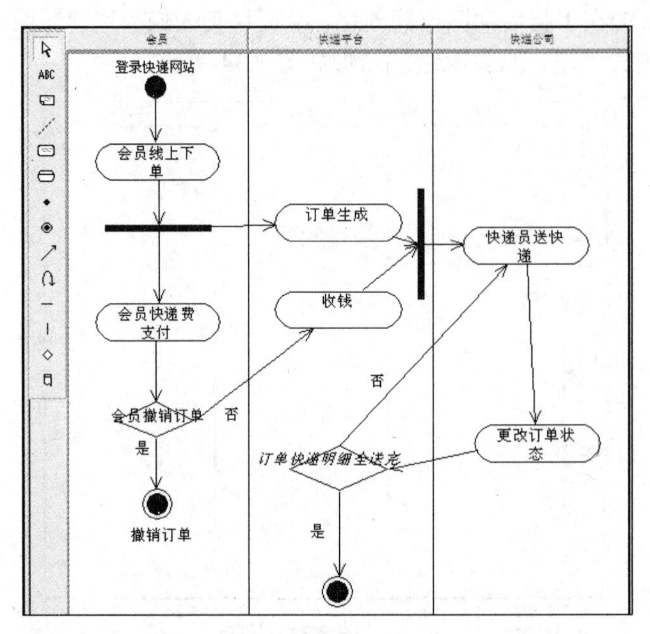

图 8.36

- 单击会员、快递平台、快递公司三个地方，可以修改泳道名称。
- 泳道中也可以使用图标。
- 会员网上下单分成会员快递费支付、快递平台订单生成。
- 订单平台“订单生成与收款”汇总快递员送快递。
- 有两个结束状态，一个是撤销订单，另一个是订单快递明细全送完。

6. 对象流

对象流是指表现有关活动所引起的与对象之间的具体一种或多种依赖联系，两者互相影响；采用依赖的图标去展现。

例如，某用户在家电商场购买空调回家安装好之后出问题，用户会向商家的客户服务部投诉。首先用户进行提交投诉信息活动，其次客服部接受投诉与应答；最终解决用户的投诉并将信息归档。

绘制的具体操作步骤如下：

（1）可先选择图 8.5 工具箱中的图标，再选择、图标。

（2）选择 Tool 菜单项的子菜单 Create，在弹出的下一级菜单中选择 object 以及 object Flow 选项，具体情况如图 8.37 所示。

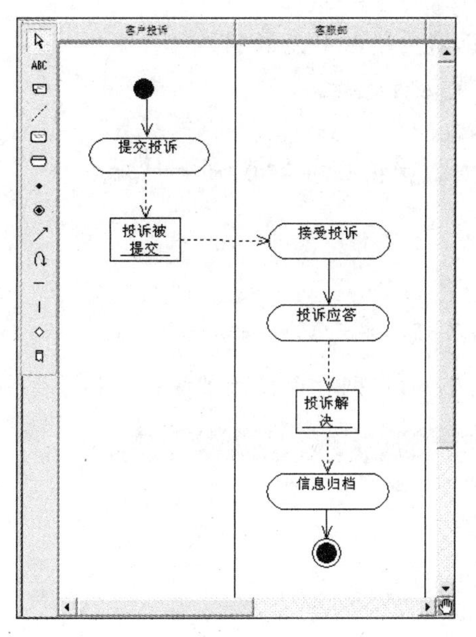

图 8.37

- 投诉被提交、投诉解决是指对象。
- “--->” 图标是指工作流。
- 单击“投诉被提交”对象，选择 Open Specification，弹出如图 8.38 所示对话框。

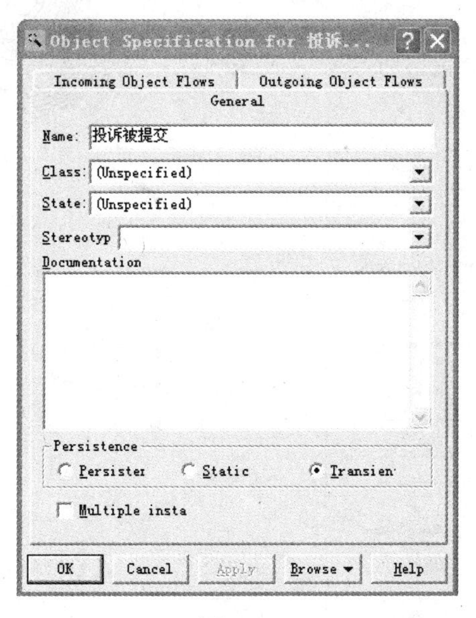

图 8.38

- Name 是对象命名的地方。
- Class、State、Stereotype 均可根据需要选择下拉列表框内容。
- Class 包括 New 与 Unspecified 选项。
- State 包括 New、Unspecified 以及自定义的状态。

- Documentation 可根据需要输入补充说明。
- Persistence 可根据需要进行选择。
- Multiple insta 默认不选。
- State 选择 New 选项时，弹出如图 8.39 所示对话框。

注意：

- 在图中 Name 处输入名称，单击 OK 按钮返回。此时投诉被提交对象，会产生状态。
- 如果在 Name 处输入 Test1，则“原投诉被提交”的图形由投诉被提交变为图 8.40 所示。

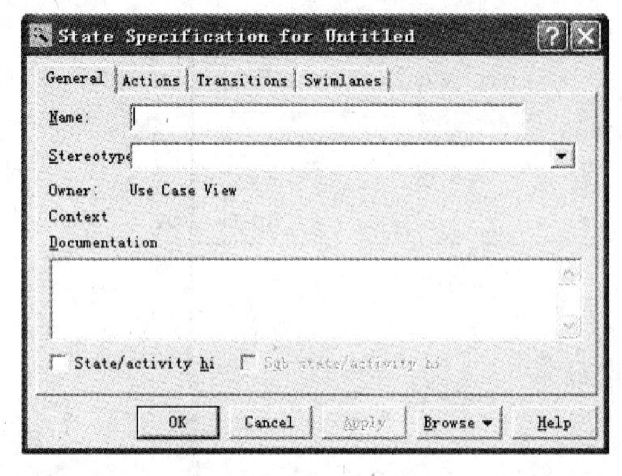

图 8.39

投诉被提交
[Test1]

图 8.40

又如，图 8.41 更改订单状态时与对象发生关系，需要运用对象与工作流进行表达，此时绘制的具体图形如图 8.41 所示。

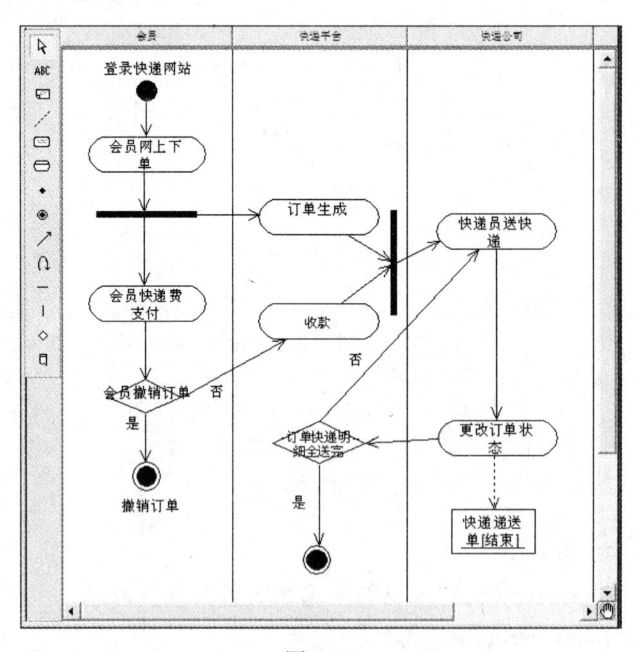

图 8.41

8.4 业务建模——构建车辆行政管理系统的活动图

车辆行政管理单位做为公务机构，其单位内部的管理流程相对比较规范。日常事务的处理、活动涉及多个角色。作为部分工作人员经常使用的公务车辆，由于使用年限与使用频率的原因，车辆离不开维护，当车辆进行维护时就需要采购人员去采购汽车零部件。采购员采购时需做申请，行政主管审阅、财务主管进行审核，单位负责人做审批，共同构成车辆行政管理系统采购处理模块的功能。

在 Rose 7 中创建本功能需求的活动图形，具体步骤如下：

01 打开 Rose 7，单击浏览器中的用例视图名称 Use Case View。

02 创建 Activity Diagram，单击图标。选择弹出在左边所属活动工具箱的—、、•、◉、↗，◇，图标，具体图形如图 8.42 所示。

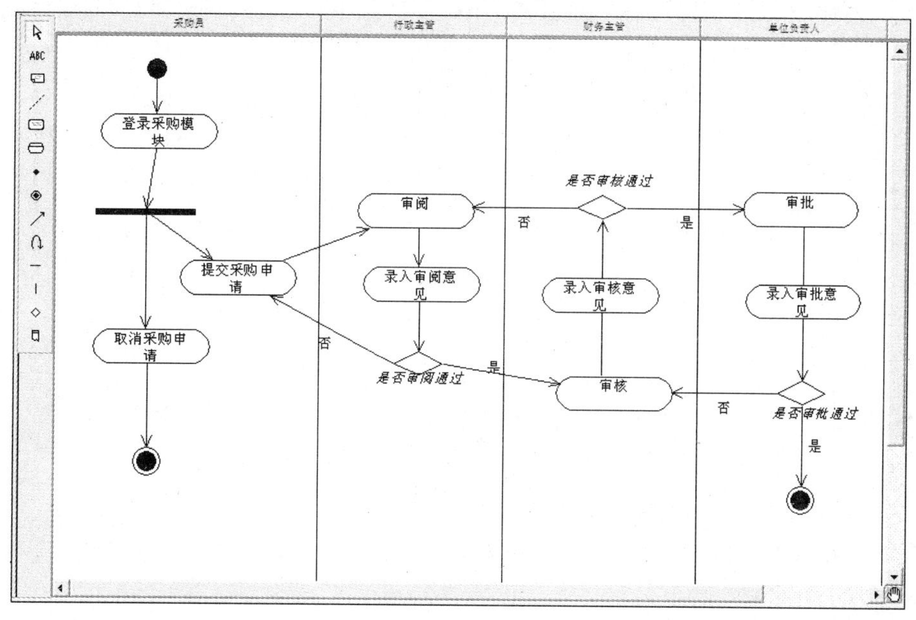

图 8.42

（1）从开始状态后，采购员登录采购模块。

然后，同时进行取消采购申请与提交采购申请。取消采购申请，则状态结束。

（2）提交采购申请后，行政主管进行审阅，然后录入审阅查见。

判断是否审阅通过，选择‘否’，回到采购员提交采购申请，选择‘是’进入财务主管审核。

（3）财务主管进行审核，然后录入审核意见。

判断是否审核通过，选择‘否’，回到行政主管审阅，选择‘是’进入单位负责人审批。

（4）单位负责人进行审批，然后录入审批查见。

判断是否审批通过，选择‘否’，回到财务主管审核；选择‘是’，则状态结束。

精神文化建设是我国现阶段提升国民素质的重要手段之一。为了丰富员工的日常文化生活，领导经过内部会议决定在单位内部开通阅览室。

为了较好的管理各类书籍、期刊、杂志等资料，信息部门在车辆行政管理系统中增加了借还资料模块，由专人进行信息维护，这就涉及到活动图的应用。

注意：
在 Rose 7 中创建本功能需求的活动图形，具体步骤与图 8.42 类似。

具体图形如图 8.43 所示。

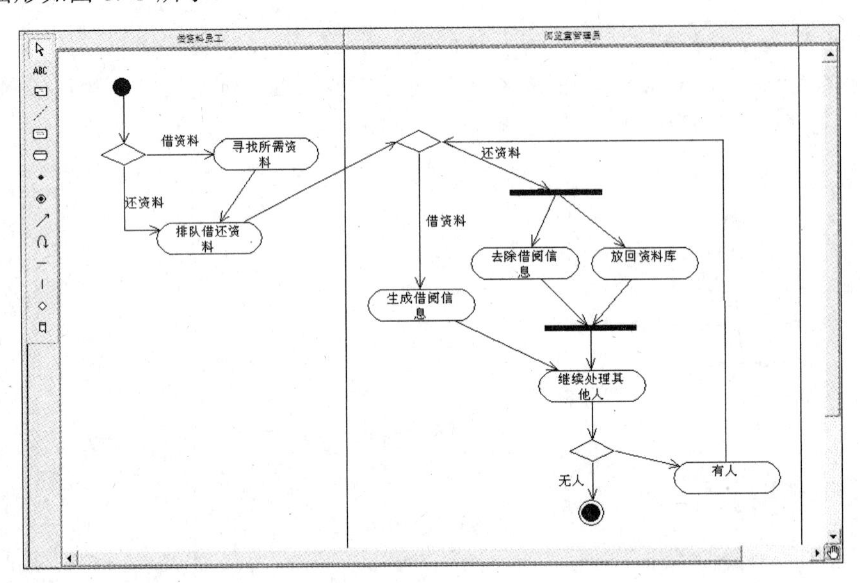

图 8.43

（1）借资料员工归还资料时，排队还资料。

阅览室管理员则去除借阅信息、放回资料库，结束后继续处理其他人的业务，无人则结束，有人则判断是否还资料。

（2）借资料员工借资料时，寻找所需资料后，排队借资料。

阅览室管理员判断借资料时，生成借阅信息，结束后继续处理其他业务，无人则结束，有人则判断是否借资料。

8.5　活动图与流程图的对比

在应用 UML 建模的过程中，大家往往会发现流程图需要表达的内容有不少场景可以采用活动图去体现。

其实，UML 活动图和流程图之间的差距并不大，主要不同体现在活动图支持并行活动，而流程图不行。

UML 活动图与流程图的具体异同点如表 8.2 所示。

表 8.2　UML 活动图与流程图的异同点

区别		相同点
描述	活动图偏向于对象活动次序应遵守的操作规范，它重点在于展现系统所具有的行为 流程图针对系统的具体处理过程进行展现，它的核心在于多个控制点处理过程间应体现的次序与时间关联	活动图是某种更为抽象的流程图
并发	活动图可以有效地展示并发布活动的场景，而流程图没有此功能	
对象	活动图针对的范围是对象，而流程图针对的范围则是面向过程	

第 9 章

生活离不开状态——状态图

9.1 定义

作为公司的老板，要为企业指明发展方向，把握宏观大局。公司内部的各类项目的细节活动，老板基本不去参与。偶尔有些重大项目，老板在核心事情上进行推动或监督即可。对于项目的各类事务细节，就项目负责人来说是十分要紧的事情，但对老板来说并不一定是。

老板关注的是项目的良好收益，这时他找合适的执行人，为执行人提供各类有用的资源实现目标。老板可以放手让执行人去做，当项目快完工时，老板查看相关结果即可。因为，老板关注的是项目的结果，也就是进行各项活动项目的最终状态。

当然，一个理性的老板不会让手下随便去做项目。老板会要求手下员工制定明确的工作计划，每个时间节点对应一些活动，这些节点就是一个个的状态。

那么何谓状态图呢？其实状态图是指针对两个以上状态之间的交互影响，使一种状态形式转变为另一种状态形式，并且所有状态均在同一对象内部的某种控制流。一般在软硬件领域的应用，主要面向表达对象的具体行为。并且状态图想要体现的是某个对象在生命周期中所处的状态以及导致状态变化的具体事件，从而阐述事件将怎么样变更有关单个类内部的对象状态。

当然状态图也由五大方面组成，具体内容如图 9.1 所示。

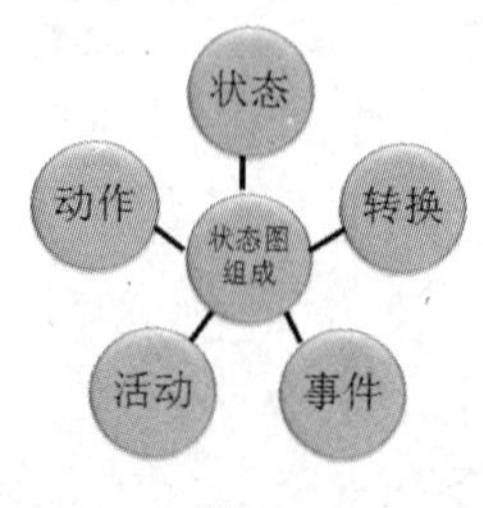

图 9.1

- 状态是指位于各种对象内部生命周期的一个条件或有关状况，其实也就是指上次对象动作执行的活动结果。
- 转换是指能够标注从某个状态转到其他状态的涉及事宜，例如标注用于体现事件与动作之类的场合。
- 事件是指原来没有，却因为不止一个或一种动作而发生的事情。事件将导致状态的转换，但并不绝对。诸如，在目前现阶段，国内一般家用汽车的车门打开，将无法锁上。
- 活动是指如果对象隶属某个状态，它本身还会工作进行属于非原子性的有关操作。
- 动作是指某组能够实际履行语句与计算方面安排的操作过程。动作的特点具有唯一性与不可停止性，其具体操作无法被同时产生的其他动作施加作用。

由于世界上存在着大量不同对象，每个对象均存在多个状态。从对象内部的各个阶段分析，在某一时间段内，总会存在某一情况的状态。例如，在一个博士生的身上可以看到学生生涯的多个状态。具体状态可以包括幼儿园、小学、初中、高中、本科、硕士、博士等，当然也可以去掉某个或某几个状态；因为有人可以不上幼儿园、小学或初中，也有人可以硕博连读。

UML 状态图在面向对象领域起着比较重要的作用，它从对象的起点开始一直展示至结束。从对象内部全面地展示了状态的真实演变。

在生活当中，可运用 UML 状态图的情景不少。例如，在上海地铁站机器上查询站点信息，具体图形如图 9.2 所示。

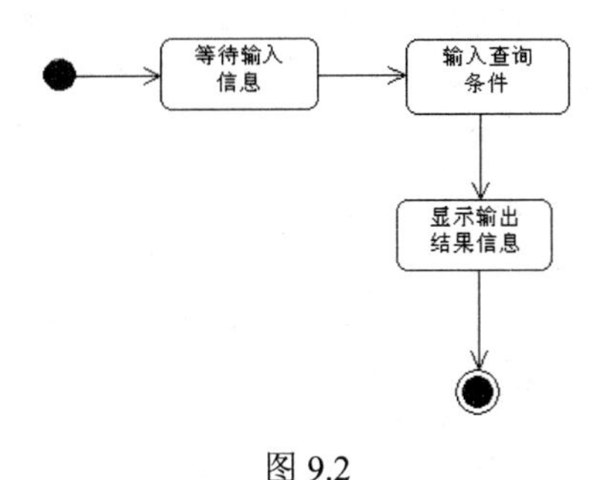

图 9.2

在运用地铁站的机器查询地铁站点时，难免要在机器的操作界面上键入查询条件，以获取所需要的站点信息。在此操作过程中，一个地铁站点信息对象先从出发点的状态开始，再进行包括“等待输入信息、输入查询条件，显示输出结果信息”三个依次显示的状态，最终完成状态的结束。

9.2 主要元素

9.2.1 状态概述

状态在面向对象的世界中无处不在，它体现了对象在某个时间节点上的某一状况。

例如，某些事件表现在平常生活中的一些状态，如表 9.1 所示。

表 9.1 某些对象状态表

对象	状态
A 股	被卖出、买入
家用汽车	被启动、熄火
音响	开着、关着
一个叫杰克的人	吃饭、洗手、睡觉、唱歌
士兵	跑步、射击、游泳、开车

当然可应用于状态图的对象不少，主要分为以下几类：

- 各种各样面向对象的类。
- 不同类型的软件用例。
- 可用于各类应用的具体软件子系统。
- 规模不小的完整软件应用平台。

至于状态的组成，则如图 9.3 所示。

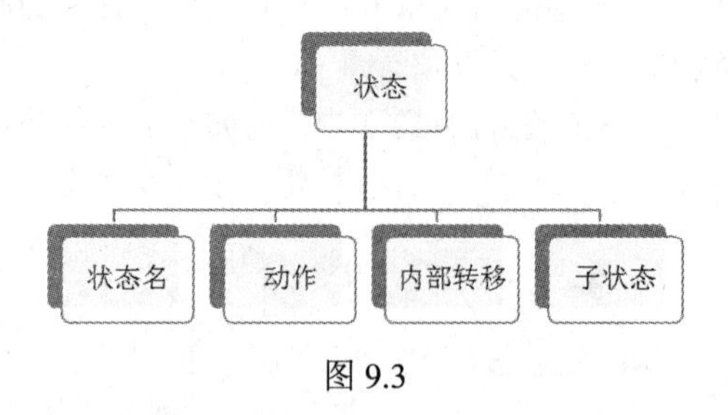

图 9.3

- 状态名的具体命名比较随意，一般字符即可。
- 动作包括进入与离开。
- 子状态是状态的下一级状态。
    - 起始状态的数量限制为 1。
    - 结束状态不存在任何限制，可以是 0 至多个。

9.2.2 状态的表现形式

目前业界关于状态图的状态表现形式，均采用▭图形来展示。

1. 状态的名称

状态名称是一个标志性的名词，只是用于区别不同的状态，一般现存的字符都可以用来表示名称。个别情况下，也可以让名称为空。

2. 动作与活动

动作由进入与离开组成，在状态内部完成操作，并且在动作之间可以有活动的存在。动作与活动在状态图中的表现如图 9.4 所示。

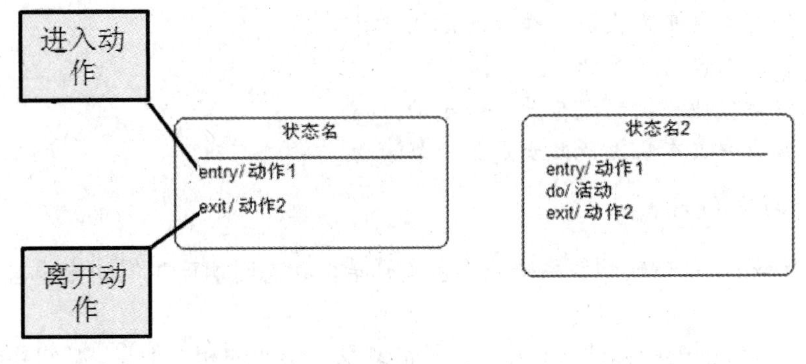

图 9.4

- entry/动作 1：属于 UML 进入动作的语法。
- exit/动作 2：属于 UML 离开动作的语法。
- do/活动：属于 UML 制定的语法。
- 活动可以有 0 至多个。
- 在不同情形下的“进入或离开”状态场景图中，“进入或离开”两种动作能够各自认可交付相同的操作。

（1）进入动作（entry）

进入动作（entry）是指各种软硬件系统或平台进入某个状态时所产生的动作。它不可以因某些原因被中断。

进入动作的具体应用如图 9.5 所示。

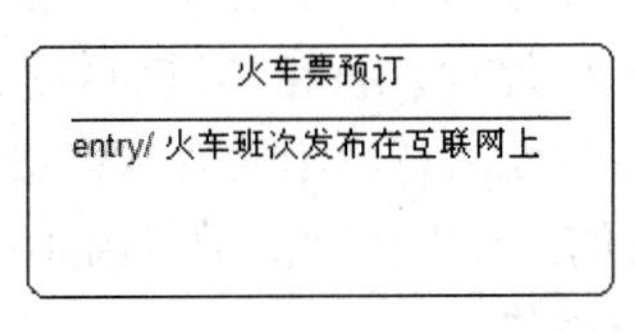

图 9.5

- 到火车票预订的时间段状态节点，软件平台则将火车班次发布至互联网上。
- 发布这一动作在软件平台中的时间很短，普通人很难将发布中的东西取消。

（2）活动（do）

活动（do）主要是指软硬件系统或平台在某状态时所产生的活动，由于各种原因可以导致中断，活动的具体应用如图 9.6 所示。

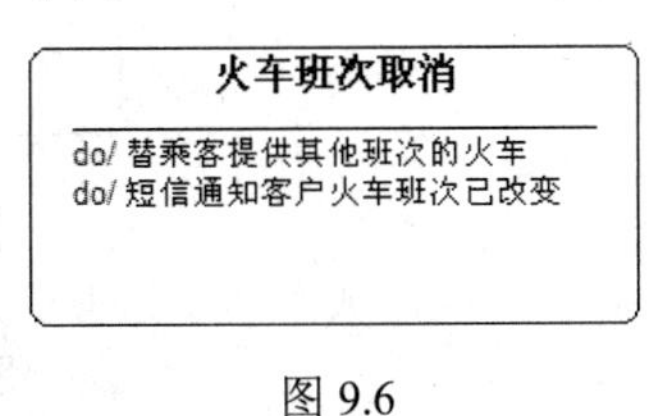

图 9.6

- 活动能够在火车班次取消时运行结束。

- 活动也能够在火车班次取消转入其他状态时中断。
- 一个状态可以包含多个活动。
- 替乘客提供其他班次的火车是一个活动。
- 短信通知客户火车班次已改变是另一个活动。

（3）离开动作（exit）

离开动作（exit）是指软硬件系统或平台离开某个状态时所产生的动作。它不可以因某些原因被中断。

在软件平台系统框架的搭建过程中，为了记录系统操作的相关信息，必然要配置日志管理功能，以防备系统出错或黑客入侵时可以快速地找到解决办法，此时状态图的离开动作应运而生，具体应用如图 9.7 所示。

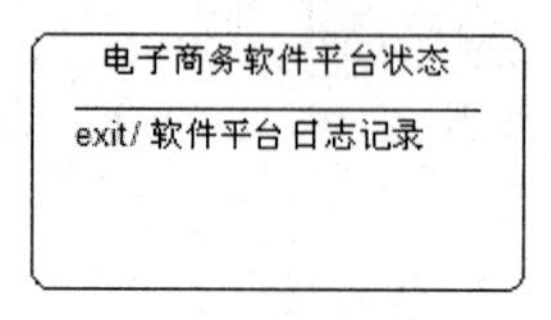

图 9.7

- 登录账户离开软件平台登录状态。
- 软件平台记录平台日志，包括登录时间与用户名称以及所操作的内容。

3. 自转移反身转移

自转移是指当某个对象在接收或搜索到某个事件时，此类事件却不调度对象的相关状态，并且事件的结果必定能够造成状态的停顿。自转移采用 图标去表现事件，其目的在于停止当时状态情况下的全体活动，操纵对象离开此刻的状态；接着再重新回到此状态。

图 9.8 说明员工招聘的一个案例，员工招聘的数量为 100 个，小于 100 个时可以进行员工招聘，等于 100 个时则停止员工的招聘。

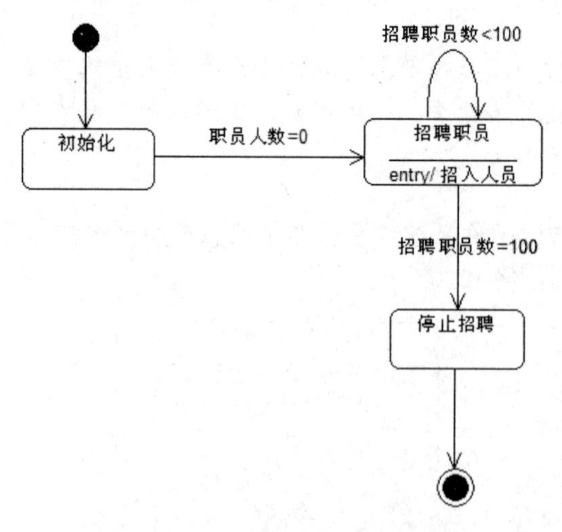

图 9.8

- 招聘职员数=0 时，开始招聘职员。
- 招聘职员数<100 时，将继续招聘人员。
- 招聘职员数=100 时，将停止招聘。

4. 内部转移

内部转移能够在状态的内部完成操作，而无需去实际履行或触发 entry 与 exit 动作。

内部转移概念的产生有着较为重要的意义，因为有些情形下 entry 与 exit 动作没有什么必要。例如，手机游戏状态的 entry 与 exit 是开始与结束比赛，但是有时若手机游戏玩家只想换个游戏人物的装备，则此时 entry 与 exit 没有任何作用，此时内容转移就必然要开始运用。

5. 外部转移

外部转移是指属于某种将对象的状态彻底转变为其他状态的转移，这是 UML 状态图建模时在各个场景中会经常弹出的情况。

图 9.9 展现了两个不同的状态通过事件产生转移的情况。

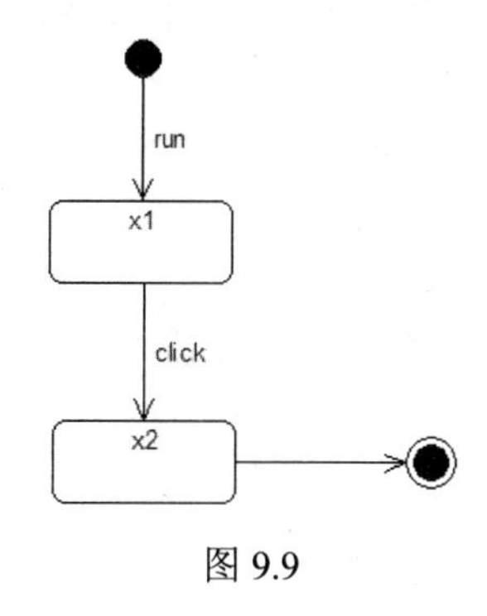

图 9.9

- 状态 x1 转移至 x2。
- x1 与 x2 是两个不同状态。

6. 事件

事件是指用于引导引起状态产生转换时的路径指定。

图 9.10 箭头之上就是事件。

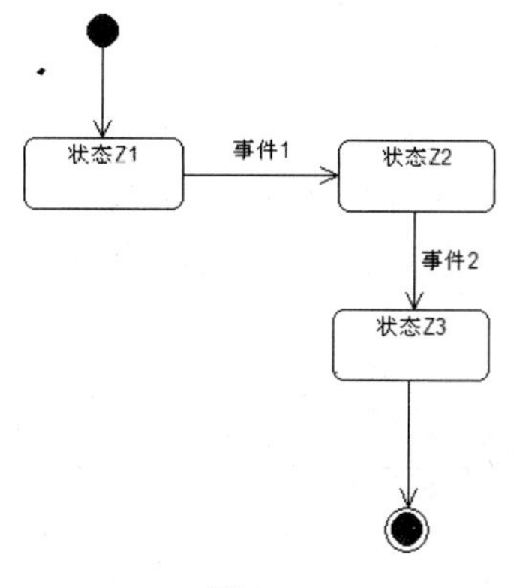

图 9.10

- 事件 1 将引导状态由 Z1 向 Z2 改变。
- 事件 2 将引导状态由 Z2 向 Z3 改变。
- 状态 Z1 与 Z2 以及 Z3 是三个不同的状态。

7. 子状态

一个复杂的状态包括下一级结构的状态，此种下级状态就是所谓的子状态。当然一个单一的简单状态是不需要子状态的；如果涉及到相当复杂的状态环境下，子状态可以处于多种级别下面。

例如，当运用软件系统进行多个高校文件信息查询时，由于文件内容较多，必须输入文件名或文件上传日期，进行内容的检索。

图 9.11 用于展现某个文件查询功能模块的三个子状态。

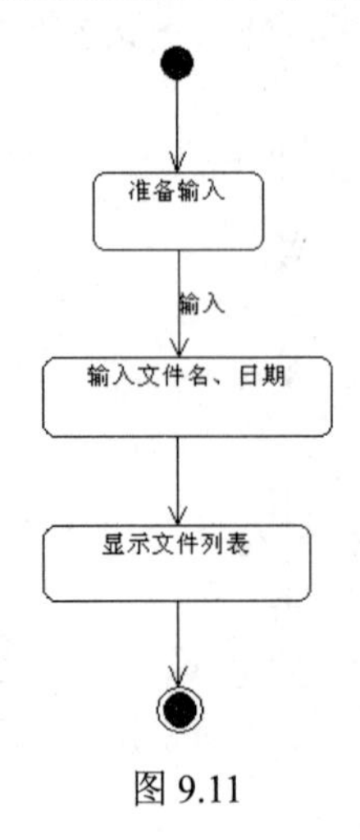

图 9.11

- 准备输入为第一个子状态。
- 输入文件名、日期为第二个子状态。
- 显示文件列表为第三个子状态。

8. 组合状态

组合状态是指拥有着一至多个下级子状态的状态。

某个招聘网站账号可选择招聘行业的状态转换过程的状态名与事件名称，具体内容如表 9.2 所示。

表 9.2 状态转换过程表

转换前状态	事件	转换后状态
新分配用户账户	激活	可选招聘行业
可选招聘行业	选择招聘行业	可选招聘行业
可选招聘行业	选择招聘行业超过 8 个	不能再选择行业
不能再选择行业	去掉已选的行业	可选招聘行业
不能再选择行业	冻结账号	账号被冻结

根据表 9.2 上描述的状态转换主要内容，可采用状态图的方式去体现，具体转换图形如图 9.12 所示。

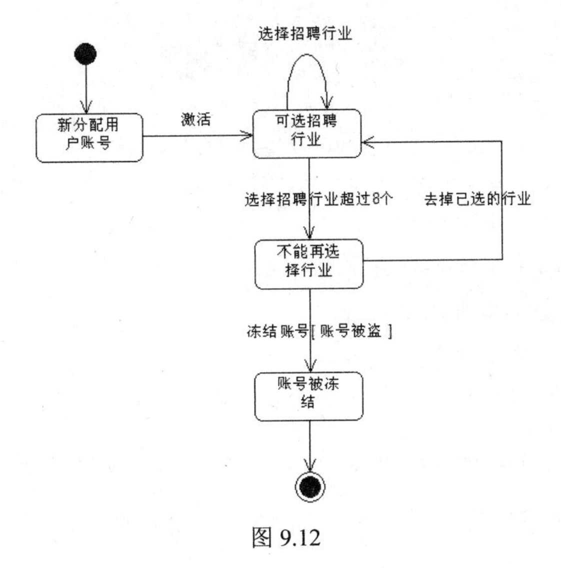

图 9.12

- 激活、选择招聘行业超过 8 个、去掉已选的行业、冻结账号事件，全是引起外部转移的因素。
- “选择招聘行业”属于内部转移。
- “账号被盗”是冻结账号的条件。
- “新分配用户账号”是第一个子状态。
- “可选招聘行业”是第二个子状态。
- “不能再选择行业”是第三个子状态。
- “账号被冻结”是第四个子状态。

9.3 作用

UML 状态图在软件工程方面的建模在日常生活经常体现，它针对对象开展具有实用意义的工程建模。

例如，公交车司机开车，其打开车门、启动发动机、操纵驾驶、停车，关闭发动机等都是状态的真实应用。如果公交系统开展公交车司机驾车 7S 标准化咨询项目，咨询人员完全可以运用状态图进行图形的创建。

UML 状态图的绘制比较简便，其主要作用如图 9.13 所示。

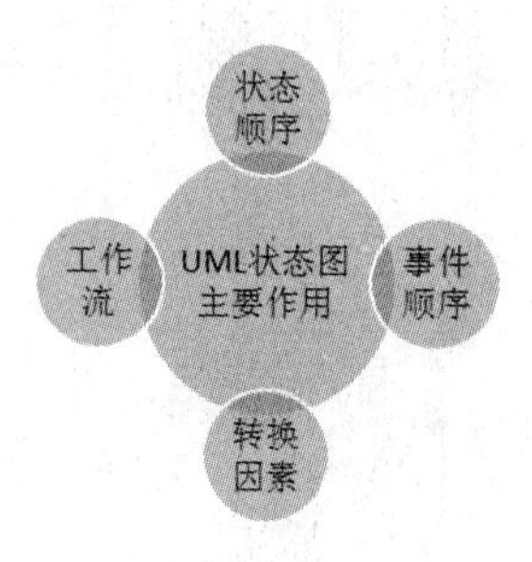

图 9.13

- 状态顺序：针对状态方面的有关合理排序。
- 事件顺序：防止编码事件顺序出错。
- 转换因素：禁止非法事件的突然闯入。
- 工作流：有效说明工作流具体开展的原因与条件。

状态图比较具体的作用表现为以下几点：

（1）能够非常清楚地展现状态的具体转换次序，以避免弹出需要花费很多文字说明有关事件的具体次序。

（2）在事件次序上进行清楚与有效地说明，可以防止软件开发人员在编写代码时可能会弹出的次序错位情况。

（3）清楚地表达了状态转换可能涉及到的多种（如诱发事件、动作）转换原因与条件，避免了因某种非法事件的闯入而导致弹出新事件的可能性。

（4）对于工作流的各种情形可以进行有效表达，主要应用体现在运用判定去说明有较大差异条件产生的具体分支。

9.4 创建状态图

9.4.1 新建状态图

当前，在各类软硬件系统的具体构建中，应视具体对象的情况进行状态图的绘制。并不需要将所有对象都绘制状态，只需体现包含多个复杂状态的对象即可。

顾名思义，状态图应用方向关注于各种类有关内部对象的状态演变层面。

在 Rose 7 中创建状态图，可采用以下标识符。

（1）打开 Rose 7 后，在浏览器中的视图名称 Use Case View 上单击鼠标右键，弹出快捷菜单如图 9.14 所示。

注意：

1）如果打开 Rose 7 后，在浏览器中的视图 Logical View 上单击鼠标右键，也弹出与图 9.14 同样的快捷菜单。

2）在浏览器中的视图 Componect View 上单鼠标右键，无法创建状态图。

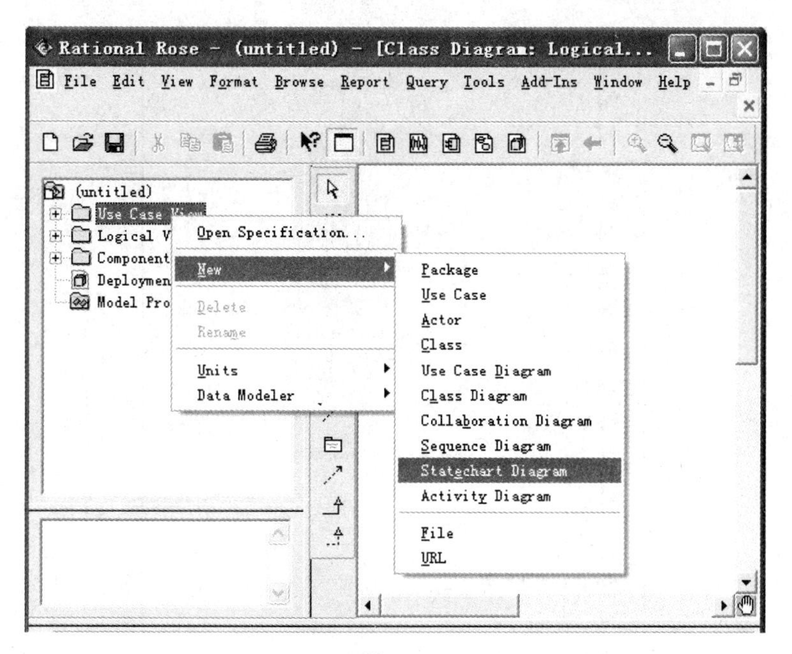

图 9.14

（2）选择 Statechart Diagram 选项，弹出如图 9.15 所示的对话框。

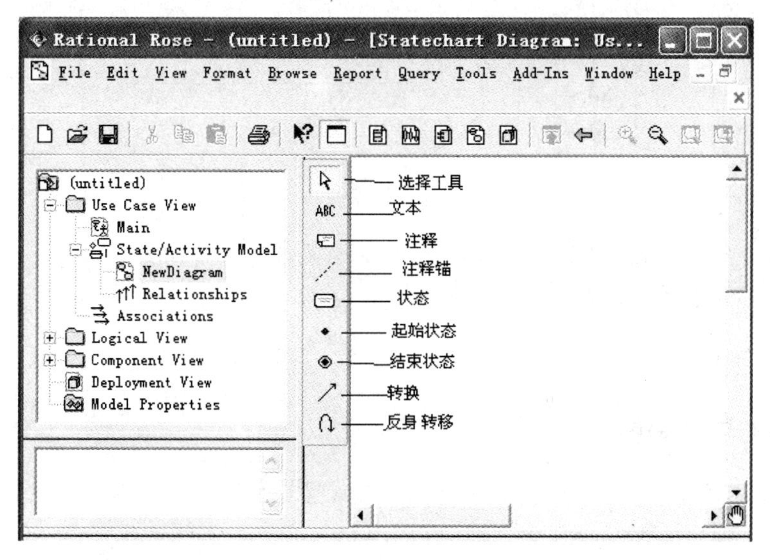

图 9.15

（3）选择图 9.15 的工具箱图标，根据需求进行 UML 图形的创建。

也可以选择 Tools→Create 下属的子菜单，包括◇（Decision 决定）、━（Horizontal Synchronization Bar 水平同步）、┃（Vertical Synchronization Bar 垂直同步）”等其他工具，具体图形如图 9.16 所示。

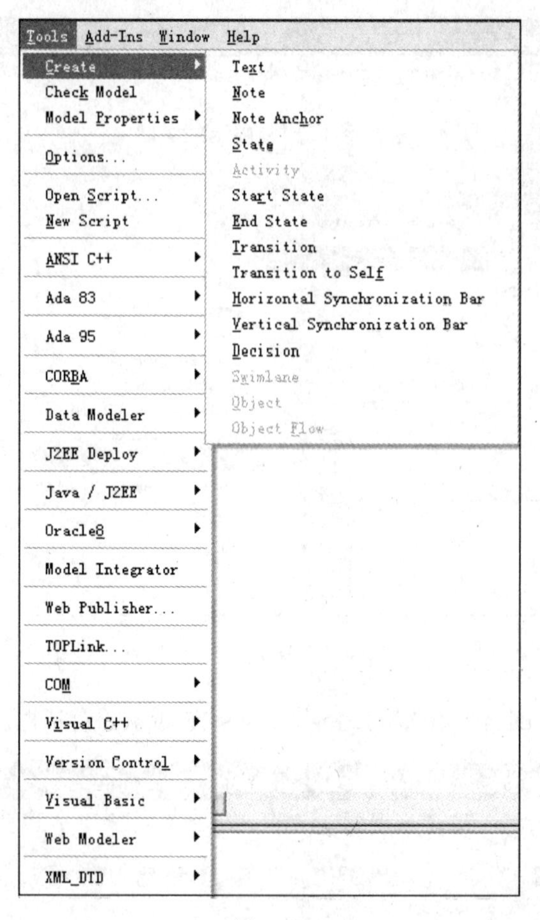

图 9.16

- Activity、Swimlane、Object、Object Flow 子菜单不能使用。
- 其余子菜单可结合业务拖至模型图中。

9.4.2 状态操作

1. 新建状态与相关操作

（1）选择工具箱▭（状态）图标，将其拖至模型图窗口，此时新增了某个状态。将状态命名为 OkState，以便于对状态各个属性的讲解。

（2）选择状态 OkState，弹出如图 9.17 所示对话框。

- General 为基本选项，可以对状态名进行修改，也可以根据需要选择 Stereotype 下拉列表或对 Documentation 进行填写。

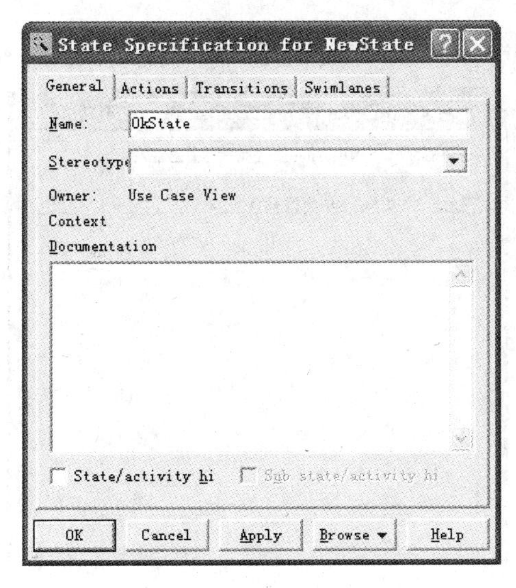

图 9.17

➢Name 是指状态的名称。

➢Stereotype 是指构造的展现。

➢Documentation 是指补充说明。

➢State/activity hi 默认为空，可根据需要进行选择。

- Actions 是指动作，包括 On Entry（进入动作）、On Exit（离开动作）、Do（执行）、On Event（事件）。
- Transitions 选项卡是指状态的转变
- Swimlanes 选项卡是指业务相关的内容，一般此栏目弹出内容的情况较少。

（3）单击如图 9.17 所示的 Actions 标签，弹出如图 9.18 所示的选项卡。

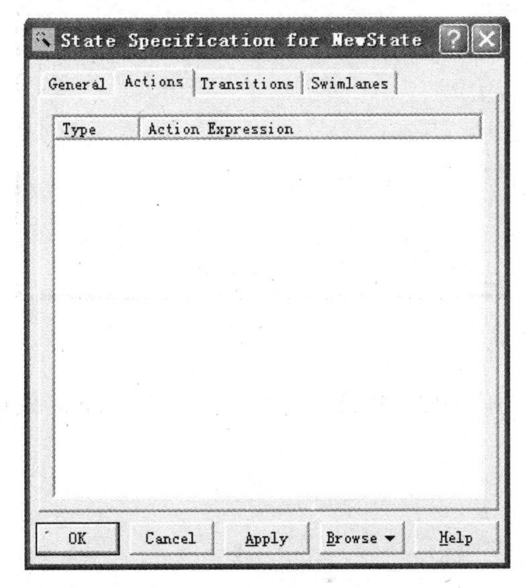

图 9.18

（4）在图 9.18 中单击鼠标右键，弹出如图 9.19 所示快捷菜单。

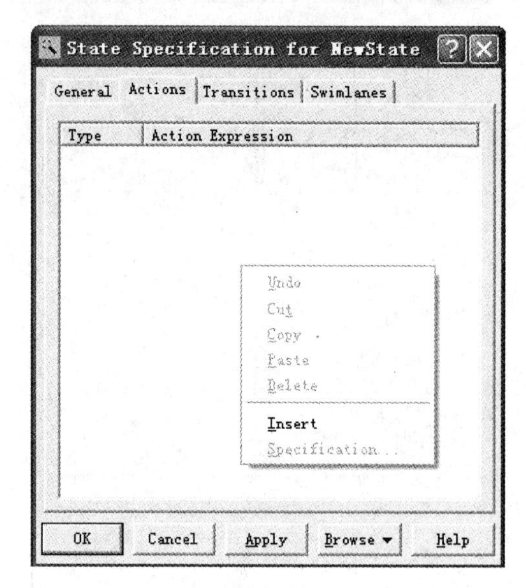

图 9.19

（5）选择 Insert 选项，弹出如图 9.20 所示对话框。

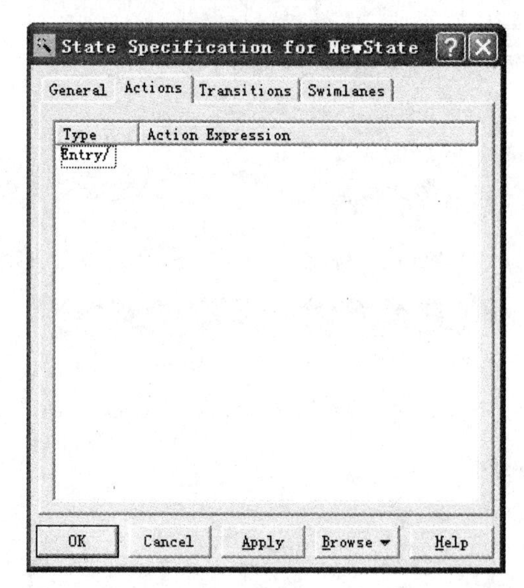

图 9.20

（6）选择 Entry 选项，弹出如图 9.21 所示对话框，在 Name 处输入进入状态的名称。

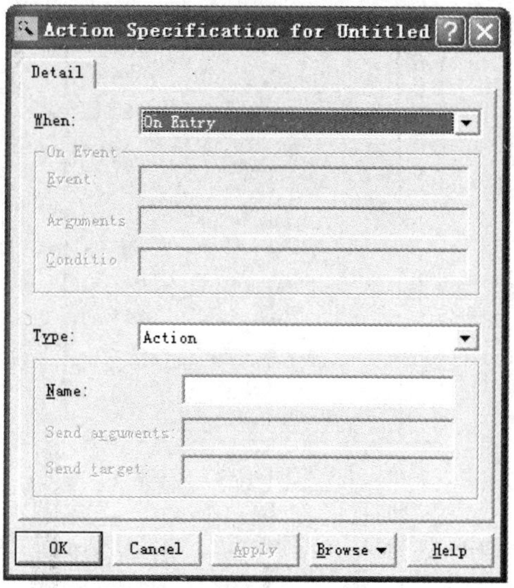

图 9.21

（7）选择图 9.21 中的 When 下拉列表框，如图 9.22 所示。

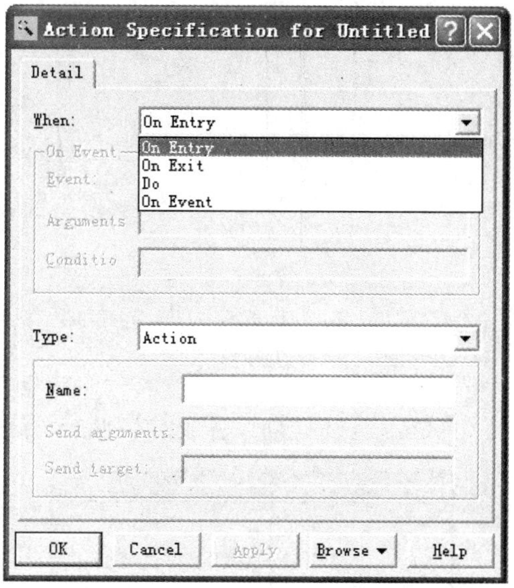

图 9.22

（8）选择如图 9.22 所示的 On Exit 选项，弹出如图 9.23 所示对话框。

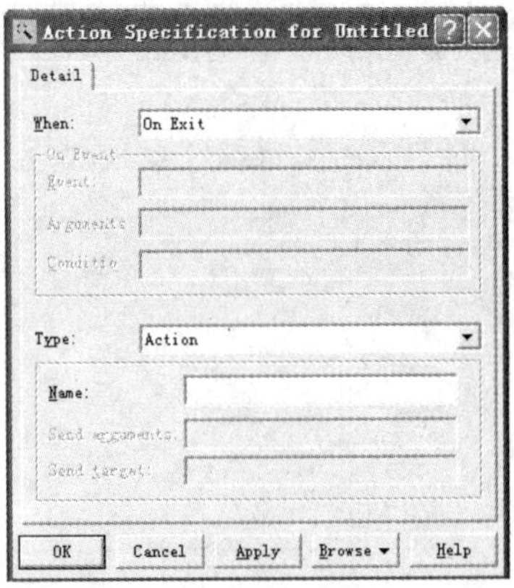

图 9.23

（9）在图 9.23 所示的 Name 处输入字符。例如，输入 good，则弹出如图 9.24 所示对话框。

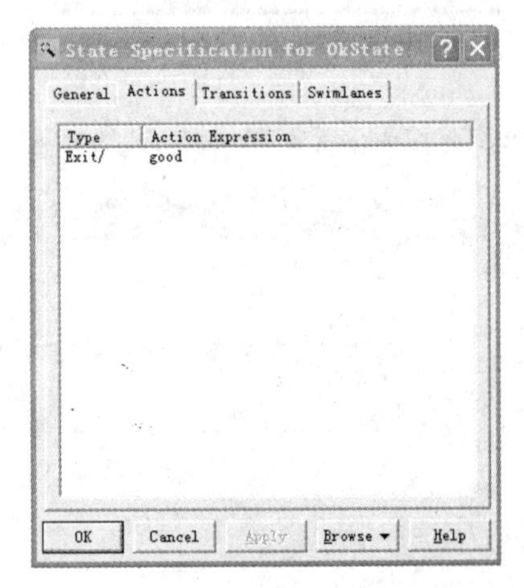

图 9.24

（10）选择如图 9.22 所示的 On Event 选项，弹出如图 9.25 所示对话框。

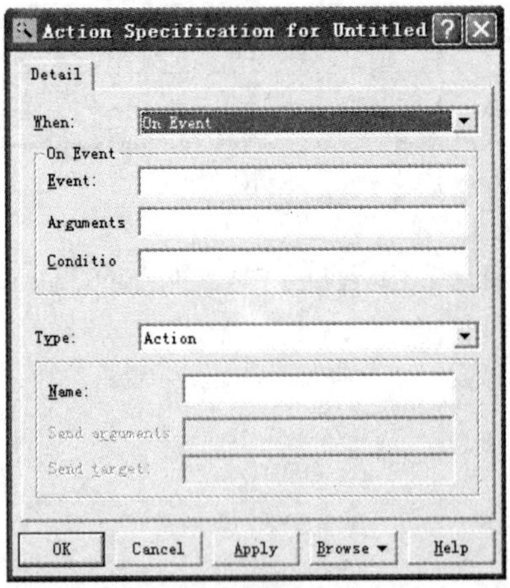

图 9.25

- Event 是指事件具体方法
- Arguments 是事件的具体参数
- Condition 是事件的具体条件
- Name 是事件的名称

（11）在图 9.26 所示的 Event 文本框中输入 click、Arguments 文本框中输入 a，Conditio 文本框中输入 a=10，单击 OK 按钮，弹出如图 9.26 所示对话框。

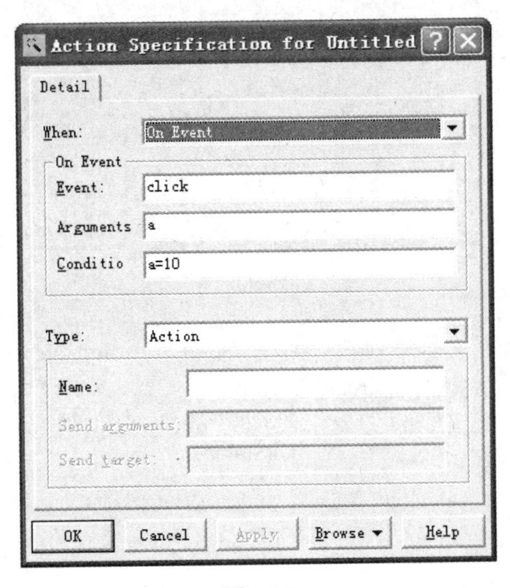

图 9.26

- Send arguments 无效。
- Send target 也无效。
- Type 下拉列表框选择 Send Event 时，Send arguments 和 Send target 才会生效。

（12）在图 9.26 的 Name 处输入 test，弹出图 9.27。

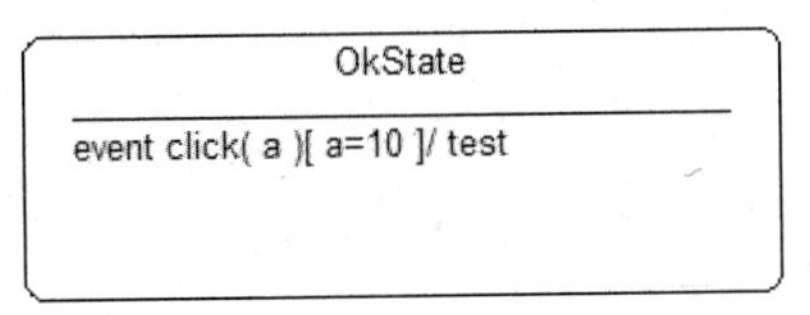

图 9.27

（13）从图 9.26 中的 Type 下拉列表框中选择 Send Event，弹出如图 9.28 所示对话框。

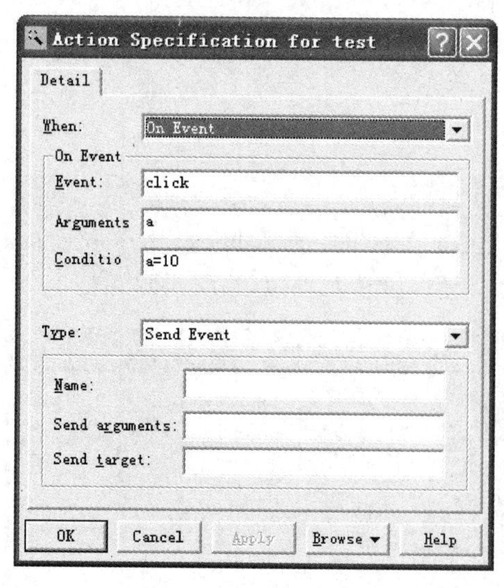

图 9.28

（14）在图 9.28 的 Name 文本框输入 test，在 Send argumens 文本框中输入 x，在 Send target 文本框中输入 hello。单击 OK 按钮，弹出图 9.29。

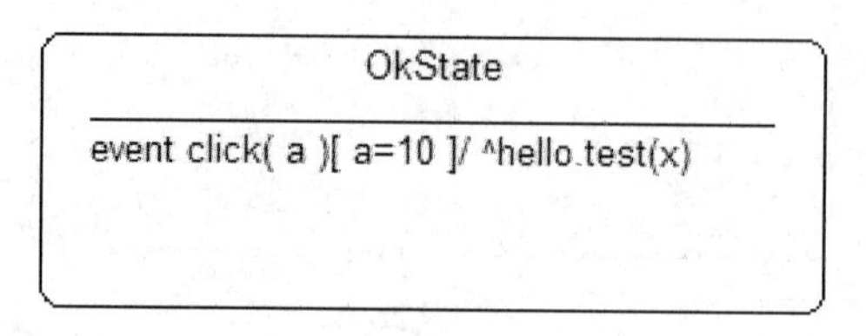

图 9.29

2. 删除状态

方法 1：

在已创建的状态图标上单击鼠标右键，在弹出的快捷菜单中选择 Edit→Delete 命令或者按 Delete 键。此时，模型图中状态不再显示，但状态没有真正删除，它还存在于浏览器中。

方法 2：

在已创建的状态图上单击鼠标右键，在弹出的快捷菜单中选择 Edit→Delete from Model 命令。此时，状态将真正删除。

9.4.3 事件与同步

1. 新增事件与相关操作

创建两个状态，在两者之间添加一个事件图标。

例如创建的图形如图 9.30 所示。

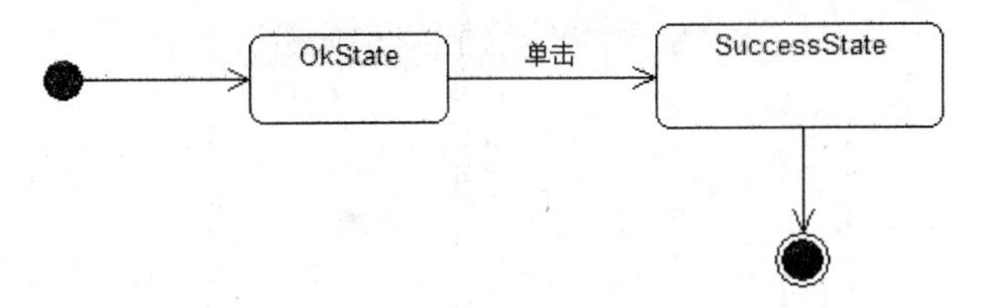

图 9.30

（1）单击“单击”名字下面的事件箭头，弹出图 9.31 所示对话框。

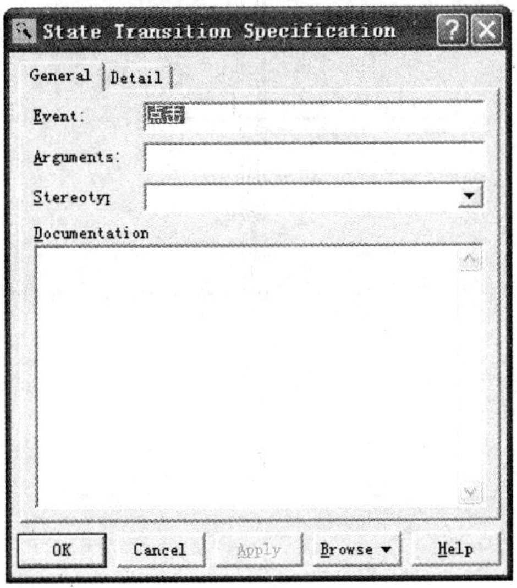

图 9.31

- 在图 9.31 中的 Arguments 文本框中可以输入文本，选择 Stereotype 下拉列表框。
- 在 Arguments 文本框中输入 6 次，单击 OK 按钮，如图 9.32 所示。

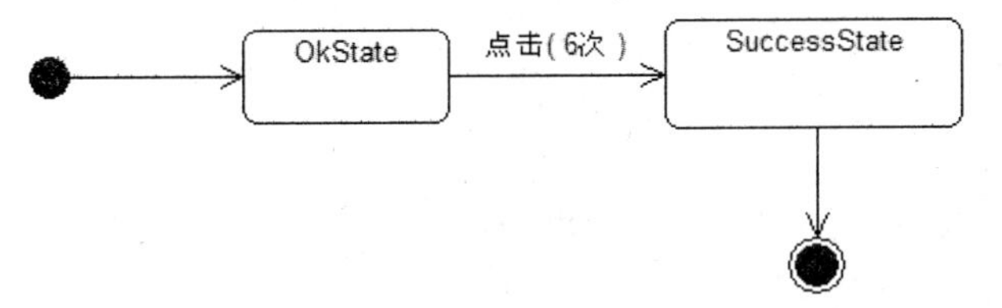

图 9.32

（2）单击图 9.31 的 Detail 标签，弹出如图 9.33 所示对话框。

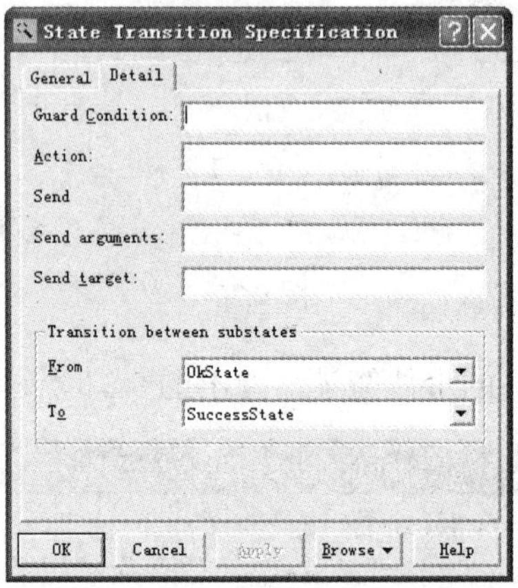

State Transition Specification
General Detail
Guard Condition:
Action:
Send
Send arguments:
Send target:
Transition between substates
From OkState
To SuccessState
OK Cancel Apply Browse Help

图 9.33

2. 同步

选择 Tools→Create 下属的子菜单|(Vertical Synchronization Bar 垂直同步)”和▭、•、◉、↗图标。

将它们拖放至模型图窗口，如图 9.34 所示。

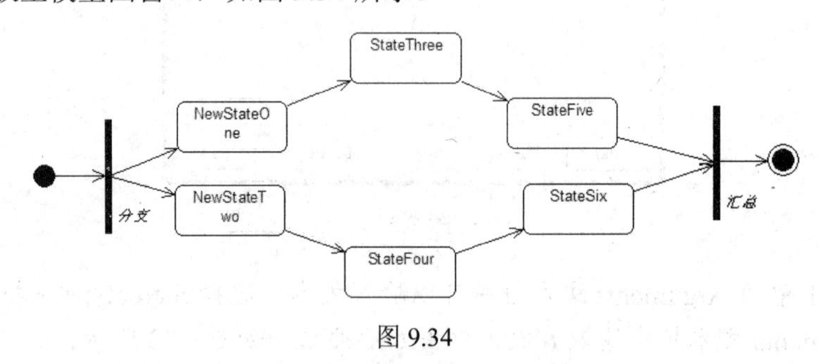

图 9.34

- NewStateOne、NewStateTwo 属于垂直同步时的分支。
- StateFive、StateSix 属于垂直同步时的汇合。

单击分支所属的|图标，弹出如图 9.35 所示对话框。

- 可以修改 Name 文本框或选择 Stereotype 下拉列表框，以及在 Documentation 中输入内容。
- 单击 Transitions 标签，如图 9.36 所示。

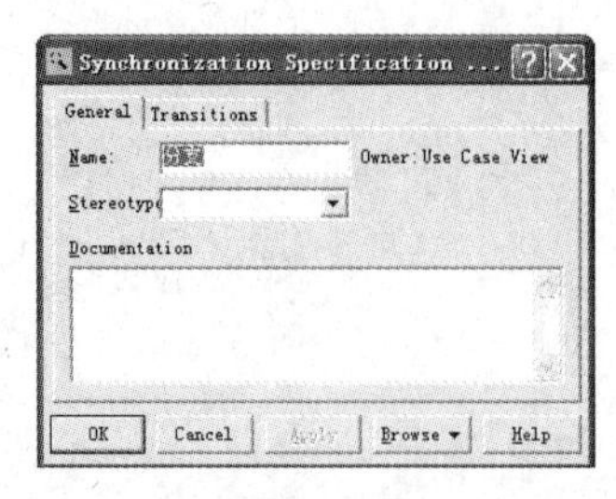

图 9.35

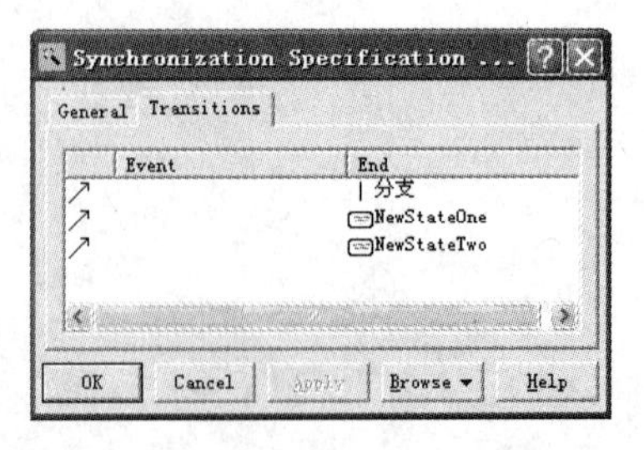

图 9.36

- 分支为垂直同步的名称。
- NewStateOne、NewStateTwo 为相邻的状态。

9.5 业务建模——构建车辆行政管理系统的状态图

车辆行政管理单位每年都有一些进修的名额，为了事务公开，单位会在网站公布进修计划公示表。如有空缺，会主动要大家报名参加。车辆行政管理系统会增加一个进修报名模块，其处理的过程就是状态图的真实应用。

在 Rose 7 中创建本功能需求的状态图形，具体步骤如下：

01 打开 Rose 7，单击浏览器中的用例视图名称 Use Case View。

02 选择弹出在 Use Case view 右边所属部署工具箱的▭、•、◉、↗、⋂图标，并选择 Tools 栏的 Create 菜单的 Decision 子菜单。

弹出如图 9.37 所示窗口，描述从申请开始到进修名额结束的过程。

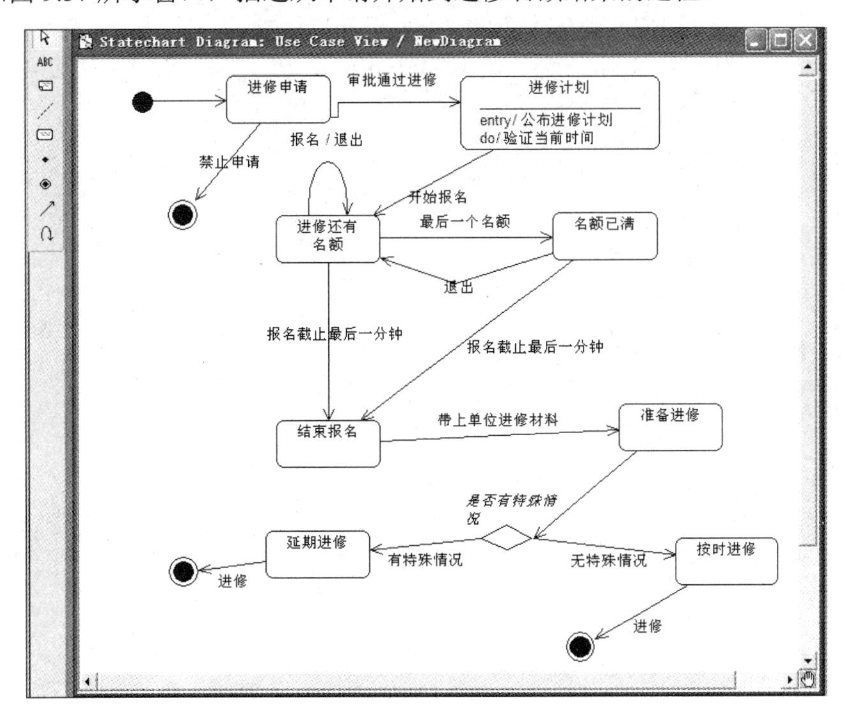

图 9.37

- 禁止申请事件发生后状态结束。
- 进修状态自然结束。
- 包括三个结束状态。
- 报名/退出为自转移。

9.6 状态图与活动图的对比

在仔细思考 UML 状态图的应用时，会发现状态图与活动图之间有一定的关联与区别。UML 状态图与活动图的具体异同点，如表 9.3 所示。

表 9.3 UML 状态图与活动图的异同点

区别		相同点
行为	状态图趋向于行为的最后结局，说明事物能够实现的最终状态 活动图侧重于行为的动机与目标，并通过运动来体现	状态图与活动图均面向对象建模
范围	状态图面向某个对象内部状态的演变，其仅针对一个对象 活动图面向某个用例操作时的动作展现，其针对某一个系统	
补充对象	状态图运用对象的方式，有助于对类图进行补充与说明 活动图通过用例的方式，促进了对系统用例的进一步细化	

第 10 章

没有顺序不成方圆——顺序图

10.1 定义

所谓顺序图是指运用时间排序的方式就某些内容的活动进行各个对象之间的交互。

顺序图的实现十分注重消息层面的时间排序，它的展现根据时间节点而进行具有条理化的消息交互。无论何时需要把一系列相关动作保留下来时，都能够通过顺序图的方式作为信息传递的模型。

并且顺序图可以有效地显示系统受用例方面支配的一些举动，从而促使客户的具体需求更加细化。

顺序图在软件工程业界的别名又叫序列图，它由水平与垂直两个维度组成。顺序图的具体内容如图 10.1 所示。

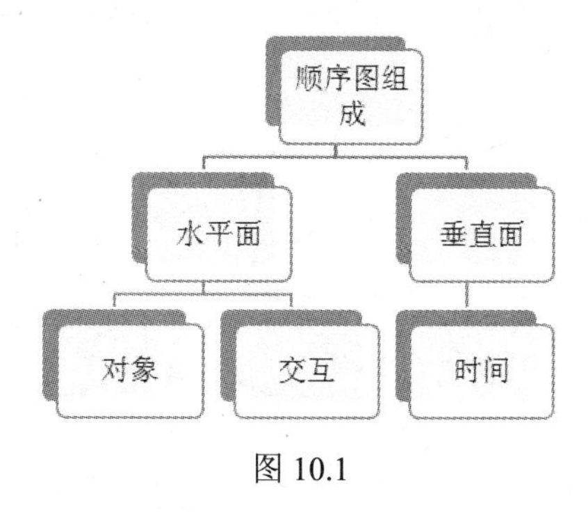

图 10.1

- 水平面展现各个种类交互关系的对象。
- 垂直面展现根据时间呈现顺序的现象。
- 快速理解顺序图的技巧在于从上而下的检查对象之间的消息转换。

关于顺序图的具体构建需要在多个对象的基础上，不能脱离生命线、消息、激活等多种元素部分的共同协调与交互。

具体顺序图的表示见图 10.2。

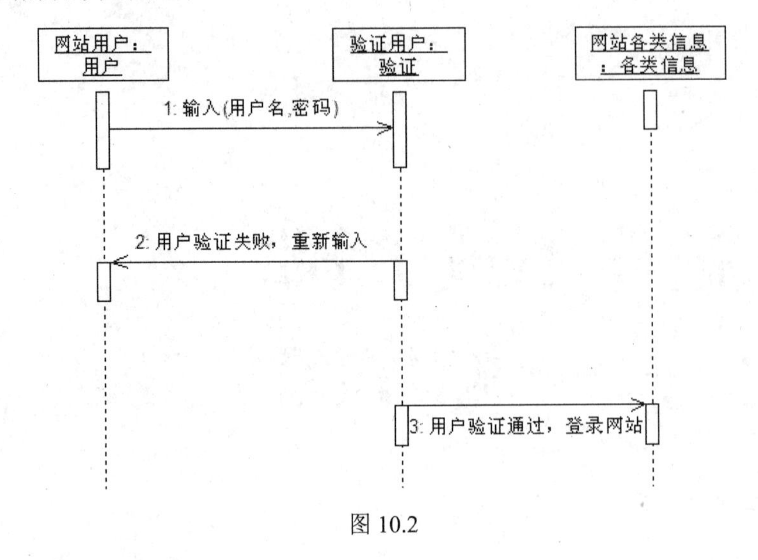

图 10.2

- 用户是类名可以省略。
- 验证是类名可以省略。
- 各类信息是类名也可以省略。

10.2 主要组成内容

1. 对象（Object）

顺序图中的对象与类图中的对象没有本质区别，两者都针对面向对象领域，两者均可进行有关交互操作。

对象采以矩形框的图标进行具体展现，目前业界主要有三类表现方式。具体内容如图 10.3 所示。

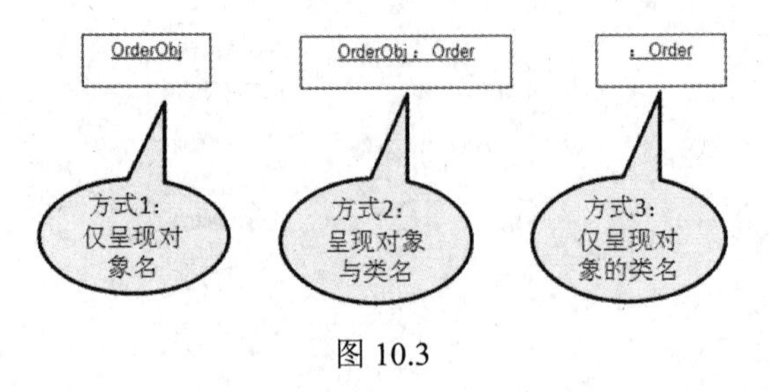

图 10.3

注意：

对象存在着一定的位置关系，如对象处于顺序图最左边部分则它是第一个交互对象，对象处于顺序图的最右边则是最后一个交互对象。

2. 生命线（Lifeline）

生命线在顺序图中以垂直的虚线表示，它说明对象的活动范围仅处于某个时间节点之中。

生命线在每个对象图标的下方正中间，两者的组合业界称之为对象生命线，具体图形如图10.4所示。

图 10.4

3. 激活（Activation）

激活大家有时也称之为控制焦点，它用于展示某个动作自身体验的时间范围，具体的操作可由其直接展开或由下级代为实施。

激活的标识用“▯”图标体现，对象位于激活图标的最顶端处被激活。激活的这一时间段称之为激活期，一般从交付某条消息开始，到接受结尾的某条消息截止。在这一过程内，生命线仅说明常规情形下的一段时间。

具体激活期的表现情形如图 10.5 所示。

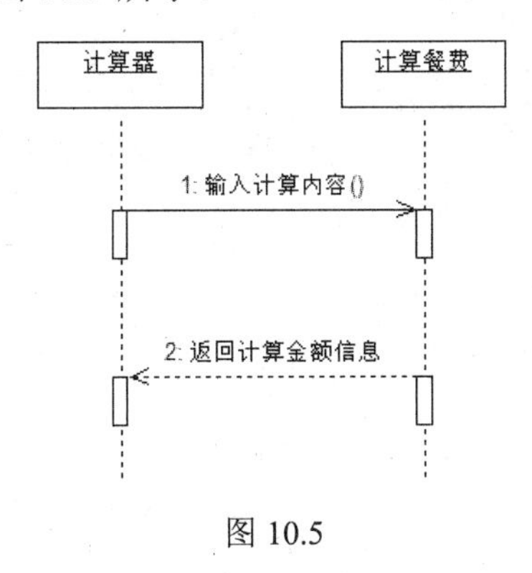

图 10.5

4. 消息（Message）

消息是指一种应用于各个对象范围内，相互之间根据需要开展的具体通信方式。

消息的具体位置可处于各种生命线范围之内，采用包含箭头的直线与消息说明来体现。

消息可使用消息线在两个对象触及的两个生命线上展现，同时也可以只在一条生命线上进行自我发送。

消息在顺序图内生命线的具体方位确定了它的通报时间，一般消息的绘制采用消息名称与参数或数字编号相组合的方式形成。

消息在 IT 界较为常规的表现方式如图 10.6 所示。

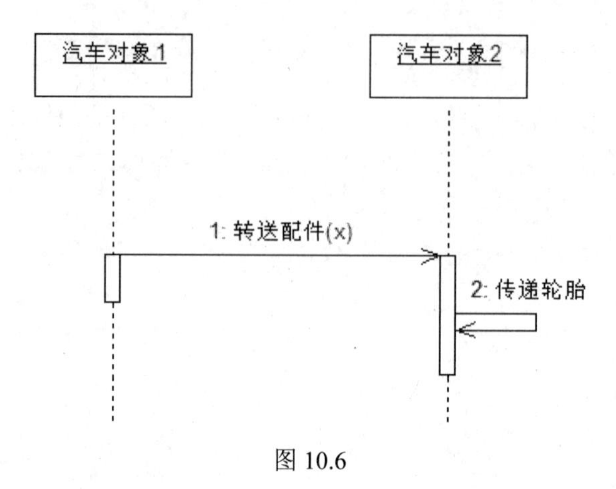

图 10.6

- 转送配件是第一个消息。
- 转递轮胎是第二个消息。
- “转送配件”的位置高于“转递轮胎”。
- “转送配件”是个常规对象消息。
- “转递轮胎”属于自我发送消息。

此外，顺序图的消息根据实际情况主要分为同步、异步以及同步并马上返回三种模式。消息主要分为对象消息（——————>）与返回消息（<- - - - - - - - - - - - -）两种。

（1）同步消息（Synchronous Message）

所谓同步消息是指只有传达方需要送达某个消息而领受方只有准备好了接收此消息的准备工作时才可以传达的消息。简而言之，此消息需要传达方与领受方同步。

同步消息的具体图形标识，如图 10.7 所示。

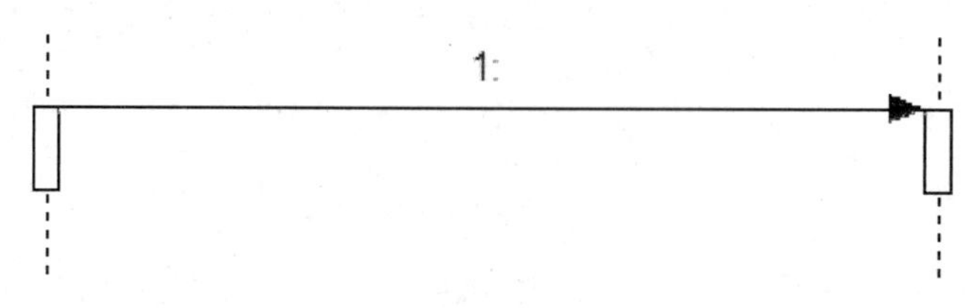

图 10.7

注意：多数情况下，同步消息处理时需要有某个领受方拥有的返回消息。

（2）异步消息（Asynchronous Message）

所谓异步消息是指无论领受方有无完成接收预备均能够传达的消息。它的实现方式采用消息传达方将信号传达于消息领受方后，延续着自身所需要的进一步操作。并且无需守候领受方返回的消息或进行控制。传达方与领受方在异步消息中两者是以并发的方式完成工作。

异步消息的具体图形标识，如图 10.8 所示。

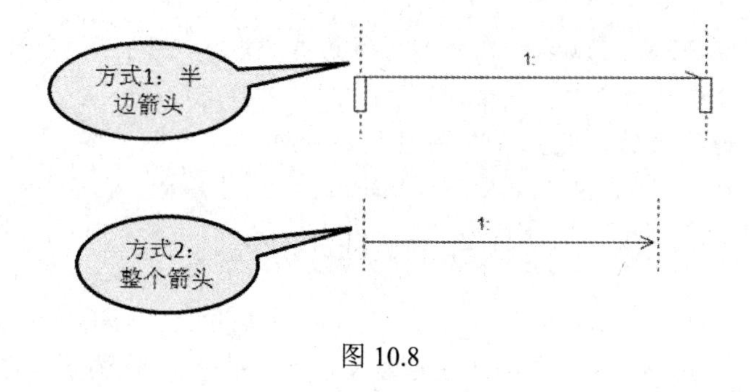

图 10.8

（3）返回消息（Return Message）

所谓返回消息是指应用具体的历程并去调动返回，具体展现方式如图 10.9 所示。

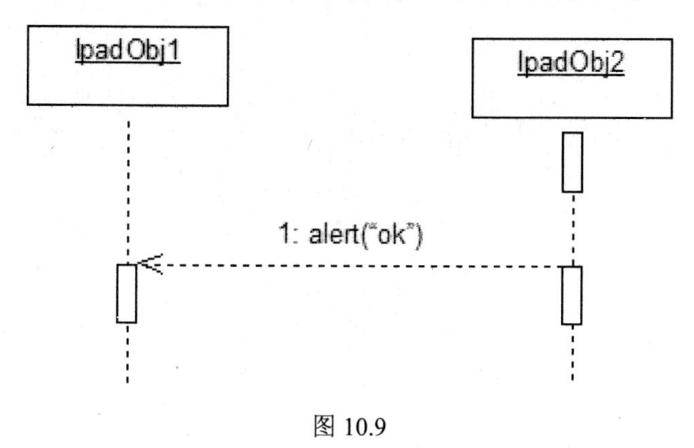

图 10.9

- <---------代表返回消息。
- alert("ok")代表消息名与参数。

（4）自关联（Self Message）

目前主要的表现方式是采用自关联去展示消息，具体的模式则运用自我调用方法去实现，具体图形的表现如图 10.10 所示。

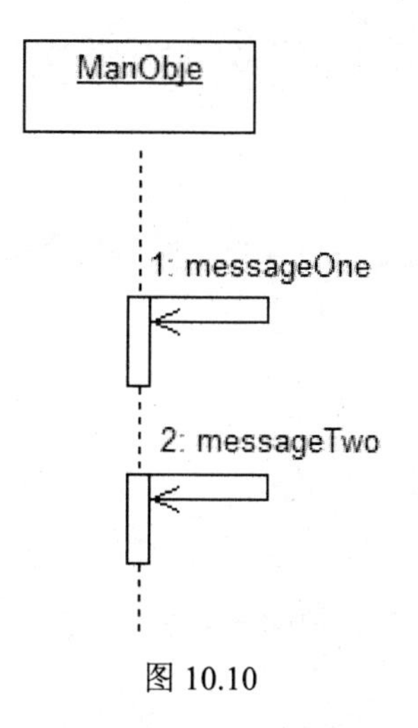

图 10.10

- messageOne 与 messageTwo 所在的箭头各为自关联消息。
- messageOne 为开始的消息。
- messageTwo 为结束的消息。

10.3 应用优势

“没有顺序不成规矩”在日常生活很常见，例如，去电影院买票、在高铁站等车、在飞机场侯机室候机都需排队。对于顺序的需求自古至今在各行各业都有着必然的要求。

从软件工程与面向对象领域的角度去思索，UML 顺序图的优势主要表现为图 10.11 所示。

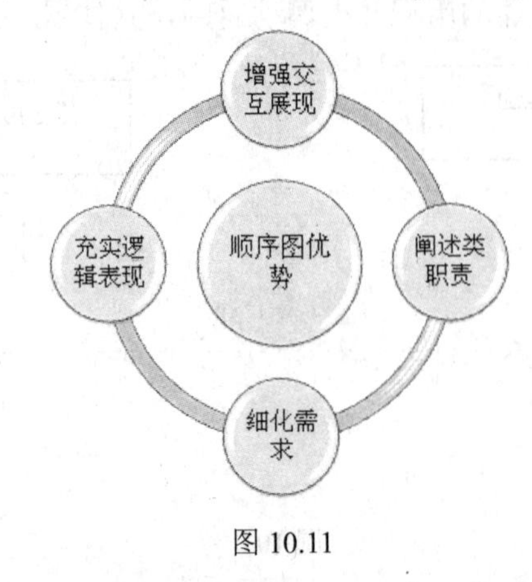

图 10.11

- 增强交互展现：有效地阐述所有对象之间的交流与沟通方式，侧重于展示对象互相之间的消息对接顺序。
- 阐述类的职责：可以较好地阐述达到合理安排各个**类**的任务与责任的办法，以及拥有相应职责的具体缘故。
- 细化需求：运用精细化理念将用例级别的需求拆分地更为细致，从而使软件工程人员可以快速地理解与建设系统。
- 充实逻辑表现：进一步充实业务情境方面的逻辑表现方式，从系统应用的角度控制工作流程。

10.4 创建顺序图

10.4.1 新建顺序图

当系统存在多个流程而需要将其串连在一起时，当时间在业务系统中有着排序的需求时，顺序图的绘制十分有必要。

（1）在 Rose 7 中创建顺序图，可采用以下标识符。

打开 Rose 7 后，在浏览器中的视图名称 Use Case View 上单击鼠标右键，弹出如图 10.12 所示快捷菜单。

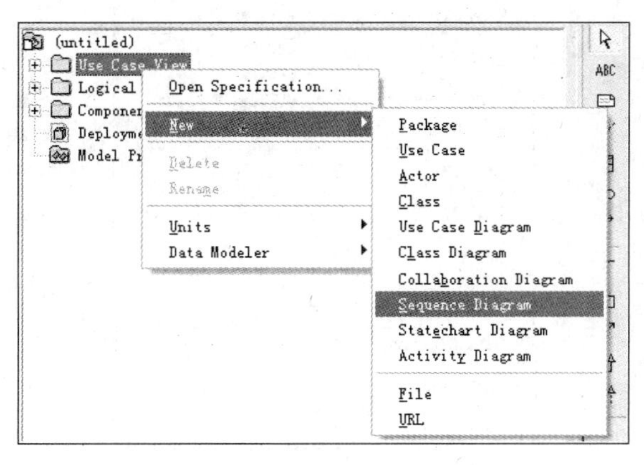

图 10.12

注意：

1）如果打开 Rose 7 后，在浏览器中的视图 Logical View 上单击鼠标右键，也将弹出与图 10.12 同样的快捷菜单以及附属子菜单。

2）选择浏览器中的视图 Componect View，无法创建顺序图。

（2）单击 Sequence Diagram 选项后，继续单击产生的 NewDiagram 图标，弹出如图 10.13 所示对话框。

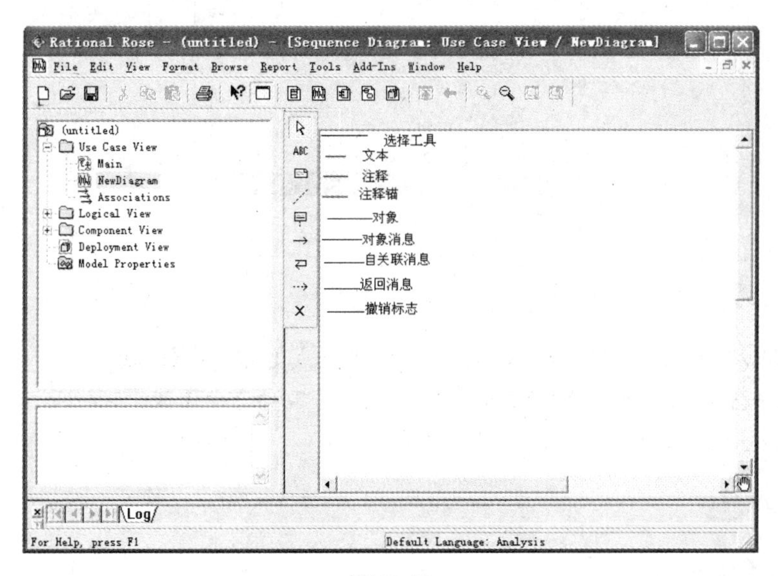

图 10.13

（3）选择图 10.13 的工具箱图标，拽业务需求开展 UML 图形的创建。也可以选择 Tools→Create 下属的子菜单，如图 10.14 所示。

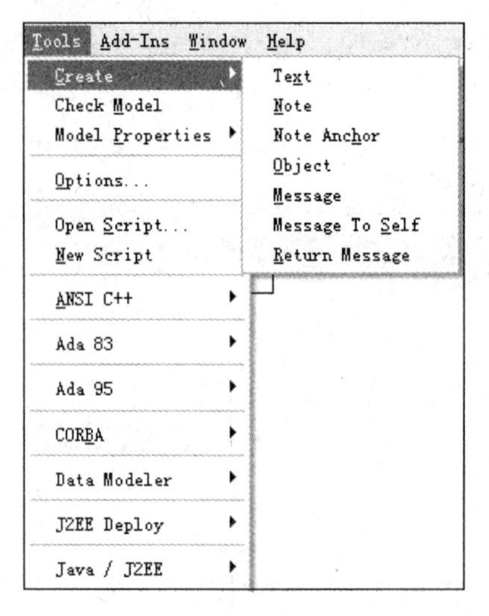

图 10.14

10.4.2 顺序图主要操作

新建顺序图后，在浏览器窗口可以修改顺序图的名称或新增文件与 URL 地址，并对顺序图执行删除操作。

例如，新建了名为 TestMan 的顺序图后，顺序图的操作菜单如图 10.15 所示。

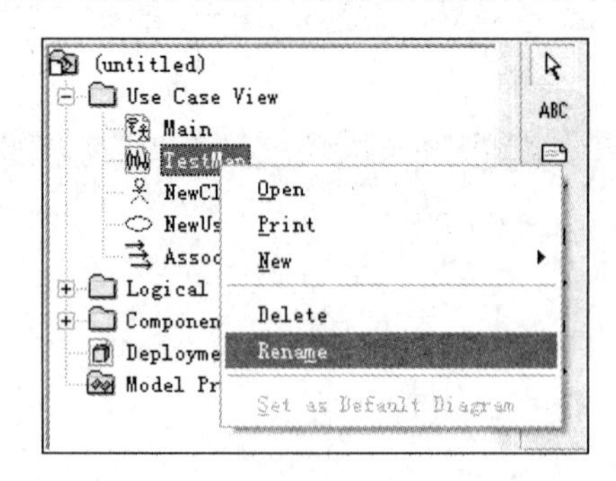

图 10.15

- 单击 New 可以弹出 File 与 URL，即添加文件或 URL 链接地址。
- 单击 Rename 选项后，直接可以对 TestMan 的名称进行修改。
- 单击 Delete 选项后，顺序图将不复存在。

10.4.3 对象操作

1. 新建对象与相关操作

（1）选择工具箱 （对象）图标或选择 Tools→Create→object 子菜单，将其拖至模型图窗口。此时，新增了某个对象（Rose 中对象自带生命线）。

将对象命名为 ShowObj，在矩形框内输入名称生成对象后将自动地增加下划线来表现。具体图形如图 10.16 所示。

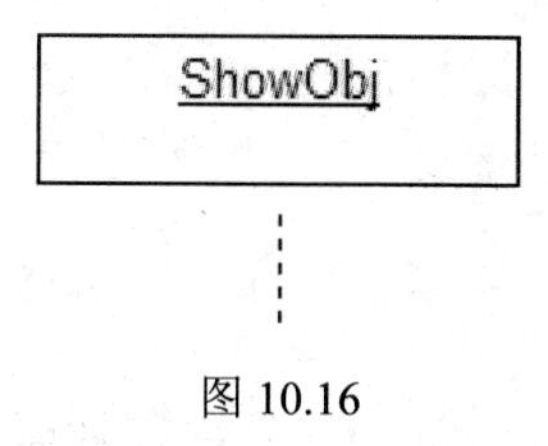

图 10.16

（2）选择状态 ShowObj，弹出如图 10.17 所示对话框。可以对对象名称进行修改，也可以根据需要选择 Class 或对 Documentation 进行填写。

图 10.17

- Persistence（持久性），根据需要进行选择。
  - 默认为 Transien（临时的）。
  - Static 属于静态。
  - Persisten 属于持久化。
  - 根据情况选择 Multiple insta（多系统）复选框，默认不选。

（3）在如图 10.17 所示的 Class 下拉列表框中选择<new>选项，弹出如图 10.18 所示对话框。主要是定义新的类，以及配套的相关属性。

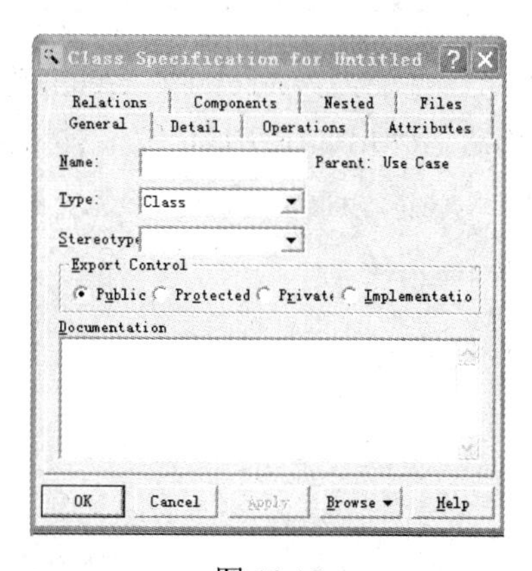

图 10.18

2. 删除对象

在快捷菜单中选择 Edit→Delete 命令或者按 Delete 键无效。

需要选择已创建的顺序图，并在其上单鼠标右键 ，在弹出的快捷菜单中选择 Edit→Delete from Model 命令。此时，对象将真正删除。

10.4.4 消息操作

选择如图 10.13 所示工具箱 图标，分三次将其拖至模型图窗口，将三个对象命名为 Code1、Code2，Code3。

将工具箱的→、⮐、⇢、 ✕ 图标，依次拖至顺序图的模型图窗口，并根据需要进行命名，弹出的图形如图 10.19 所示。

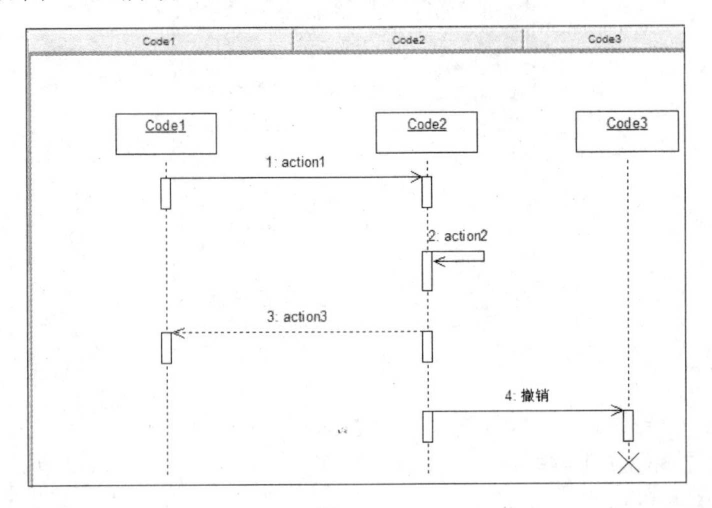

图 10.19

- action1 为对象消息，是第一个消息。
- action2 为自关联消息，是第二个消息。
- action3 为返回消息，是第三个消息。
- Code3 对象的位置加上 ✕ 图标说明已被删除。

单击 action1、action2、action3，弹出的 General 和 Detail 选项卡均相同。

单击图 10.19 中的 action1 消息，弹出如图 10.20 所示对话框。

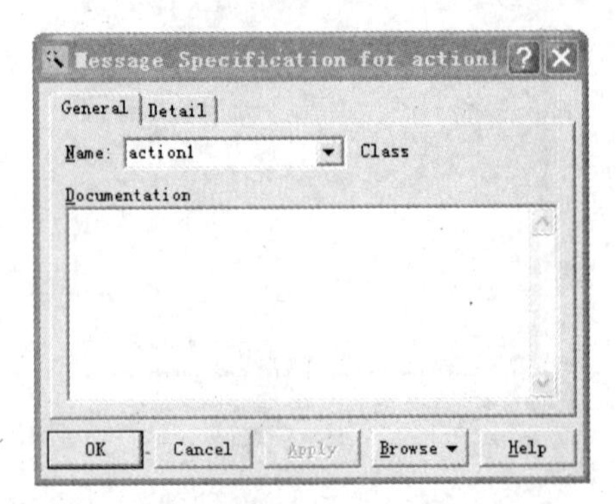

图 10.20

- 在 Name 下拉列表框中进行名称的修改。
- 在 Documentation 文本框进行补充说明的填写。

单击图 10.20 的 Detail 标签，弹出如图 10.21 所示选项卡。

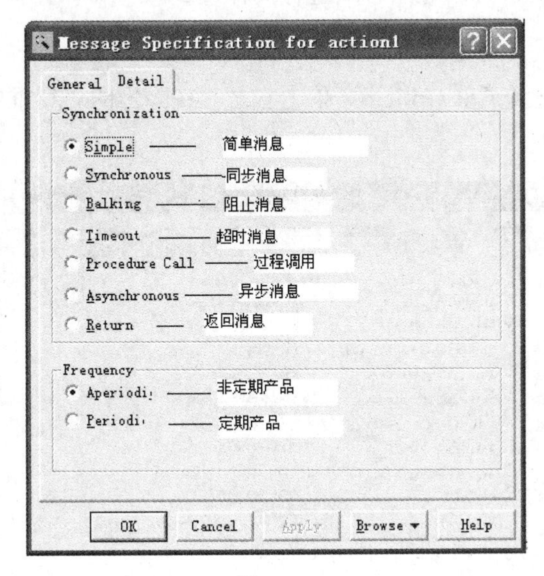

图 10.21

图中的消息类型改变，箭头的显示也将变化。

10.4.5 限制因素和图形项配置

1. 限制因素

当面对具有时效性相关要求的各种业务建模时，一定要遵循时间的范围控制理念，从整体上设立时间的具体限制。限制因素放置在“[]”里面，类似于各种程序语言中的判断语句。

具体情况如图 10.22 所示，在可见消息的位置上建立限制。

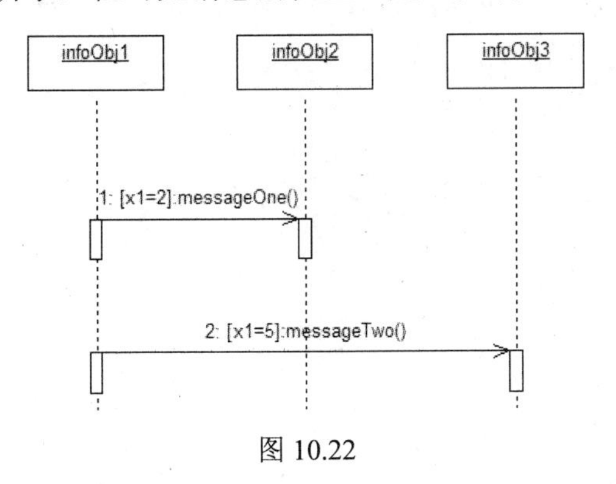

图 10.22

特别说明：

- 当 x1=2 时，方可调用 infoObj2 的 messageOne()方法。

- 当 x1=5 时，方可调用 infoObj3 的 messageTwo()方法。

2. 图形项配置

根据绘制的实际需要，可以对图形项进行具体设置。

具体方法：

选择 Tools 菜单的下级菜单 Options，单击它之后在弹出的对话框中选择 Diagram 选项卡，具体图形如图 10.23 所示。

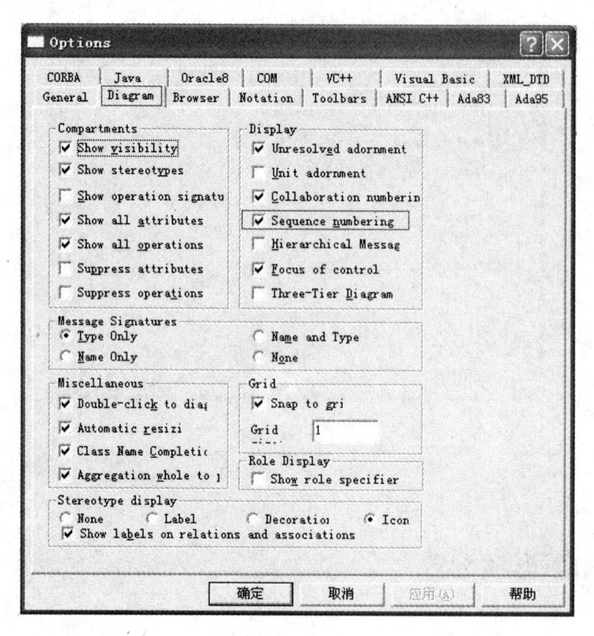

图 10.23

10.4.6 绘图要点

顺序图的建模需要关注一些事项，有关重点技巧方面的内容如图 10.24 所示。

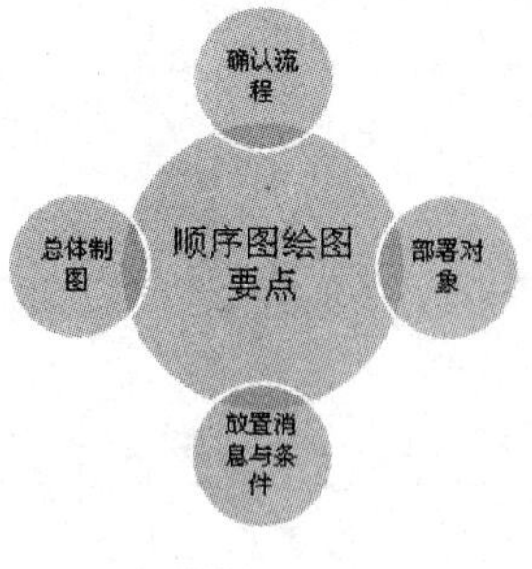

图 10.24

1. 确认流程

顺序图建模的首个步骤在于设计好相关流程的环节。

当要创建网上商城管理员监控重点供应商 A 的商品查询顺序图时，可以先在大脑或纸本、

Word 软件中将流程设计出来。

具体流程如下：

（1）网上商城管理员成功查询供应商 A 的商品。

（2）网上商城管理员查询供应商 A 的商品，但供应商 A 不在本系统中弹出。

（3）网上商城管理员查询供应商 A 的商品，但供应商 A 的商品本系统中没有。

2. 部署对象

顺序图建模的第二个步骤在于将对象按左右排列，所有对象的绘制均需包含生命线，具体图形如图 10.25 所示。

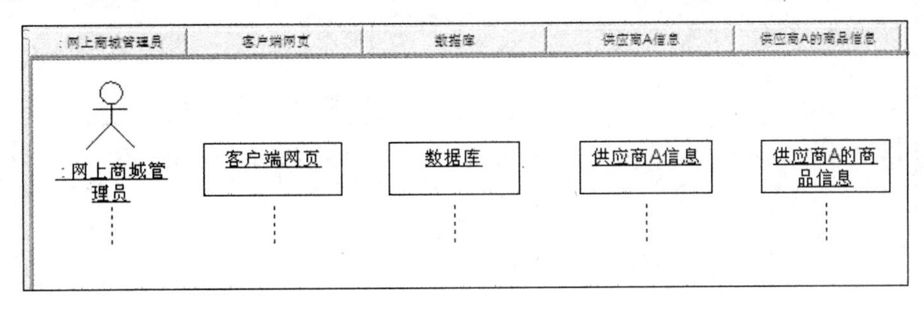

图 10.25

特别说明：

- “网上商城商理员”活动人来源于用例图中的“活动人”图标。
- 在用例图中创建“网上商城商理员”活动人，将在浏览器窗体弹出 网上商城管理员 图标，将其直接拖到模型图窗体。

具体图形如图 10.26 所示。

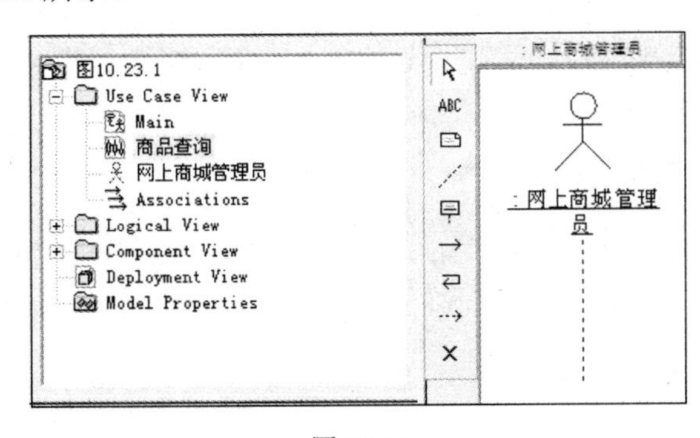

图 10.26

3. 放置消息与条件

之后，面向流程展开绘制，先绘制基础流程。

此处的目标为展现关于网上商城管理员如何成功查询供应商 A 的商品信息，具体图形如图 10.27 所示。

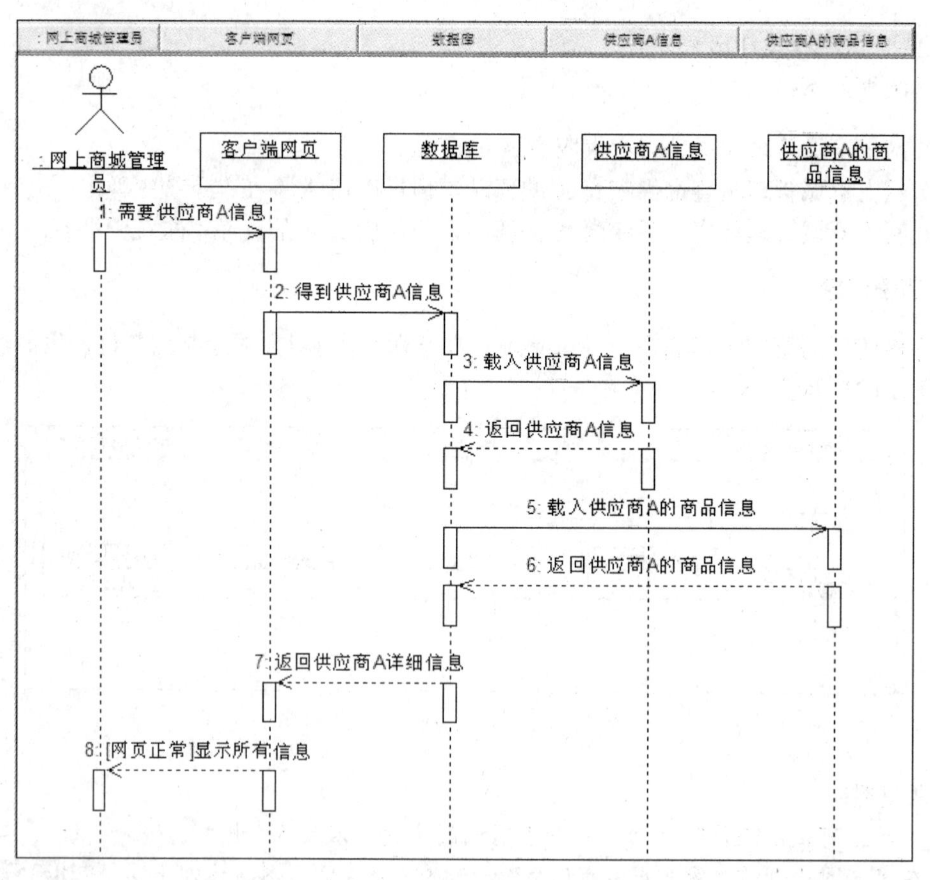

图 10.27

- 对象消息：包括需要供应商 A 信息、得到供应商 A 信息、载入供应商 A 信息、载入供应商 A 的商品信息。
- 返回消息：包括返回供应商 A 信息、返回供应商 A 的商品信息、返回供应商 A 详细信息、[网页正常]显示所有信息。

4. 总体绘图

最后需要将所有信息补全，例如增加“不成功信息，无法查询供应商 A 的商品信息”等返回消息。当然也可以包括创建对象、撤销对象以及同异步消息等。本处的图形如图 10.28 所示。

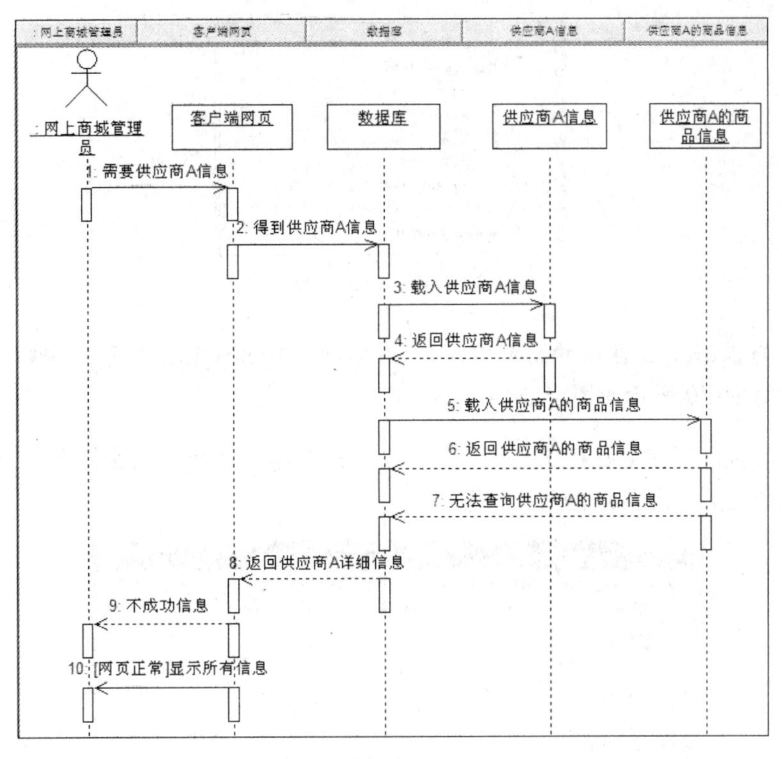

图 10.28

10.5　业务建模——构建车辆行政管理系统的顺序图

在车辆行政管理单位由于中老年职工较多，因而定期招聘一些大学生，由于工资不高，单位决定为他们提供一定金额的生活贷款服务。

此时，财务经理处理借款与还款的过程，就是顺序图在工作中的现实应用。

1. 借款顺序图

财务经理受理借款员工的借款申请时，需要先验证是否为本单位员工，如果是单位正式员工，则根据财务规定给予借款。如果借款员工借款额在制度规定之内，则选择借款并记录借款信息。

员工的借款过程顺序图绘制步骤如下：

01 打开 Rose 7，在浏览器中的用例视图名称 Use Case View 上单击鼠标右键。在弹出的快捷菜单下选择子菜单 Sequence Diagram。

02 将顺序图生成的名称 NewDiagram 修改为“借款”，弹出的图形如图 10.29 所示。

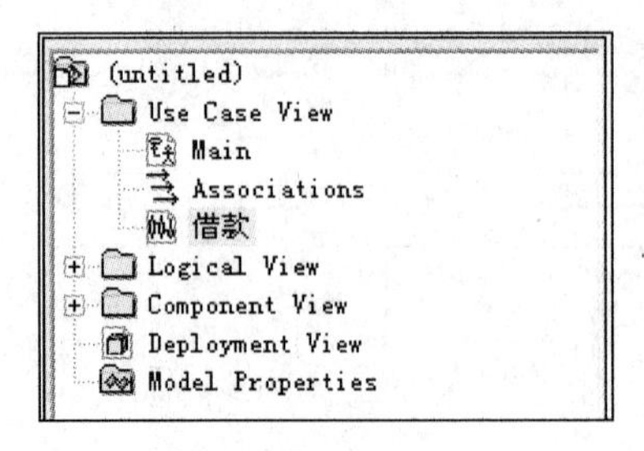

图 10.29

03 单击 Main，在弹出的图形中将 图标拖至用例图模型图窗体，操作完成后将会弹出如图 10.30 所示的图形。

注意：当然也可以在 Use Case View 上单击鼠标右键，在弹出的快捷菜单下选择 Actor 的图标，并将其命名为“财务经理”。

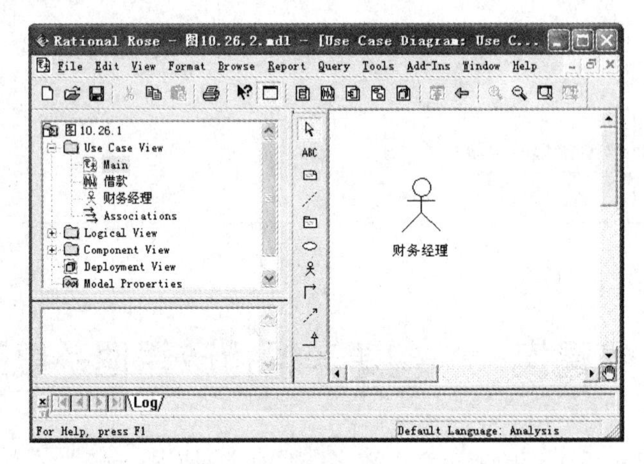

图 10.30

04 单击 借款，如图 10.31 所示。

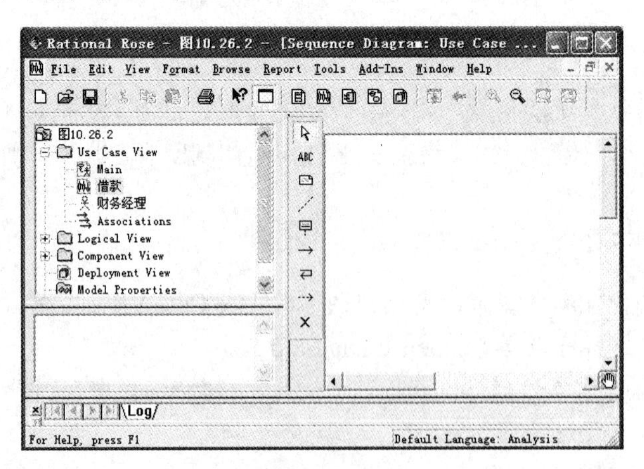

图 10.31

05 选择 财务经理，将其拖至顺序图模型图窗口。之后，选择图 10.31 中的 、→、 、 ⇢图标，并根据需要拖至模型图窗口，具体图形如图 10.32 所示。

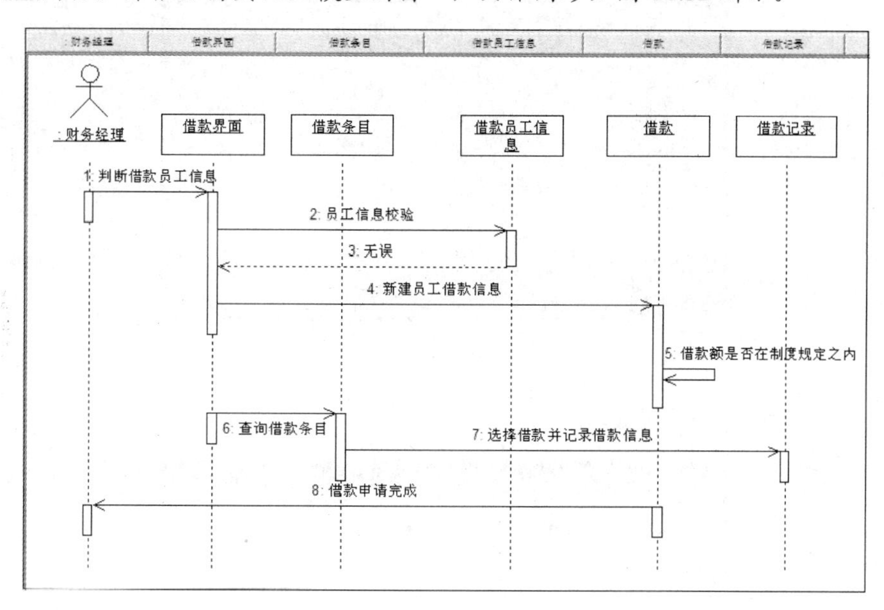

图 10.32

2. 还款顺序图

车辆行政管理单位的借款工作由财务人员与软件功能配合完成。

当财务经理受理还款业务时，借款员工需先提交还款申请，财务经理把借款员工的信息与还款明细传入至数据库，由借款模块功能判断员工的借款情况，当与借款明细信息匹配完成后，财务经理变更借款列表与记录借款员工还款信息，结束还款流程。

员工的还款过程顺序图绘制步骤如下：

01 与借款相同。

02 将顺序图生成的名称为 NewDiagram 文件修改为“还款”，弹出的图形如图 10.33 所示。

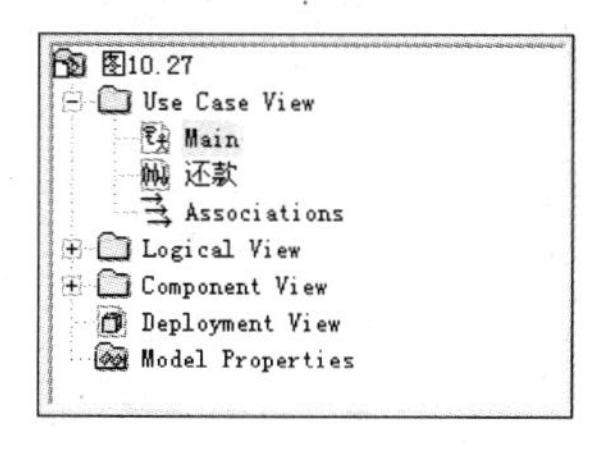

图 10.33

03 单击 Main，在弹出的图形中将 图标两次拖至模型图窗体，并各命名为借款员工、财务经理，操作完成后将弹出如图 10.34 所示的图形。

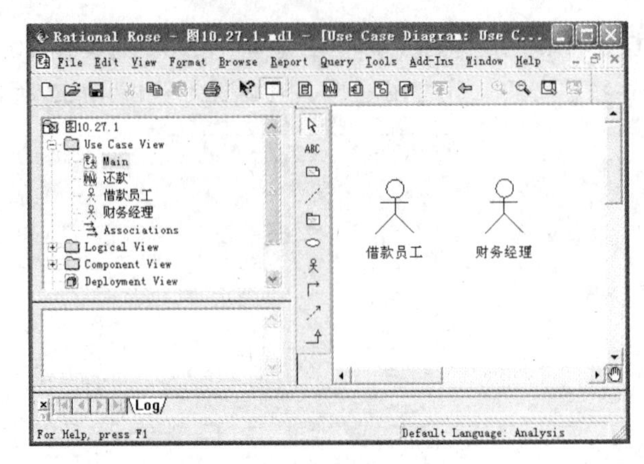

图 10.34

04 单击还款，如图 10.35 所示。

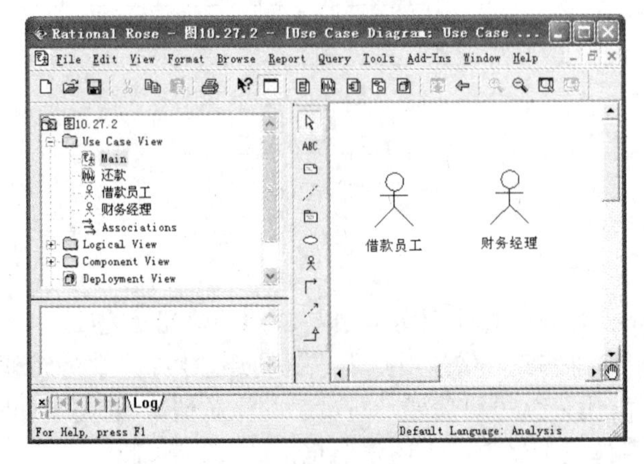

图 10.35

05 选择借款员工、财务经理，将两者拖至模型图窗口。之后，选择图 10.35 中的、→、、⇢图标，并根据需要拖至模型图窗口，具体图形如图 10.36 所示。

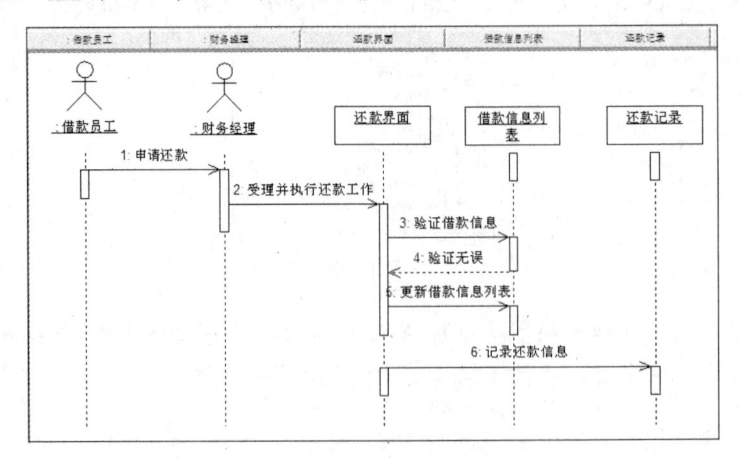

图 10.36

第 11 章

沟通离不开——协作图

11.1 定义

我国的一些古建筑如北京故宫、承德避暑山庄、恒山悬空寺，体现的重要特征都令人非常难忘。从某些应用方法论角度而言，此类建筑的结构并不复杂，然而所表现的境界与视觉效果都相当惊人。在它们各种具体的结构细节上，可以发现有不少组成部分都很漂亮，特别是将所有部分形成总体构造时，其美学方面形成的效果则更加强劲与撼动人心。

而平时所接触的老里弄，则构造十分简陋及至于难看。因为这些建筑只是当时为了解决生活困难的百姓住房问题而建造的，当时我国的经济并不发达，不可能有着较高的格调。

对比两类建筑可以发现一些问题。质量好、美感强的建筑具有整体协调性，而不好的建筑则不具备良好的协调感。质量好、美感强的建筑更关注整性效果，不好的建筑则只考虑是否能居住。

而协作图的产生也是为了解决有关协调的问题，它希望软硬件系统功能要科学完整，并且在设计方面要易于维护与协调。

所谓协作图的概念在于合作层面，主要表达了用例的某个事件与其他不同对象间的共同合作关系，也就是说各种实例对象之间不可缺少具体的协作。

协作图的主要组成内容如图 11.1 所示。

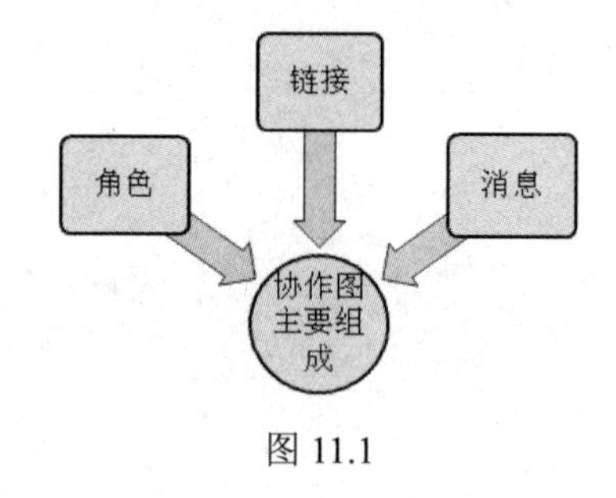

图 11.1

- 角色主要面向各种对象或关联。
- 链接从关系层面出发，说明存在的所有关系。
- 消息从对象之间的应用角度去考虑何时使用。

关于协作图的具体表示，可从比较容易理解的例子入手。

图 11.2 是餐厅收费员收款的协作图。

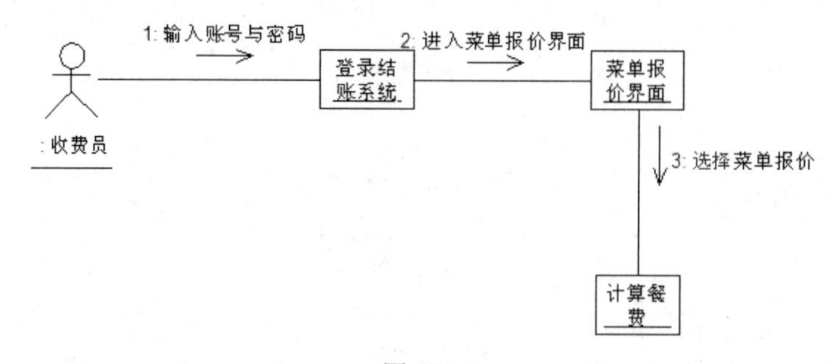

图 11.2

11.2 主要组成内容

1. 对象（Object）

协作图的对象与顺序图的相同，也采用矩形框以及三类表现方式。

当然协作图的对象不具备生命线和生成、注销功能，并且其对象对于协作图而言没有位置概念的约束。

在处理有关协作图对象的使用方面，可依据面向对象与软件工程理论进行分析，重点可以遵循以下原则：

- 不一定要说明对象的所属类。可以先创建对象，再根据需再说明所属类。
- 需要关注对象的命名，以避免在同一类中弹出重名的现象。
- 当对象所属的类主动参加协作活动时，需要将该类在协作中的事项进行展示。

2. 链接（Link）

协作图的链接目的在于体现两种对象之间的消息共享，正常的链接位置必须处于对象或“角色和对象”中间。

“协作图与对象图”的链接含义与展现出来的外形构造完全一样，链接的好处其实是在二至多个对象间进行有效地连接，从而说明多个对象间的具体关联，协作图的链接如图 11.3 所示。

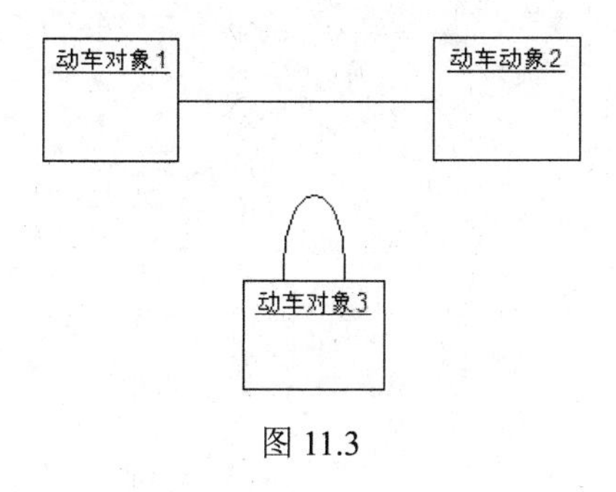

图 11.3

3. 消息（Message）

“协作图与顺序图”所拥有的消息两者十分相似没有本质上的区别。协作图中的消息用于表达各种软硬件系统中存在的动态交互过程，它的具体构成离不开“发送方、接受方以及对应的动作”。

协作图中所有消息的放置均位于链接之上，并且需要对全部消息进行顺序编号。

（1）普通序列型消息

这是一种仅限于在消息前增加序列编号的简便方法，它的消息操作结果只需按顺序进行即可。

协作图的普通消息图如图 11.4 所示。

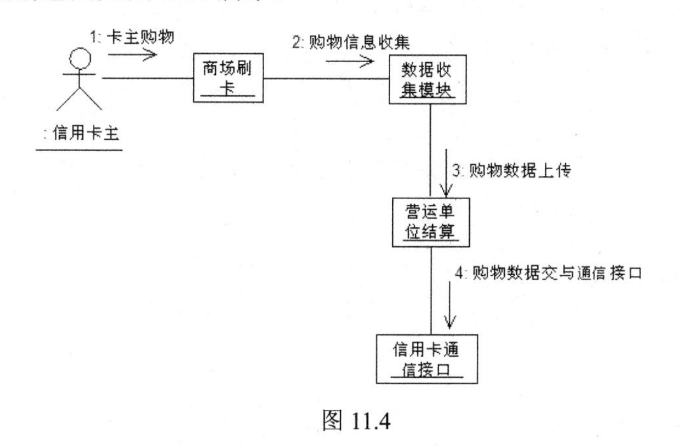

图 11.4

（2）条件约束型消息

约束范围需要掌握在一定的节点之中，此节点处于相关消息之中，放置点位于关联序列编号与消息自带文本的中间。

如图 11.5 所示当 worker 存在时，tableObj1 将消息 start1 传送至 tableObj2；当 factory 存在时，tableObj1 将消息 start2 传送至 tableObj3；当 power 存在时，tableObj1 将消息 start3 传送至 tableObj4。

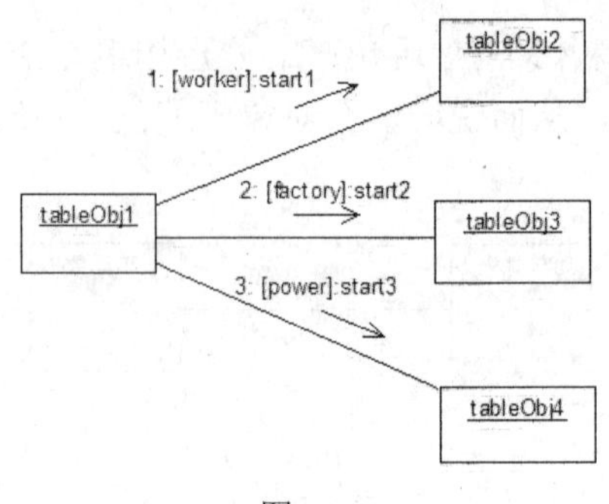

图 11.5

（3）配套产生的消息

具备的功能项能够在消息中配套产生相关的对象实例，说明某些对象是在具体操作当中生成的。

协作图实例配套产生的图形如图 11.6 所示。

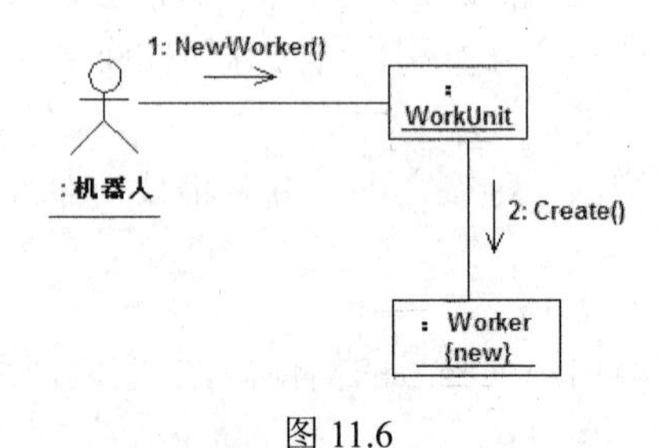

图 11.6

- 对象 WorkUnit 接收消息 NewWorker()。
- 对象 WorkUnit 创建 Worker 对象。

（4）送传信息至多对象之上的消息

在现实场景中某一对象需要向属于某个类的多个所属对象同时传送消息时，应该加上条件进行限制与说明，此类情况如图 11.7 所示。

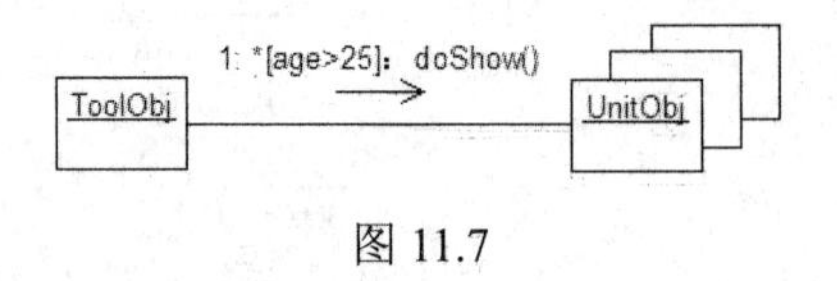

图 11.7

- “[]” 里面的内容为条件。
- doShow 为方法。
- “*” 放在 “[]” 前面是固定画法，说明 “*” 后面是条件。

11.3 应用优势

当前 IT 行业的发展更趋向于协作型，在这个竞争激烈的环境中，创建良好的协作建模图形在产品或项目开发中具有重要意义。

而 UML 协作图处于面向对象的理念以深入 IT 人员脑海，本处从工程应用角度说明协作图存在的一些较为明显的优势，协作图的优势如图 11.8 所示。

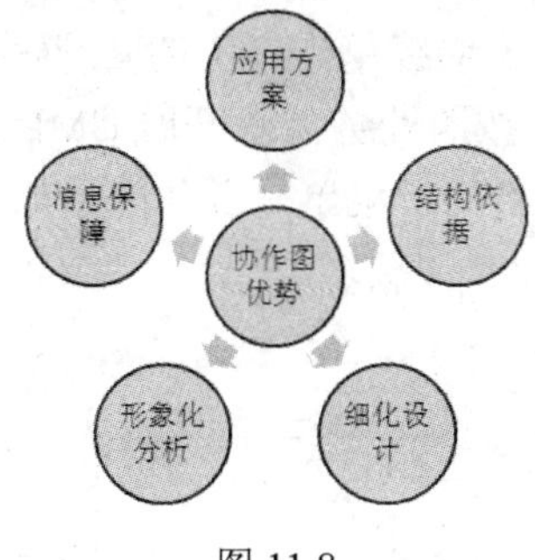

图 11.8

- 应用方案：展示运用各种对象间的消息移动体现细节明确的应用方案，侧重于协同提升。
- 结构依据：显示对象与交互关系的结构依据，并不强调交互在顺序角度的体现。
- 细化设计：能够有效地描述有关类方面的动作所需的各类参数或变量，从而良好地实现具体过程的细化设计。
- 形象化分析：能够体现应用情境流程的逻辑化控制，以达到对象组织而成的形象化分析目标。
- 消息保障：既重视了消息在时间层面的次序，也体现了各种寻求消息所针对的对象之间具有的有效关系保障。

11.4 创建协作图

11.4.1 新建协作图

在 Rose 7 中创建协作图，可采用以下标识符。

打开 Rose 7 后，在浏览器中的视图名称 Use Case View 上单击鼠标右键，如图 11.9 所示。

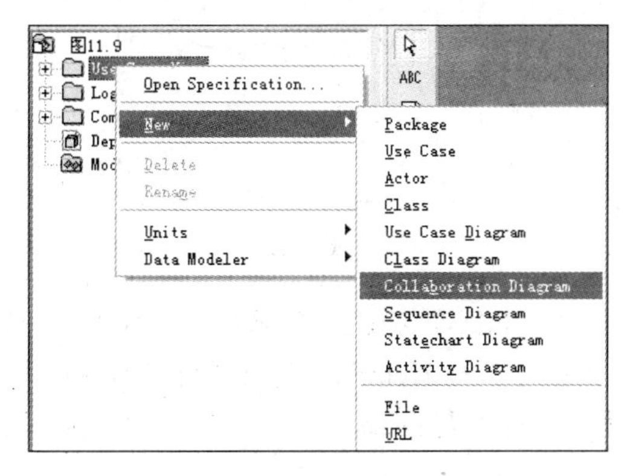

图 11.9

- 如果打开 Rose 7 后，在浏览器中的视图 Logical View，也将弹出与图 11.9 同样的快捷菜单以及附属子菜单。
- 在浏览器中的视图 Componect View 上单击鼠标右键，无法创建协作图。

单击 Collaboration Diagram 后，继续单击产生的 NewDiagram，弹出如图 11.10 所示图形。选择图 11.10 的工具箱图标，按照业务需求开展 UML 图形的创建。

也可以选择 Tools→Create 下属的子菜单，具体图形如图 11.11 所示。

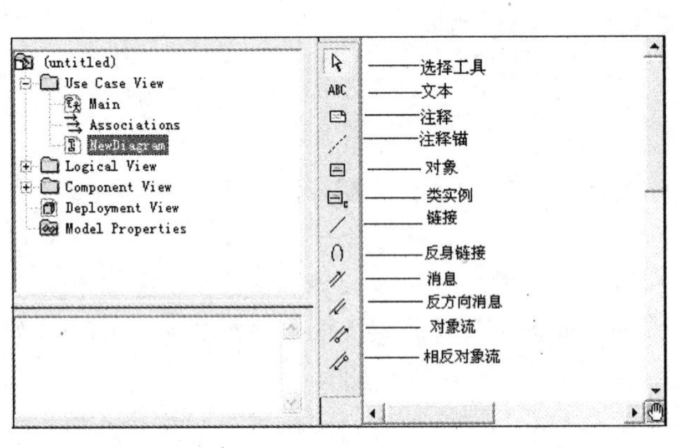

图 11.10

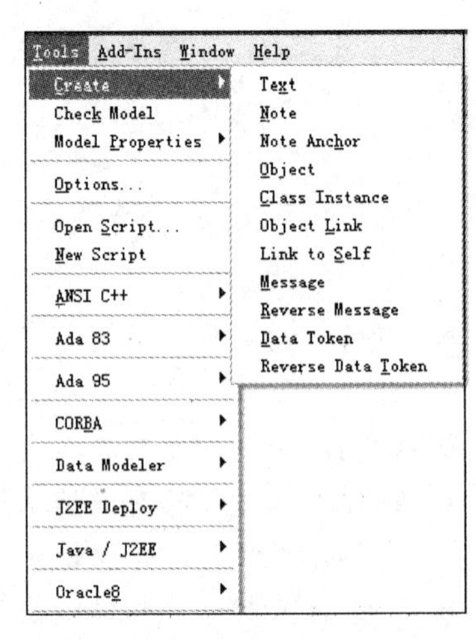

图 11.11

11.4.2　协作图主要操作

新建协作图后，在浏览器窗口可以修改协作图的名称或新增文件与 URL 地址，并对协作图执行删除操作。

例如，新建了名叫 HelpFish 的协作图，协作图的操作菜单如图 11.12 所示。

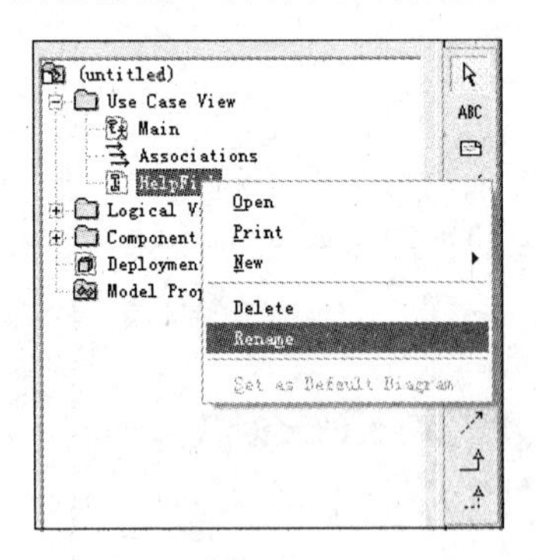

图 11.12

- 选择 New 选项可以弹出 File 与 URL，即添加文件或 URL 链接地址。
- 选择 Rename 后，直接可以对 HelpFish 的名称进行修改。
- 选择 Delete 后，协作图将不复存在。

11.4.3 对象操作

1. 新建对象与相关操作

选择工具箱（对象）图标或选择菜单 Tools→Create 的 object 子菜单，将其拖至模型图窗口。

此时，新增了对象，将该对象命名为 OkObj1，将弹出如图 11.13 所示图形。

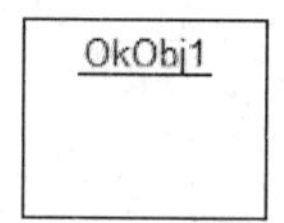

图 11.13

注意：

打开 Rose 7，单击浏览器中的视图 Logical View，也可以生成对象。

可以将创建的类（此处为 GoodMan）拖至协作图所在的模型图窗口，生成如图 11.14 所示图形。

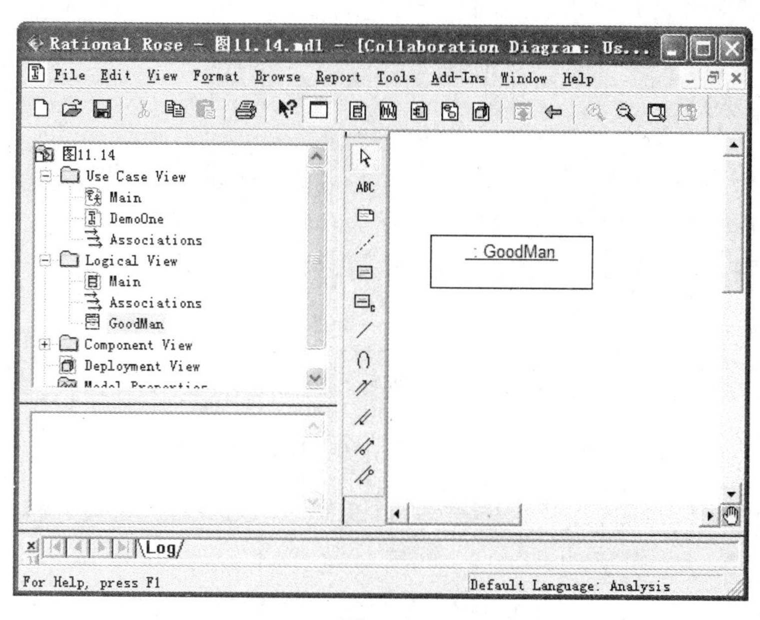

图 11.14

- :GoodMan 是对象。

选择状态 OkObj1，弹出图 11.15。可以将对象名称（Name）进行修改，也可以根据需要选择 Class 或对 Documentation 进行填写。

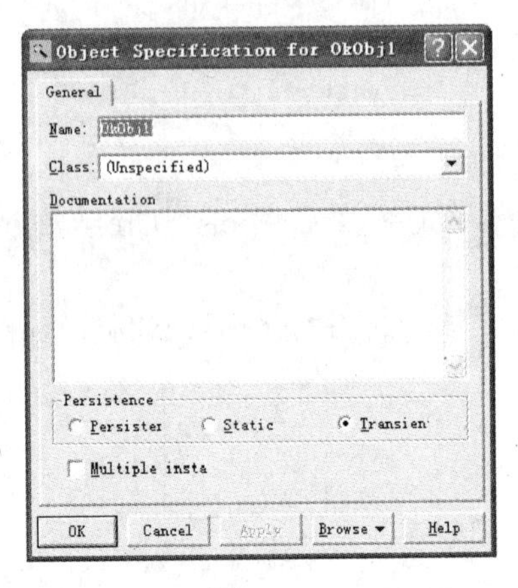

图 11.15

- Persister、Static、Persisten、Multiple insta 与顺序图中的对象一致。
- 在 Class 下拉列表框中选择 new 选项，弹出的图形也与顺序图中的一致。

2. 删除对象

与第 10 章中的“10.4.3 对象操作”相同。

11.4.4 类实例操作

（1）选择图 11.10 工具箱（类实例）图标或选择菜单 Tools→Create 的 Class Instance 子菜单，将其拖至协作图的模型图窗口，此时，新增了某个类实例。

把该类实例命名为 WoodObjOne，将弹出如图 11.16 所示图形。

图 11.16

（2）选择类实例 WoodObjOne，弹出如图 11.17 所示对话框。

可以将对象名称（Name）进行修改，也可以根据需要选择 Class 或对 Documentation 进行填写。

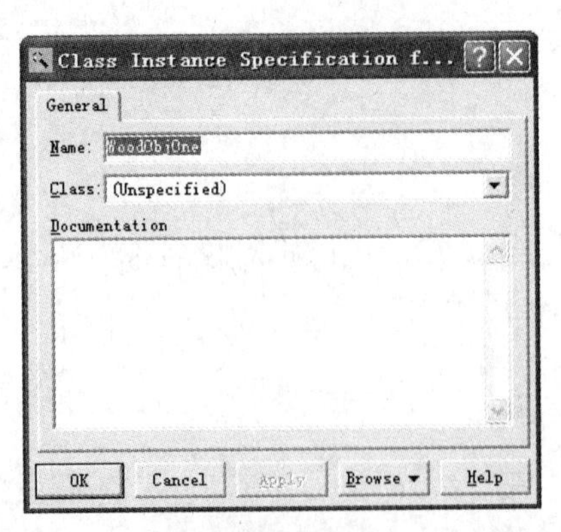

图 11.17

（3）在 Class 下拉列表框中选择 new 选项，弹出的图与第 10 章 10.4.3 中的图 10.18 相同。

11.4.5 链接操作

（1）选择图 11.10 工具箱图标，分三次将其拖至模型图窗口，将三个对象命名为 car1、car2，car3。

（2）再将图 11.10 工具箱的 ／、∩ 图标，依次拖至协作图的模型图窗口的三个对象之间并根据需要进行命名。

具体弹出的图形如图 11.18 所示。

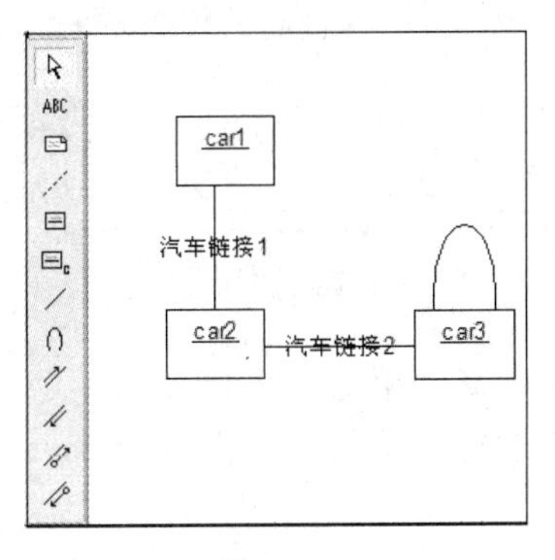

图 11.18

- car1 与 car2、car2 与 car3，均为普通链接。
- car3 自身为反身链接。

（3）单击图 11.18 的“汽车链接 1”图标，弹出如图 11.19 所示对话框。

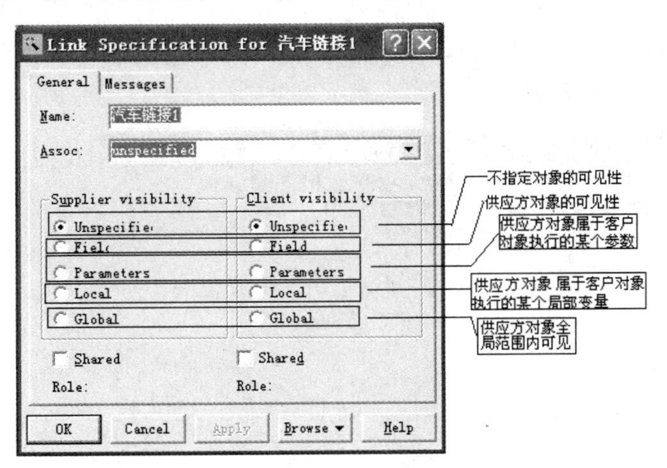

图 11.19

（4）选择 Messages 面板，再单击鼠标右键，可以插入消息，如图 11.20 所示。

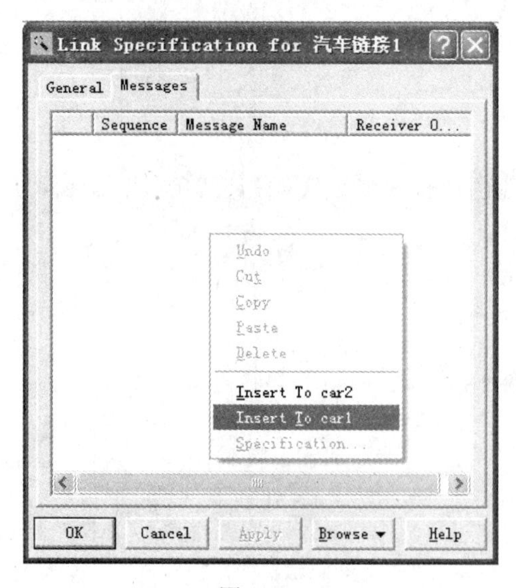

图 11.20

- 选择 Insert To car2 选项则创建的消息箭头指向 car2。
- 选择 Insert To car1 选项则创建的消息箭头指向 car1。

（5）单击图 11.18 的“汽车链接 2”，弹出的界面除 Name 为“汽车链接 2”外，其他各项均与“汽车链接 1”相同。

11.4.6 消息操作

（1）选择图 11.10 工具箱图标，分三次将其拖至模型图窗口，将三个对象命名为 subway1、subway2，subway3。

（2）将工具箱的、、图标，依次拖至协作图的模型图窗口，并根据需要进行命名，具体弹出的图形如图 11.21 所示。

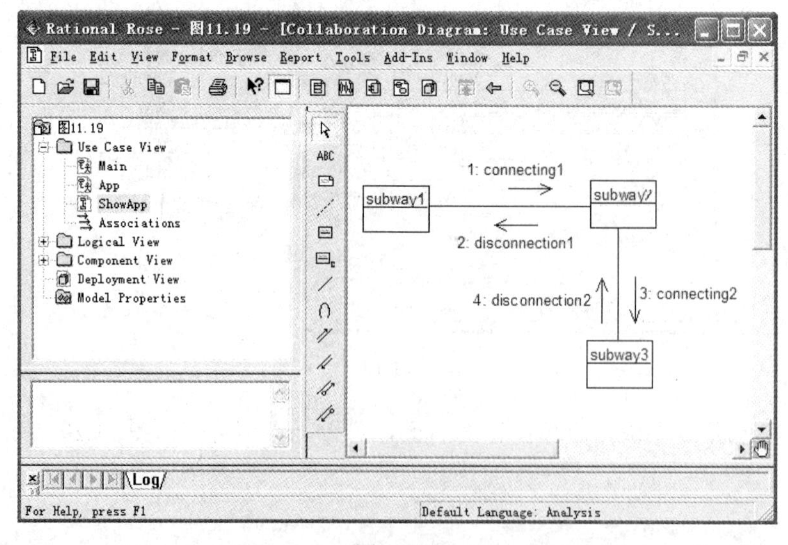

图 11.21

- 单击 connecting1 或其他消息，弹出的 General 面板和 Detail 面板与第 10 章顺序图的图 10.20 与图 10.21 相同。

11.5 业务建模——构建车辆行政管理系统的协作图

根据 UML 交互应用场景的需要，可以发现协作图与顺序图之间存在着必然的转化基础。

1. 借款协作图

员工的借款过程协作图绘制步骤如下：

01 打开 Rose 7，在浏览器中的逻辑视图名称 Logical View 上单击鼠标右键。在弹出的快捷菜单下选择子菜单 Collaboration Diagram。

02 将协作图生成的名称 NewDiagram 修改为“借款”，弹出的图形如图 11.22 所示。

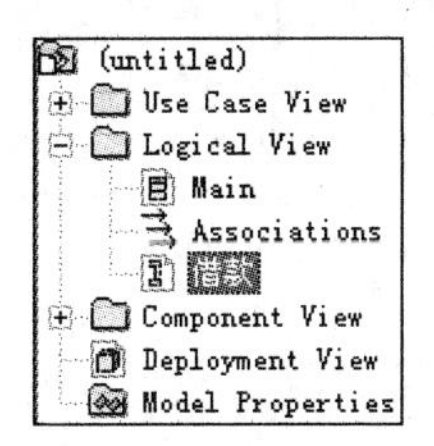

图 11.22

03 在 Use Case View 上单击鼠标右键，在弹出的快捷菜单下选择 Actor 的图形。并将 Actor 图标命名为“财务经理”，如图 11.23 所示。

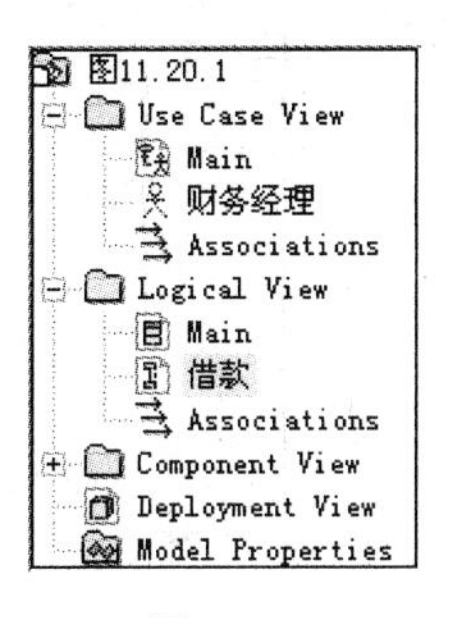

图 11.23

04 单击 借款，将 财务经理 拖至协作图模型图窗口，弹如出图 11.24 所示界面。

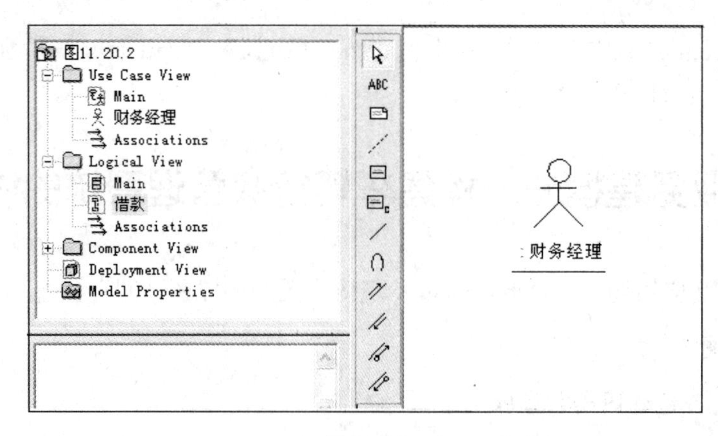

图 11.24

05 选择、、、图标，根据需要将其拖至协作图模型图窗口，具体图形如图11.25所示。

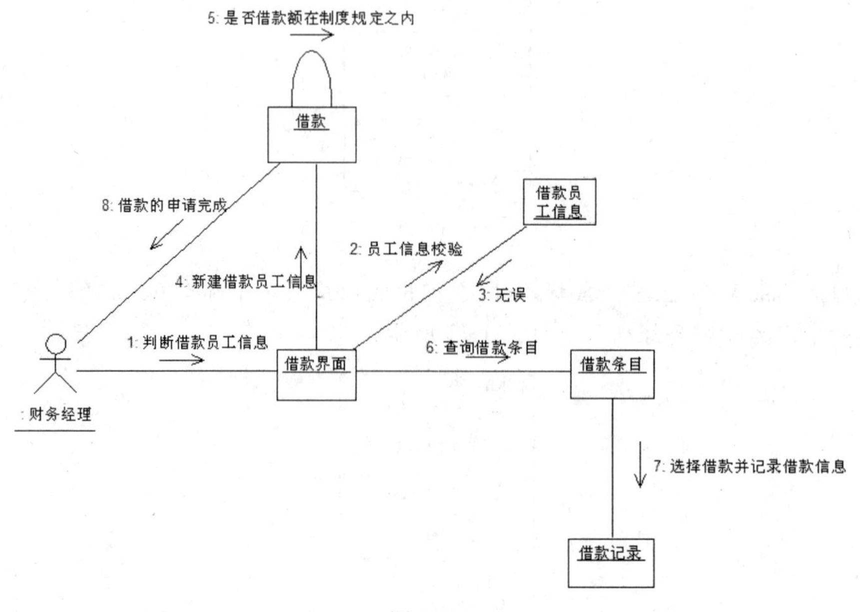

图 11.25

注意：

单击浏览器中的视图名称 Use Case View，创建协作图也可以达到同样效果，并且无需调用 Logical View 窗体。

2. 还款协作图

员工的还款过程协作图绘制步骤如下：

01 与借款相同。

02 将协作图生成的名称 NewDiagram 修改为还款，弹出的图形如图 11.26 所示。

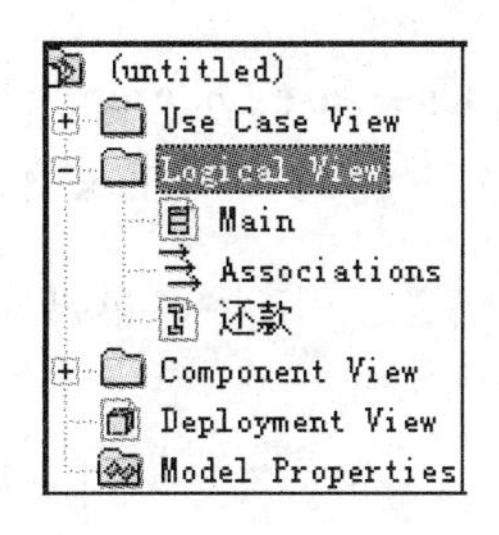

图 11.26

03 在 Use Case View 上单击鼠标右键，在弹出的快捷菜单下选择 Actor 图形。之后再做相同操作生成两个 Actor 图标，并各自命名为借款员工、财务经理。操作完成后将会弹出如图 11.27 所示的图形。

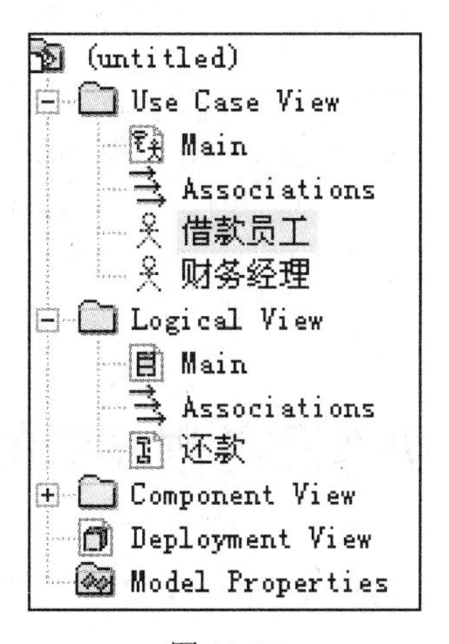

图 11.27

04 单击 还款，将 借款员工、 财务经理拖至协作图模型窗体。弹如出图 11.28 所示界面。

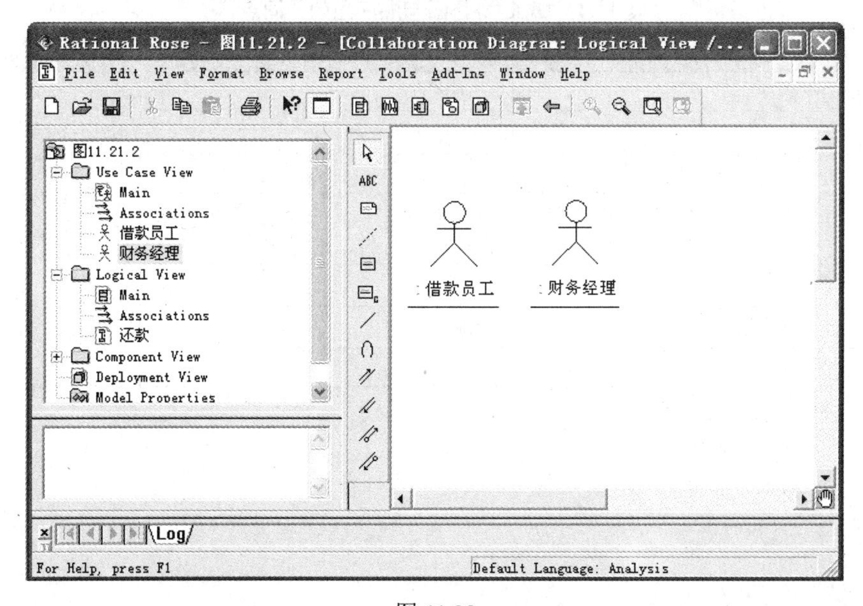

图 11.28

- 借款员工、财务经理可以拖至 Use Case Diagram 的模型图窗体，进行业务建模。
- 协作图中的 Actor 有下划线与分号，用例图中没有。

05 选择图 11.28 中的、、、图标，根据需要将其拖至协作图模型图窗口，具体图形如图 11.29 所示。

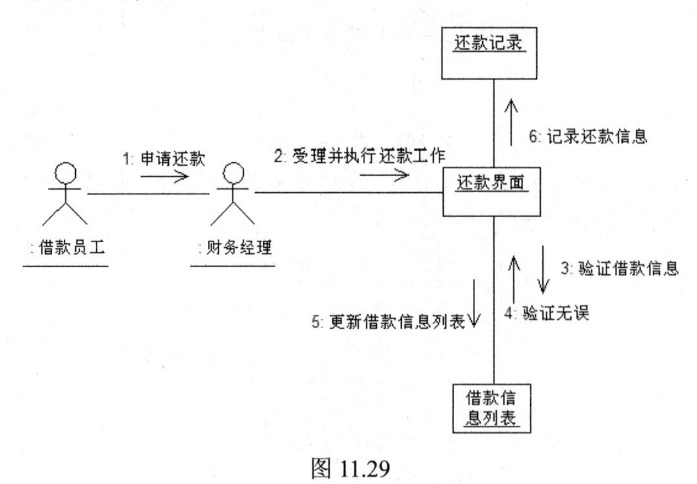

图 11.29

11.6 协作图与顺序图的对比

从软硬件系统在 UML 交互应用的角度分析，必然会发现一些协作图与顺序图之间的关联与区别。

UML 协作图与顺序图的具体异同点如表 11.1 所示。

表 11.1 UML 协作图与顺序图的异同点

<table>
<tr><th colspan="3">区别</th><th>相同点</th></tr>
<tr><td>元素</td><td>协作图</td><td>顺序图</td><td rowspan="7">协作图与顺序图都隶属于交互图体系
协作图与顺序图均体现有关面向对象方面的动态关系
协作图与顺序图均包含对象与消息</td></tr>
<tr><td>生命线</td><td>无</td><td>有</td></tr>
<tr><td>激活器</td><td>无</td><td>有</td></tr>
<tr><td>消息</td><td>消息处于完成某用例时间段内，重点在于各种对象间的协作</td><td>消息偏向于说明与对象之间形成合作关系时传送消息时的顺序</td></tr>
<tr><td>路径</td><td>有</td><td>无</td></tr>
<tr><td>消息顺序</td><td>必须要有编号</td><td>无编号也可</td></tr>
<tr><td>链接</td><td>有</td><td>无</td></tr>
</table>

第 12 章

具体事宜具体处理——用例图

12.1 定义

当面向对象领域的初始阶段或采用软件工程的固有举措时，往往运用自然语言去表达各类软硬件系统的功能要求。如此一来将导致格式多样化，无法形成规范的表现形式。并且增加了弹出理解偏差的可能性。

鉴于此种情形为解决功能描述与理解层面的各种问题用例图应运而生。

在了解 UML 用例图的各种细节与应用之前，需要先掌握用例的相关理念。

所谓用例可以从服务角度展开思考，用例代表软硬件系统的表面事件与系统之间的沟通，它面向系统的功能层面来表现服务。

用例图是一种将用例与软件工具相结合的图形表现方式，它的着眼点在客户的需求范围；从为何客户需要建设相应系统的思路分析，得出客户真实的想法与需要，从而为后续软件建设工作的开展打好良好的需求基础。

UML 用例图包括某些用例和角色以及相互之间的对应关系，它的具体元素构成如图 12.1 所示。

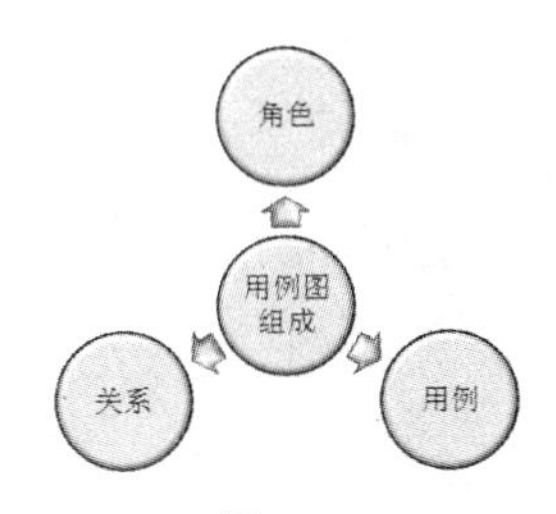

图 12.1

- 角色是指参与有关活动的多种人或事物。
- 当前用例图也可以增加包，以方便对元素范围的扩展与细分。

在需求描述中，图 12.2 可以使人有清晰的了解。

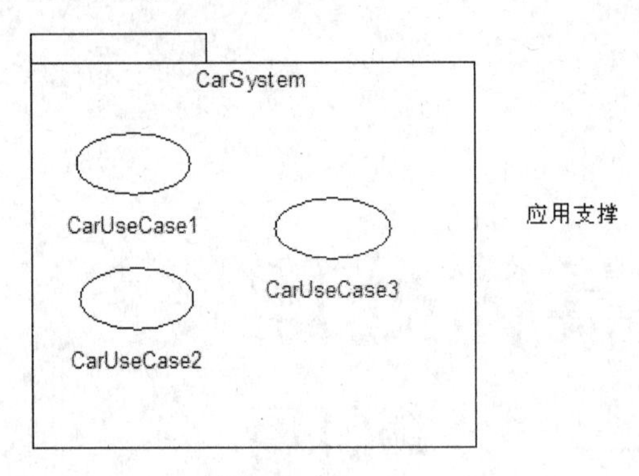

图 12.2

- CarSystem 是一个汽车系统。
- 它包括三个汽车用例，即三项功能需求。
- 外有应用支撑。

但是图 12.2 没有表述为何需要使用三个用例，汽车系统与应用支撑的关联也未说明。

此时，必然需要增加角色（即具体哪些人或事物去使用用例）。以达到正确校验用例的无误性，当然交互关系也要绘制清楚，具体画法如图 12.3 所示。

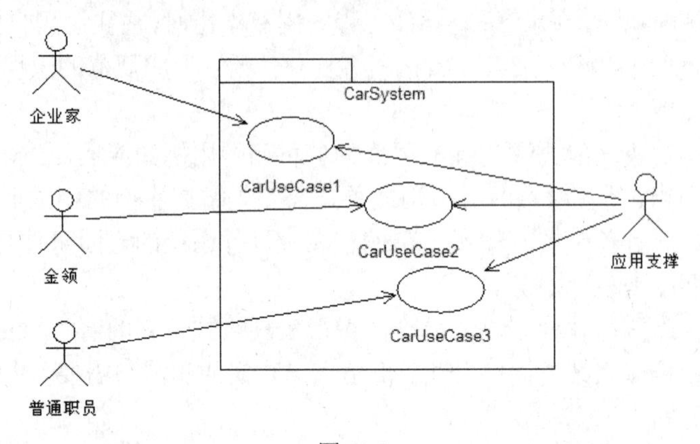

图 12.3

- 企业家角色使用 CarUseCase1。
- 金领角色使用 CarUseCase2。
- 普通职员角色使用 CarUseCase3。
- 应用支撑为 CarUseCase1、CarUseCase2、CarUseCase3 提供系统运用的支撑条件。

12.2 主要组成元素

1. 角色（Actor）

作为各种软硬件系统的应用者，它参与了多项内容各异的活动。

角色处于系统边界的表面之外，不能算是系统的内部组成。

然而，角色尽职尽责的控制着相关用例的操作，它可以有效的表示某些人或设施以及其他系统。

例如图 12.4 就体现了角色的具体活动。

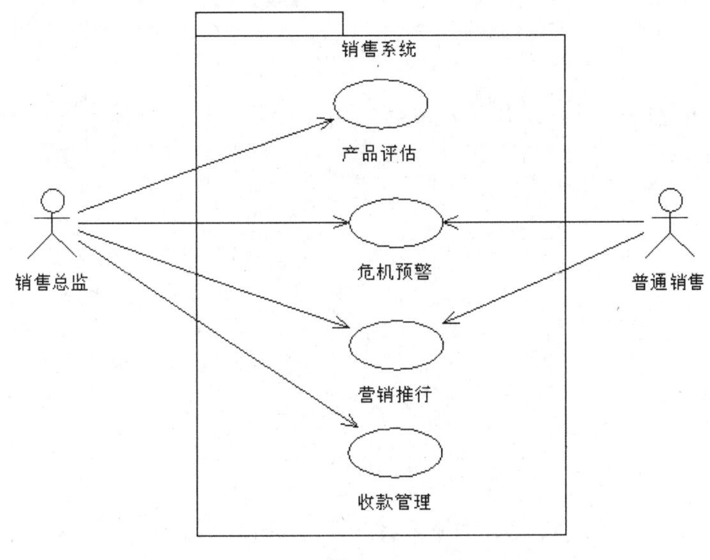

图 12.4

- 销售总监、普通销售是销售系统之外的两种人。
- 销售总监与普通销售都需要借助销售系统去开拓业务，两者必然与销售系统产生需要交换的内容。因此，销售总监与普通销售成为了两种角色。
- 人形图标用于代表角色。

同时，角色也存在着面向对象的泛化关系。

例如，软件系统最为常用的用户管理，它必然需要配置一些角色与权限。常规用户与超级管理员用户以及多个专有模块的操作用户，三者之间就形成了泛化关系。超级管理员用户、模块的操作用户继承了常规用户的一些特征与所有权限。

再者，根据实际情况在销售系统内部对销售人员进行细分。其中，普通销售，完全可以通过性别与学历进行有效界定。性别分为男销售、女销售，学历分为研究生、本科生、专科生、高中生。

具体图形表现如图 12.5 所示。

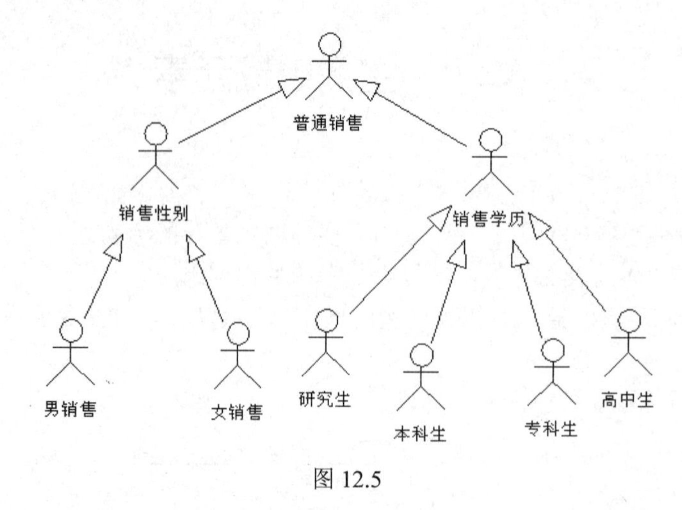

图 12.5

此外，对于角色的应用设计开发人员需要关注一些要点，具体内容如图 12.6 所示。

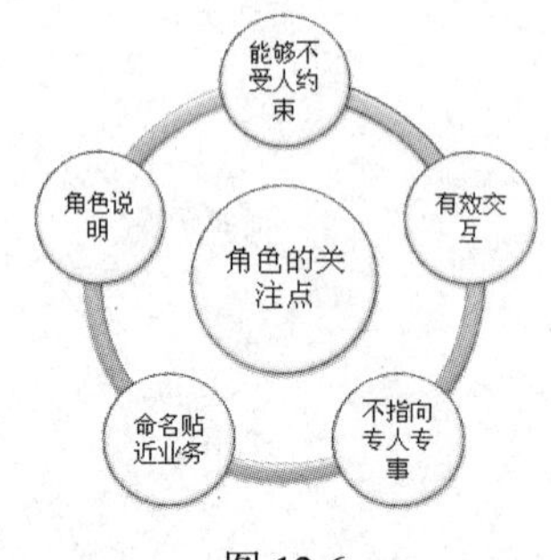

图 12.6

- 能够不受人约束：角色从软硬件系统的存在分析，由于角色总是在系统之外的方式显示，因而不一定必须接受人的约束。
- 有效交互：角色能够以直接或间接接触的方式与系统进行有效交互，并且可以调用系统供给的各项服务以实现事务的目标。
- 不指向专人专事：角色体现的是与系统交互阶段产生的参与角色，并不代表特别指向的专人专事。
- 命名贴近业务：角色与业务的情境描述要贴近，便于快速理解。
- 角色说明：无论针对存在的何种角色，需要从业务应用层面将它们表达清楚。

2. 用例（Use case）

如何取得用户的相关需求是软件系统早期阶段的工作重点，而用例则能将软硬件系统可以提供的各类功能与服务进行有效的说明。

关于各种用例的有效启动方式较多，何种角色处于何种情形之下，将开展一至多个用例的具体操作。

例如，农民王东在农田中种植水稻时，被太阳晒得口渴，就去小吃部购买冰汽水解渴，这就说明“王东”为何购买冰汽水的原因。

此外，用例的特点比较鲜明，具体要点如图 12.7 所示。

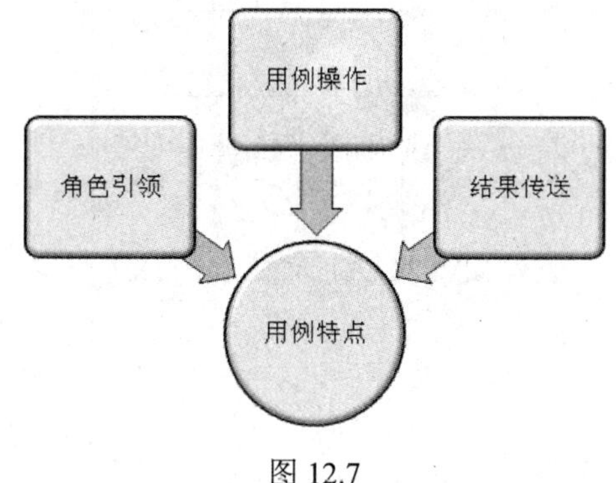

图 12.7

- 角色引领：正常情况下，一般需要角色去引领用例的实施。
- 用例操作：角色的使命需要用例来操作，并告知最终的状态。
- 结果传送：用例获取角色从外至内的各项输入，并将自身弹出的已有事物结果传送至角色。

用例的表现，例如在手机销售系统内部，会员可“搜索手机的基本情况”、“购买手机”，系统产品专人可对手机产品的基本情况进行维护，如“添加新的品牌手机”、“修改手机产品的报价”，“撤销某类手机型号”等，此种执行动作均为系统可供给的功能或服务。因而，它们均是用例的表现。

有关 UML 体系内部对于用例如何具体展开的表现方式并不复杂，运用普通的椭圆标识就能有效地体现用例，具体表现如图 12.8 所示。

图 12.8

再如，去酒店吃饭，可以电话预约包间、选择菜肴、付款餐费，三者均为用例的有效体现，具体表现如图 12.9 所示。

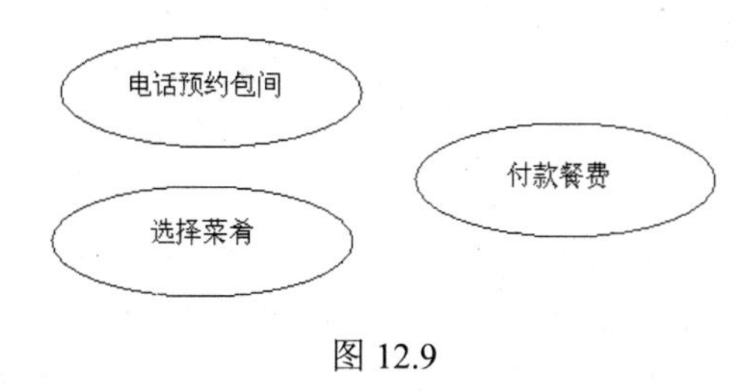

图 12.9

3. 用例关系

用例相互间还是存在着一些特别的关系，目前业界认定的关系如图 12.10 所示。

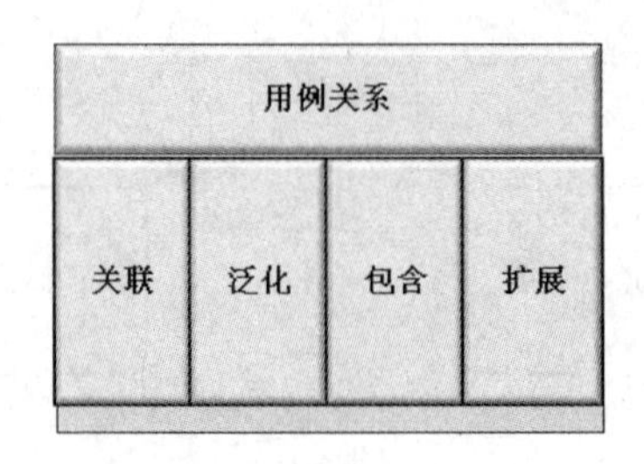

图 12.10

（1）关联

关联是指根据角色的目标接合用例所倡导的方向产生的联系。

本关联主要针对角色和用例去说明两者之间的互相应用，侧重点在于事物的联系角度。例如，现在社会中处于就业阶段的人，他们的生活中必然与上班、就餐相联系，具体内容如图 12.11 所示。

多个角色完全可以允许探望同一用例，例如，无论是大学生、高中生还是初中生，以上各类学生都可以去书店买书，也可以去同一家餐厅就餐，具体表现图形如图 12.12 所示。

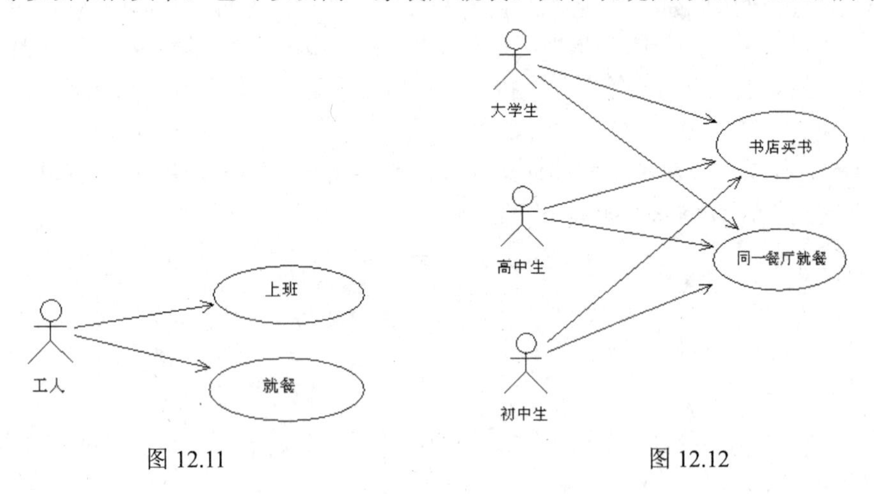

图 12.11　　　　图 12.12

（2）泛化

无论是软硬件系统的不同角色之间，还是不同用例之间，两者均可以拥有着普通和特殊的关系。

角色之间的泛化表现在图 12.5 已描述过，此处不再多举例。

用例的泛化应用价值在于继承的概念，即子用例完全可以拥有父用例包含的全体构造。

在国内的财务行业，有许多有关用例之间的具体泛化表现，例如，财务部门的会计制作财务报表时，一般情况下需要考虑体现包括年度、季度、月度的财务数据。

具体表现如图 12.13 所示。

- 财务统计是父用例。
- 月度、季度、年度财务统计是子用例，并继承财务统计的全体构造。

此外，对于泛化的应用还可以进一步拓展，即子用例能够在合理情况下，再派生出下一级别的新用例，如图 12.14 所示。

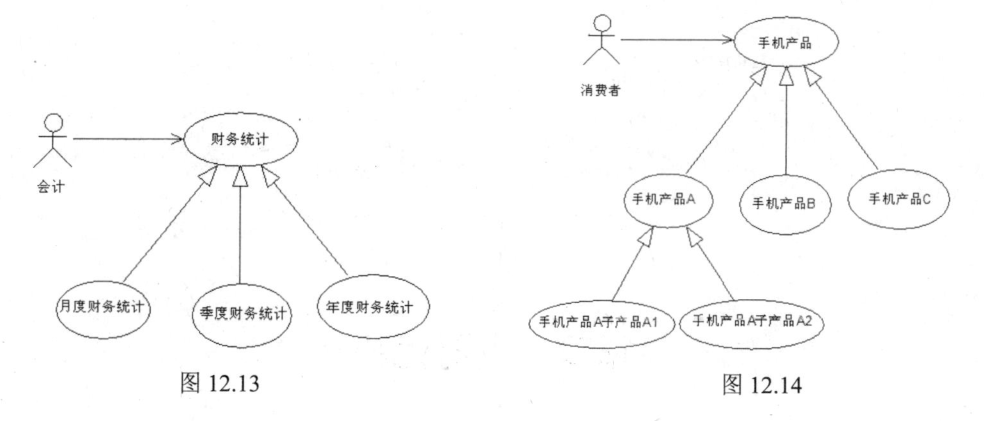

图 12.13　　图 12.14

- 手机产品为顶层父用例。
- 手机产品 A、手机产品 B、手机产品 C 为手机产品的子用例。
- 手机产品 A 子产品 A1、手机产品 A 子产品 A2 为手机产品 A 的子用例。

如果消费者直接运用了“手机产品 A”，则不能是手机产品的直接角色，如果消费者直接运用了手机产品 A 子产品 A1 则不能是手机产品 A 的直接角色。原因在于角色直接调用子用例之后，不可再承担其父用例的角色。

（3）包含

寻找不同用例互相之间产生的具有依赖性质的关系即是包含。

简单来讲，包含者将被包含的用例当作其附属部分而已。

有关包含现象的现实情境，在饮食行业中比较容易发现。比如，可以发现面包店制造的果料土司面包含了水果、白糖、芝麻以及面粉等材料，如图 12.15 所示。

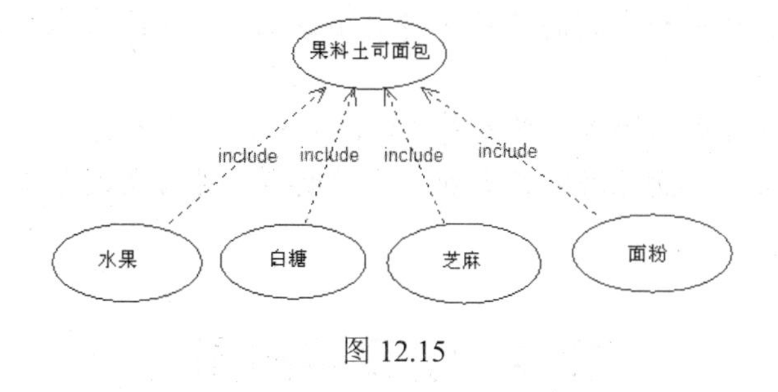

图 12.15

（4）扩展

在根源上将用例进一步的拓展，就是使用的扩展。

从延伸的角度去看待某种扩展用例，可以发现在原始用例的基础上，具备一些关于扩展的选择点。

例如，软件平台中经常弹出的年度发展趋势分析功能，可以允许注册账户将分析数据转变为 Excel 导出，也可以提供数据交换功能。其中，导出、数据交换与趋势分析各自独立存在，并且为趋势分析增添了新的动作，具体表现如图 12.16 所示。

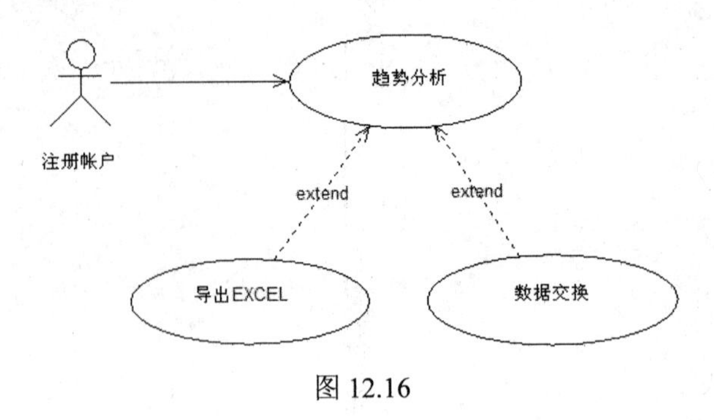

图 12.16

12.3　应用优势

当前，在大多数的软件公司当中，UML 用例图的构建在软硬件系统前期的业务建模与需求阶段使用得十分广泛。

究其原因在于用例图具备了一些较为明显的优势，具体表现如图 12.17 所示。

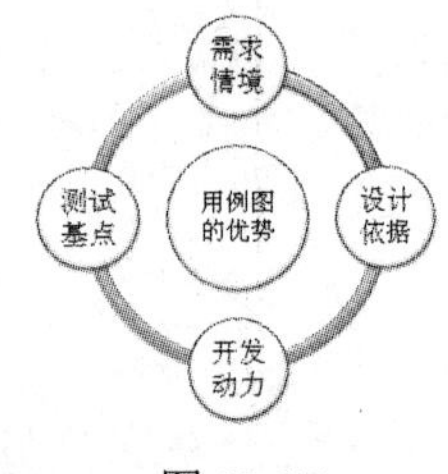

图 12.17

- 需求情境：对于准备开始开发的平台与可能涉及的情境进行有效地阐述，有助于促进设计开发人员的理解。
- 设计依据：将系统希望达到的结果和内容相匹配，给系统未来可以达到的设计目标提供前瞻性的依据。
- 开发动力：系统开发工作的开展急需用例的应用，它为开发不断前行提供动力支持。
- 测试基点：关注于各种系统的校验和需求的明确，为各类测试工作提供扎实的需求基础。

12.4　创建用例图

12.4.1　新建用例图

有效地体现与理解客户的需求，离不开用例图的构建，在 Rose 7 中创建用例图，可采用以下标识符。

（1）打开 Rose 7 后，单击浏览器中的视图名称 Use Case View，弹出的图形如图 12.18 所示。

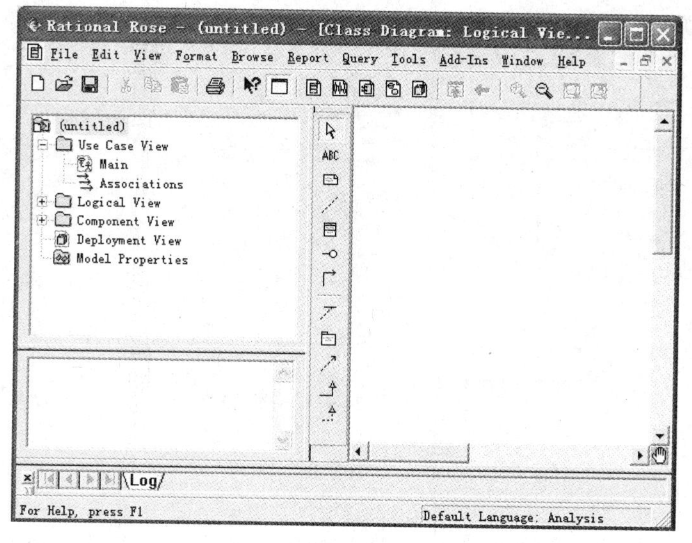

图 12.18

（2）在 Use Case View 上单击鼠标右键，弹出快捷菜单，再选择其下级菜单 Use Case Diagram，将弹出图 12.19 所示对话框。

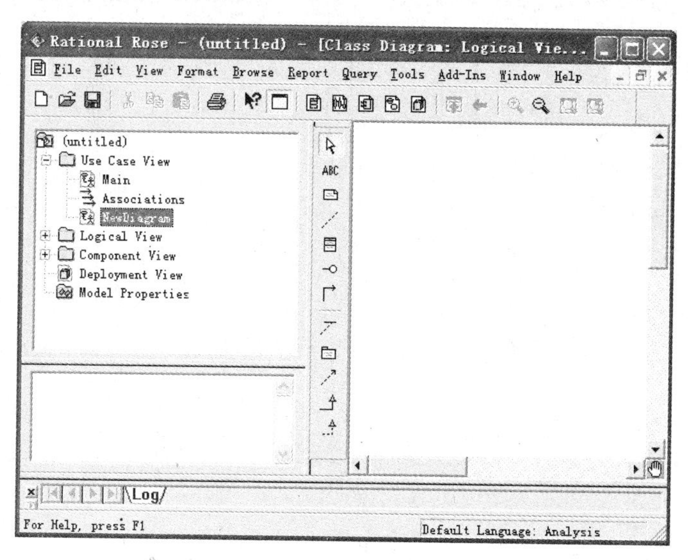

图 12.19

（3）单击 Main或 NewDiagram，均弹出用例图的模型化窗体，如图 12.20 所示（图标中文注释部分为工具箱）。

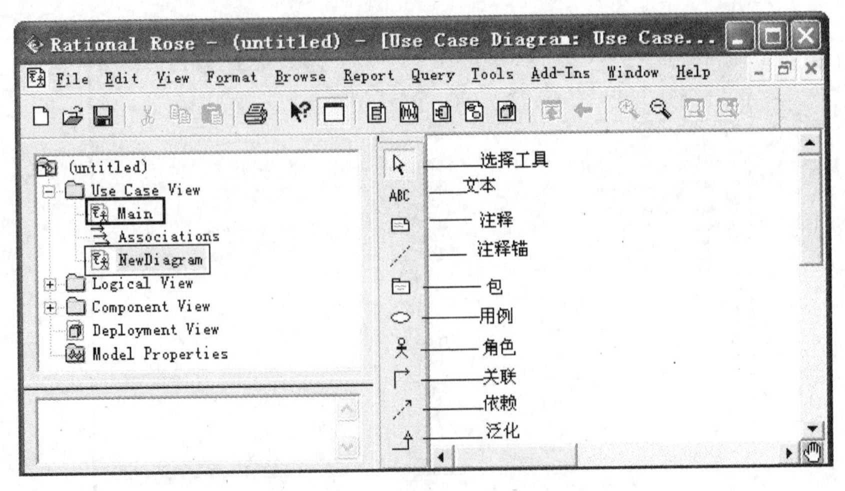

图 12.20

（4）选择如图 12.21 所示的工具箱图标，视具体业务需求进行图形绘制。也可以选择 Tools →Create 下属的子菜单，具体图形如图 12.21 所示。

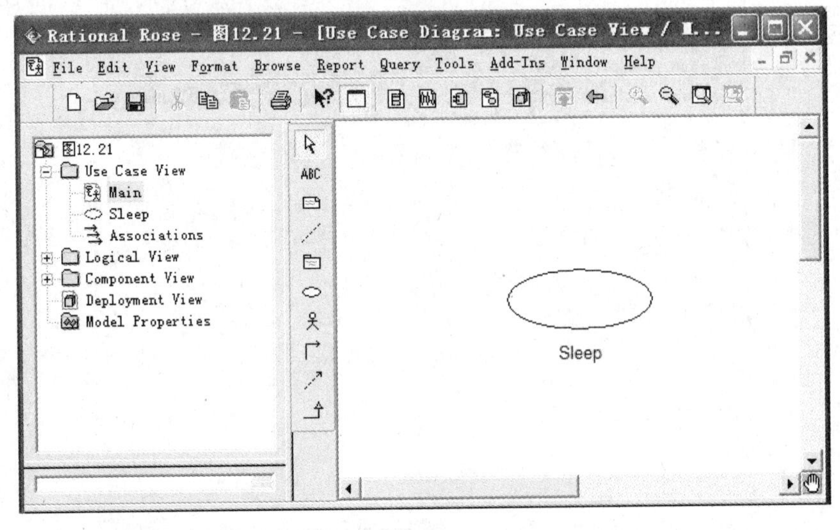

图 12.21

12.4.2 用例图主要操作

新建用例图后，在浏览器窗口能够修改用例图的名称或新增文件与 URL 地址，并对用例图执行删除操作。

例如，新建名叫 Showboy 的用例图，选择 Showboy 图标单击鼠标右键，可以执行的用例图操作菜单如图 12.22 所示。

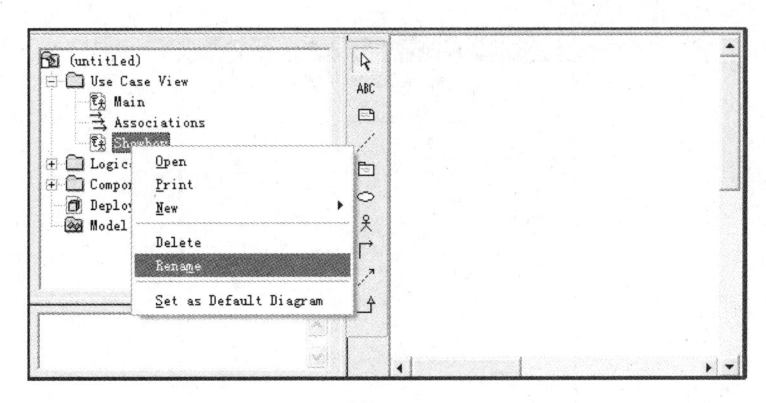

图 12.22

- 单击 New 可以弹出 File 与 URL，即添加文件或 URL 链接地址。
- 单击 Rename 后，可直接对 Showboy 的名称进行修改。
- 单击 Delete 后，用例图将不复存在。
- 单击 Set as Default Diagram，将用例图设置为默认图形。

12.4.3 角色与用例操作

1. 角色操作

将工具栏图 12.20 的图标或选择 Tools→Create→Actor 子菜单，将其拖至用例图的模型图窗口。

此时，新增了某个角色，将该角色命名为 Superboy，具体图形如图 12.23 所示。

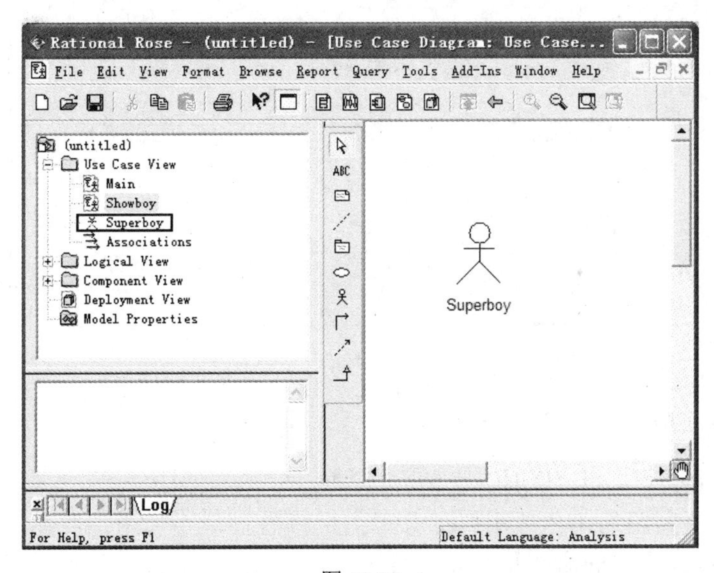

图 12.23

单击 Superboy 图标，弹出如图 12.24 所示对话框。可以对角色名称进行修改，也可以根据需要选择 Stereotype 或对 Documentation 进行填写。

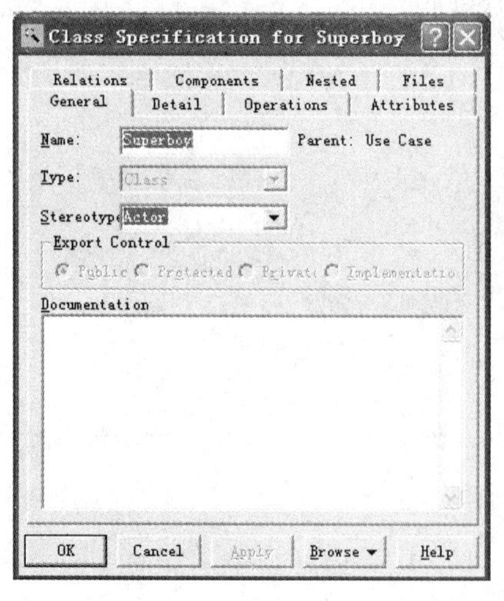

图 12.24

Detail、Operations、Attributes 标签与类图中规范一致，只是部分表现内容被禁止选择与填入内容。

2. 用例操作

将工具栏图 12.20 的⬭图标或选择 Tools→Create 中的 Use Case 子菜单，将其拖至模型图窗口，此时，新增了某个用例，将用例命名为 Sleep，具体图形如图 12.25 所示。

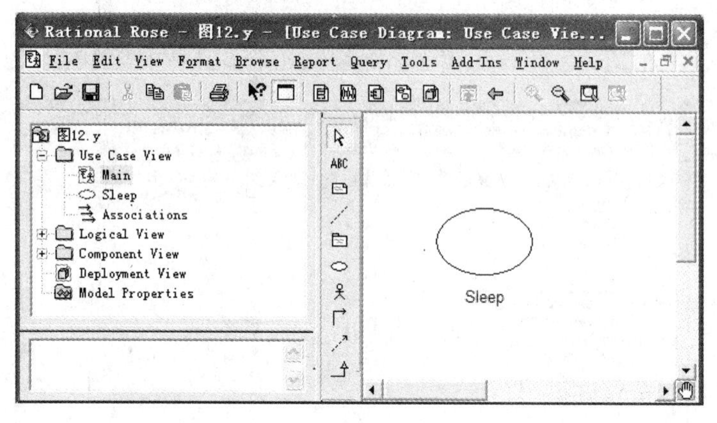

图 12.25

3. 删除角色或用例

在快捷菜单中选择 Edit→Delete 或者按键盘的 Delete 键无效。

在已创建的用例图的角色或用例部分单击鼠标右键，在弹出的快捷菜单中选择 Edit→Delete from Model 命令。此时，角色或用例将真正删除。

12.4.4 关系操作

（1）先将工具栏图 12.20 的 ⚲、⬭图标拖至右边模型窗体。

（2）再将↱、↗、↲图标根据需要拖至模型窗体的웃、⬭之间。

（3）在웃、⬭中录入名称。

例如，一个公交公司的排班子系统，只有工作人员登录系统之后，才可以在公交班次管理模块中进行增加或修改班次活动，如图 12.26 所示。

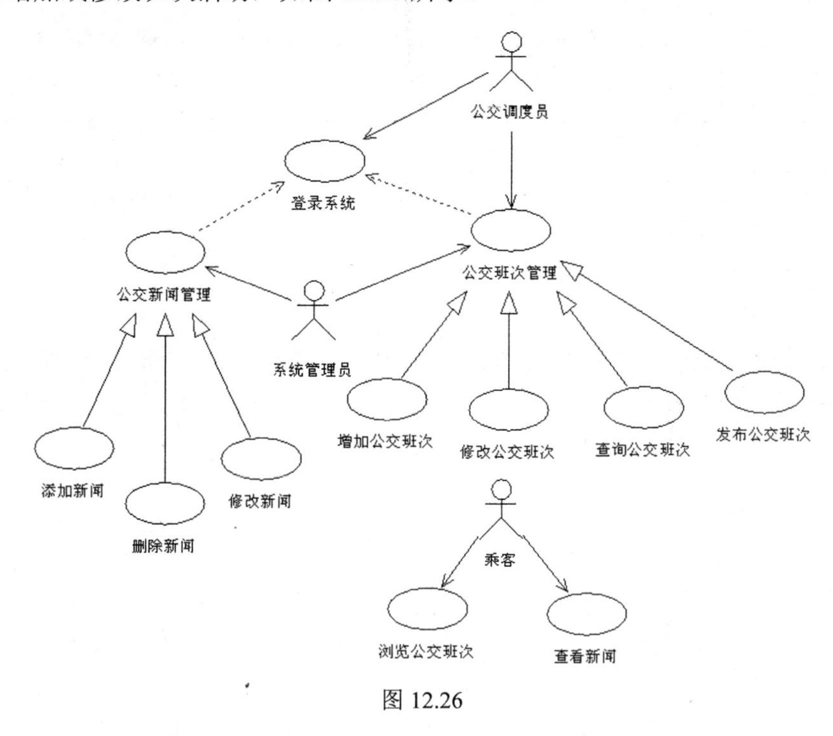

图 12.26

12.5 业务建模——构建车辆行政管理系统的用例图

车辆行政管理系统的需求包含的模块内容不少，主要模块由车辆管理、物品采购、人事管理、进修管理、生活贷款管理，员工绩效管理组成。

1. 车辆行政管理系统需求概述

（1）车辆管理

- 车辆管理员记录各种“车辆与加油卡”的使用情况，并负责各类票据的真假检验工作。
- 驾驶员登记车辆出车、加油卡充加油、车辆修理，车辆过收费站等各项记录，并提交给车辆管理员查看。
- 车辆管理员对驾驶员登记的所有记录进行查看，以防止弹出虚假错报的问题，并从中提出节油增效建议。

（2）物品采购

- 高级采购员采购高价汽车配件以及其他物品，普通采购员采购普通汽车配件与其他物品。

- 实习采购员跟随高级与普通采购员学习采购技巧，并记录采购清单。
- 高级采购员、普通采购员查阅采购清单，并指导实习采购员。
- 高级采购员维护采购信息。

（3）人事管理

- 薪酬专员登记入职员工的薪资、社保福利、绩效考核信息，根据领导要求对各类员工进行薪酬的调整。
- 人事经理负责人员招聘、合同编制以及人员培训等方面的策划与执行，并对人事部进行人员管理。

（4）进修管理

- 单位职员根据单位进修计划明细表，对照自身的学历、技能、岗位职级等条件，完成外出进修科目申请。
- 单位各级领导通过职员进修申请之后，职员需要在单位网页版系统中定期记录进修情况。
- 工会主任可对单位外出进修的员工，视具体情况进行各类学习过程跟踪，使单位领导及时了解员工进修动态。

（5）生活贷款管理

- 单位职员遇到各种生活困难，在了解单位的贷款制度后，可向上级领导提交生活贷款申请。
- 各级领导对职员的申请开展审阅工作。基层领导对职员申请进行审核，中层领导进行审批，主管领导完成终审。
- 财务人员按公司制度执行已通过审批的贷款申请，在规定限期内发放贷款，并说明还款时间。

（6）员工绩效管理

- 由单位设立三位普通职员兼任绩效考核员，按需要进行考核数据收集。
- 主要对员工定期进行绩效评分与等级划分，以督促员工提高工作能力。
- 工会主任对绩效进行审核，主管领导实现绩效的最终审批。

2. 构建车辆行政管理系统用例图

车辆行政管理系统核心功能由车辆管理、物品采购、人事管理、进修管理、生活贷款管理组成，各模块对应的部门与角色各不相同。

（1）角色情况

系统服务于车辆行政管理单位内部，面向的职员按岗位职责划分。

主要角色包括绩效考核员、车辆管理员、驾驶员、采购员（包括高级、普通、实习）、薪酬专员、人事经理、工会主任，以及通用的职员、基层领导、中层领导、主管领导。

其中，人事经理、工会主任的岗位职级属于中层领导。

图 12.27 对各类角色的关系进行了具体展现。

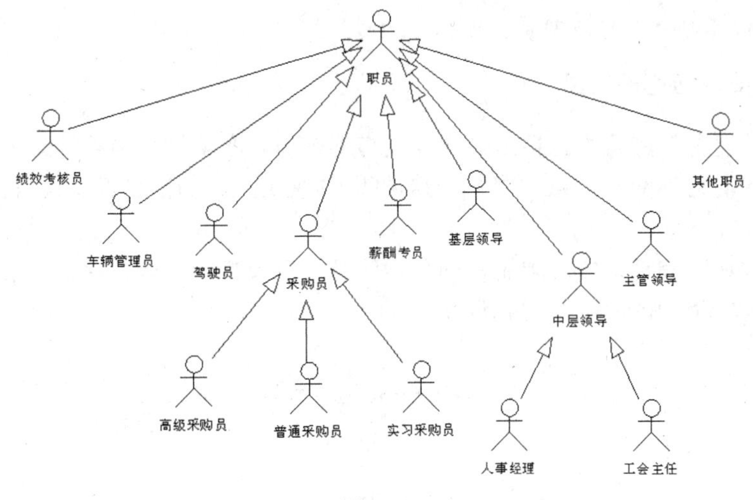

图 12.27

（2）总体设计用例图

车辆行政管理系统中的职员属于基础性角色，主要角色包括车辆管理员、采购员、人事经理、工会主任、财务人员以及绩效考核员。

车辆管理员主要对车辆的运行情况与相关费用进行管理，采购员面向单位所需的车辆配件与其他物品进行管理，人事经理面向单位的人事工作进行人事管理，工会主任面向单位有进修需求的各类职员进行进修管理；财务人员根据单位规章制度进行贷款的发放。

车辆行政管理系统的总体用例图如图 12.28 所示。

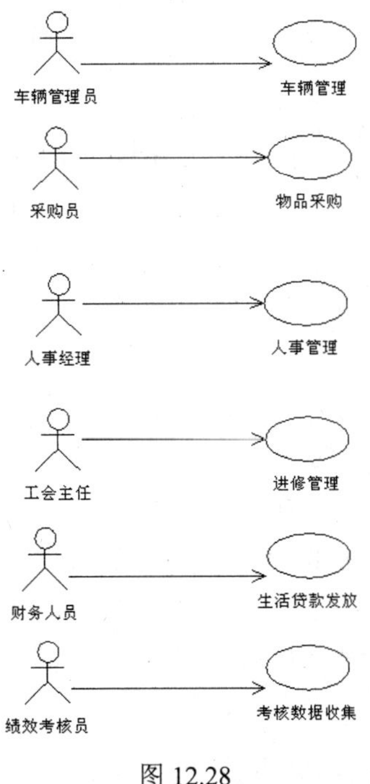

图 12.28

- 绩效考核员可以由其他职员兼职。

（3）车辆管理功能用例图

车辆管理功能参与的角色包括车辆管理员与驾驶员。车辆管理员能够处理车辆相关信息，主要包含车辆状况与加油卡信息。同时，能够打印驾驶员登记的信息以及视情况录入工作改进建议。

驾驶员主要如实登记单位要求的各种车辆信息，以及打印出来方便提供给上级查看。

车辆管理功能用例图如图 12.29 所示。

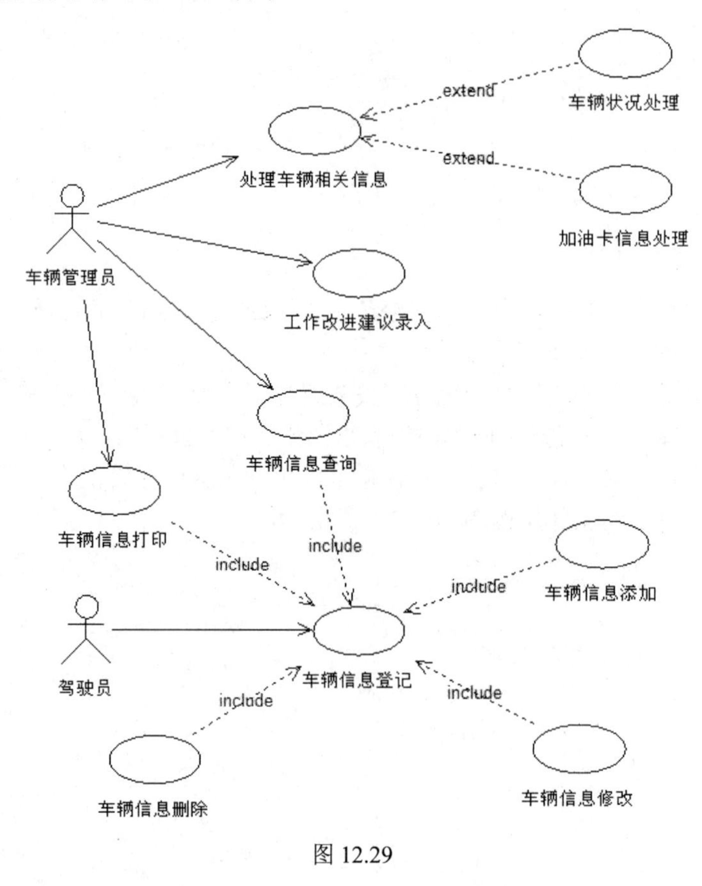

图 12.29

- 车辆状况处理、加油卡信息处理用例继承自“处理车辆相关信息”用例。
- “处理车辆相关信息”属于父用例。
- 车辆状况处理、加油卡信息处理属于子用例。
- 车辆信息登记包含车辆信息查询、车辆信息添加、车辆信息修改、车辆信息删除、车辆信息打印。
- 车辆管理员、驾驶员关联那些用例，代表可以使用那些功能。

（4）物品采购功能用例图

物品采购功能的用例图如图 12.30 所示。

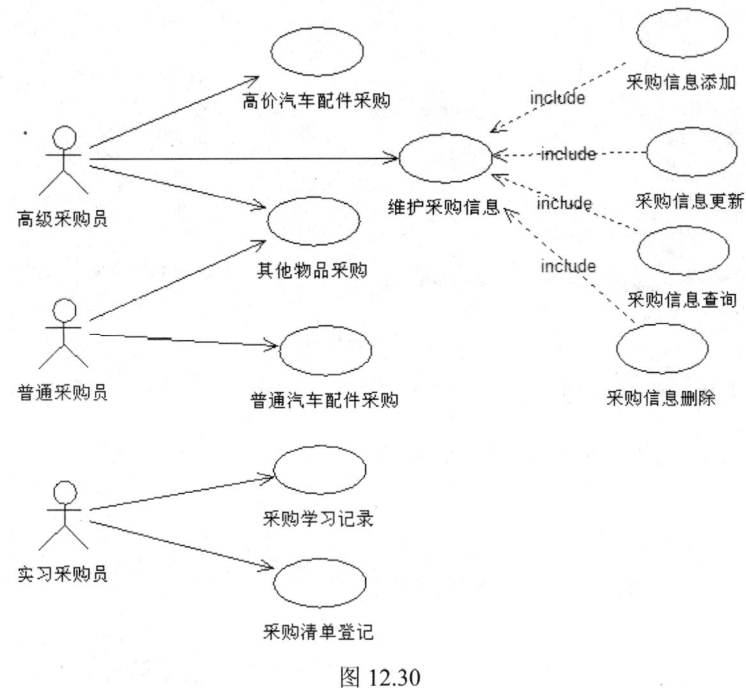

图 12.30

（5）人事管理功能用例图

人事管理功能的用例图如图 12.31 所示。

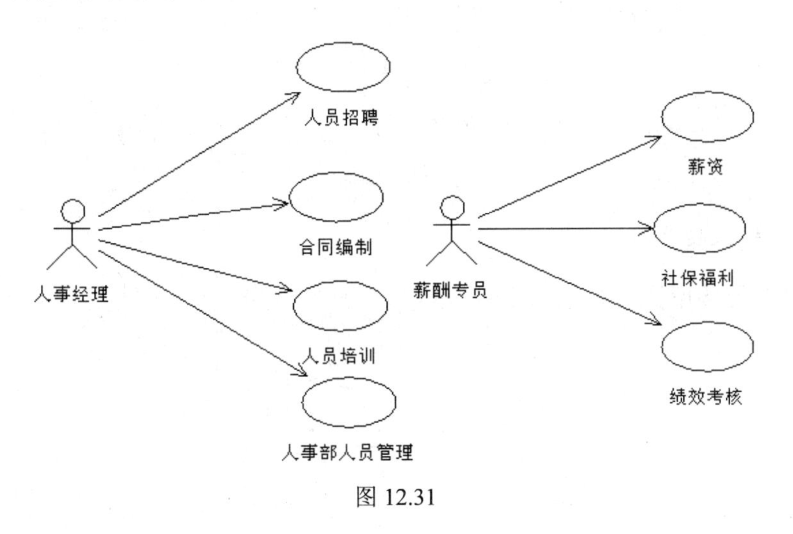

图 12.31

（6）进修管理功能用例图

进修管理功能的用例图如图 12.32 所示。

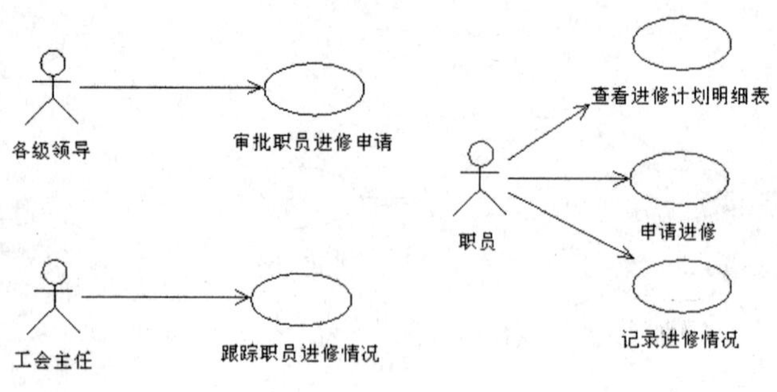

图 12.32

（7）生活贷款功能用例图

生活贷款功能的用例图如图 12.33 所示。

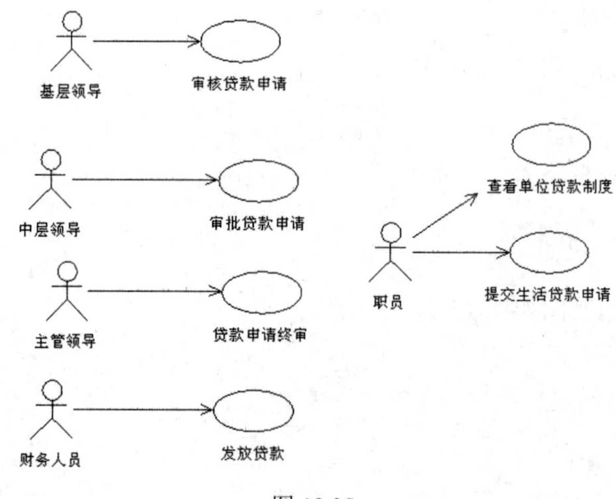

图 12.33

（8）员工绩效功能用例图

员工绩效功能的用例图如图 12.34 所示。

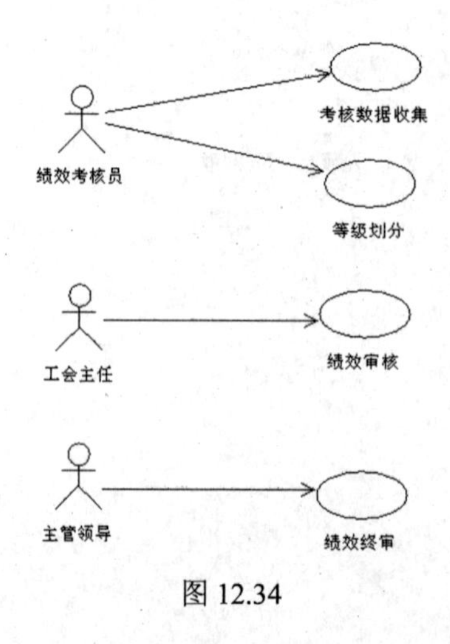

图 12.34

第四部分

在实战中应用之案例

第 13 章

网上售书系统

13.1 网上售书系统的需求分析

当前随着科技文化与 IT 技术的飞速发展，人们的消费模式与思维理念发生了不少的变化。其中，在线购物逐步成为了中青年人群的购物习惯之一。为了降低图书企业的运营费用与提高客户的购书满意度，可以开发网上售书系统为图书企业提供良好的售书运营平台。从而使读者可以快速找到所需的书籍，也帮助图书企业的管理者们可以及时的转化经营理念与销售策略。

1. 需求功能说明

（1）网上售书系统的功能性说明主要描述系统可以实现的多种功能，它为系统的设计开发与部署维护提供扎实的参考依据。

网上售书系统的功能要求如下：

- 消费者可以在线注册为会员。
- 会员运用名称与密码去登录系统。
- 会员可以检索图书信息，并查看图书出售明细信息。
- 会员可以在线修改登录密码以及相关私人信息。
- 会员能够在线下订单购买图书。
- 会员可以在线支付图书款项，也可以等快递员送货上门后现场支付。
- 系统对会员的权限进行控制，并根据购书情况进行会员分级。
- 系统管理人员可以重新设置会员的密码。
- 系统为会员提供便捷的购书筐服务。
- 系统提供专人可对系统各栏目进行维护。

- 系统提供图书管理员，对图书类别、图书信息明细进行维护管理。
- 系统提供专人负责订单与图书外送服务。

（2）网上售书系统的非功能性说明也比较重要。

1）系统在触发一般性查询条件时的响应时间小于 3s。
2）大数据查询时间小于 20s。
3）系统具有较好的“配置与扩展”能力。

2. 模块划分图

网上售书系统的模块划分图，分为前台与后台两大部分。

模块的内容如图 13.1 所示。

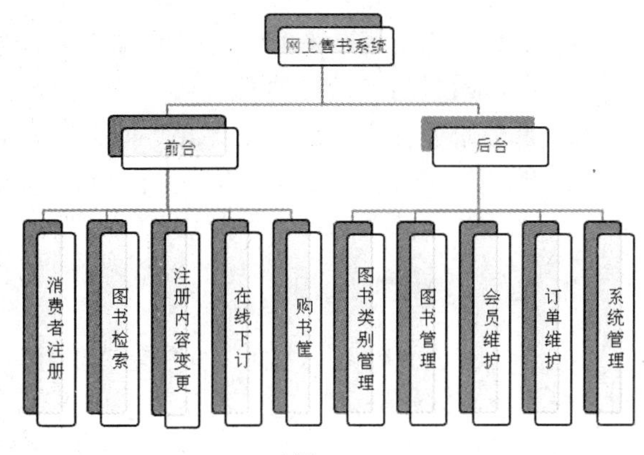

图 13.1

- 网上售书系统：包含前台与后台两大子系统。
- 前台：主要给消费者展现注册会员界面，用于消费者的注册、图书商品的检索、会员注册明细的修改以及在线订购图书等。
- 后台：主要展现系统管理人员或其他专职人员所拥有的各种功能，具体内容包括图书类别的管理、图书的管理、会员信息的维护，订单的维护管理以及系统全方位的维护与管理事项。
- 消费者注册：为各类消费者群体提供在线的网络会员注册，以方便开展图书的查询与购买。
- 图书检索：为已注册会员提供多类型的高级检索功能。
- 注册内容变更：当已注册会员个人信息产生变化时，可以对填写的各项注册内容或密码进行修改。
- 购书筐：为会员提供保存所需购买图书的在线场所，并且图书能够较长时间存在其中。
- 图书类别管理：为了更加清晰的在网站前台显示图书的分类信息，系统的后台管理员针对图书的各个类别展开具体的维护与管理。
- 图书管理：为了更好的在网站前台显示更多的图书信息，系统的后台管理员针对图书所有存在的图书进行具体的维护与管理。
- 会员维护：系统维护人员对注册的会员进行维护。
- 订单维护：系统维护人员对会员下的订单进行维护。
- 系统管理：系统管理员对系统所需的各项模块栏目进行维护与管理，对整个后台子系统的用户拥有管理权限。

13.2　网上售书系统的基础建模与设计

13.2.1　网上售书系统的用例图

1. 网上售书系统的总体用例概述

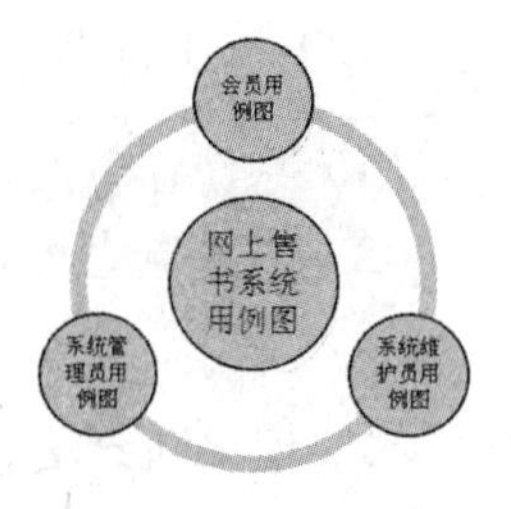

图 13.2

根据网上售书系统的需求不难发现，该系统涵盖的用例主要包括三大块；该三大块的应用主要从角色层面去分析，具体内容如图 13.2 所示。

- 会员用例图：主要说明消费者的在线注册、注册信息的相关变更、所需图书的查询与购买。
- 系统维护员用例图：主要表达对会员与其所下订单的各种维护，由系统管理员创建。
- 系统管理员用例图：主要说明系统管理员对图书类别与商品方面，以及其他各项模块栏目的维护与后台用户管理。

2. 会员相关的用例图

在会员相关的用例图方面，注册登录账号和图书购买均为会员在系统中执行的动作，当然会员自然也可以根据需要进行账号信息的变更，这是一种属于具有扩展性质的继承关系。

从同样角度去分析，在线查询所需要的各种图书、在线下订单也是图书购买的信息扩展。

基于以上情形，可以清晰地发现“注册登录账号、图书购买、查看购书筐，查询图书信息”与网上售书系统都存在关联关系。

在 Rose 7 中创建本会员的用例图，可采用以下标识符。

打开 Rose 7 后，选择工具栏的 、 、 、 、 图标或选择 Tools→Create 菜单中的 Actor、Use Case 等子菜单，将其拖至用例图的模型图窗口，具体图形如图 13.3 所示。

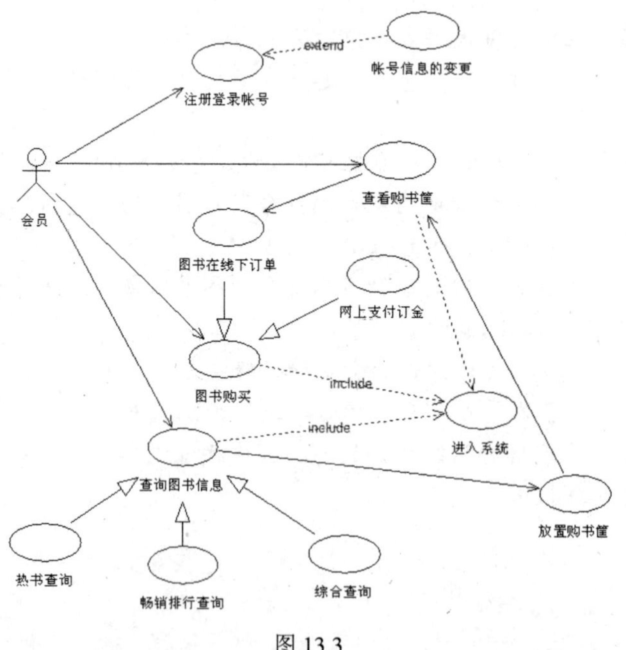

图 13.3

- 热书查询、畅销排行查询、综合查询用例，属于“查询图书信息”用例所属的继承子用例。
- “查询图书信息”用例之后，进入“放置购书筐”子用例。
- 执行“查看购书筐”用例之后，下一个环节可以执行“在线下订单”用例，因而两者自然有着关联关系。
- 进入系统用例包括图书购买、查看购书筐、查询图书信息用例。

3. 系统维护员相关的用例图

在有关系统维护员角色的用例图方面，可以发现系统维护员是后台用户之一，因而可以认为系统维护员与后台用户处于泛化关系。系统维护员可以登录后台子系统，并对注册的会员和其购书所下的订单进行维护操作。创建本用例图可采用的标识符与“会员相关的用例图”相同。绘制的图形如图 13.4 所示。

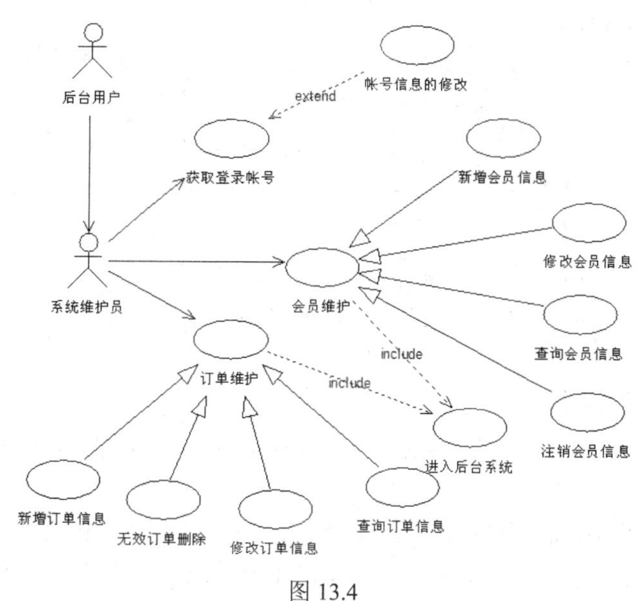

图 13.4

- 新增会员信息、修改会员信息、查询会员信息、注销会员信息用例，属于“会员维护”用例所属的继承子用例。
- 新增订单信息、无效订单删除、修改订单信息、查询订单信息用例，属于“订单维护”用例所属的继承子用例。
- 进入后台系统用例包括会员维护、订单维护用例。
- 系统维护员获取登录账号，并可以进行账号信息的变更。

4. 系统管理员相关的用例图

在系统管理员相关的用例图方面，可以发现作为后台子系统的管理人员是后台用户。

因此，从正常的逻辑关系展开推理，自然明白系统管理员与后台子系统之间的关系也处于泛化关系。

系统管理员作为后台子系统中权限最高的后台用户，其登录系统之后能够对图书的各种类别与图书商品以及前台子系统的栏目与会员密码进行维护与管理。同时，系统管理员也可以新建其他后台用户。创建本用例图可采用的标识符与“会员相关的用例图”相同，绘制的图形如图 13.5 所示。

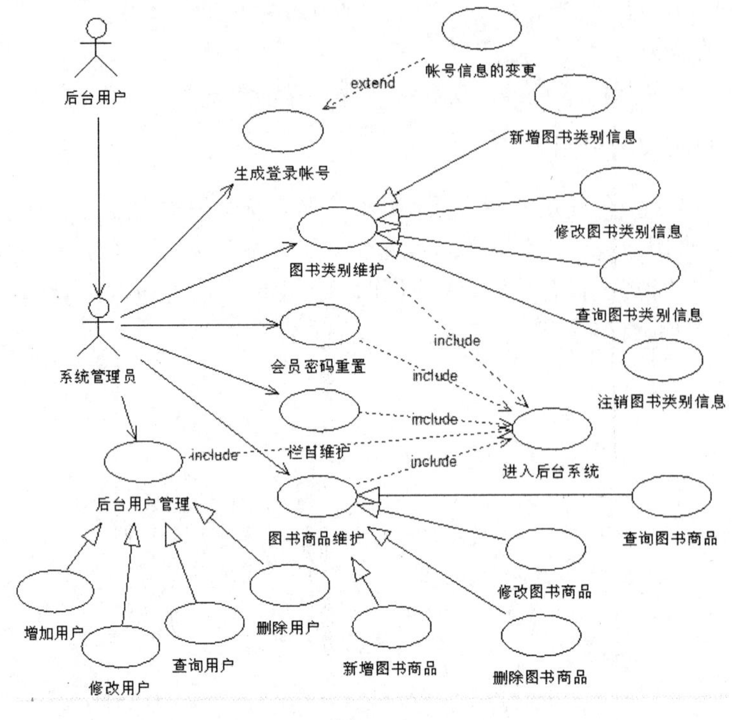

图 13.5

- 系统默认为系统管理员生成登录账号，系统管理员根据情况可以对账号的信息进行修改维护。
- 图书类别维护用例是“新增图书类别信息、修改图书类别信息、查询图书类别信息、注销图书类别信息”用例的父用例，体现了继承泛化的面向对象关系。
- 进入后台系统用例包括图书类别维护、会员密码重置、栏目维护、图书商品维护、后台用户管理”用例。
- 图书商品维护用例是新增图书商品、删除图书商品、修改图书商品，查询图书商品用例的父用例，体现了继承泛化的面向对象关系。
- 后台用户管理用例是增加用户、修改用户，查询用户、删除用户用例的父用例，体现了继承泛化的面向对象关系。

13.2.2 网上售书系统的系统框架与类

1. 网上售书系统的系统框架

网上售书系统作为一个 BS 结构的在线销售软件应用系统，可以采以 J2EE 体系的技术架构去实现。

根据目前业界比较科学的体系结构理念，该系统总体上运用分层结构进行具体规划。

在 Rose 7 中创建本系统的系统架构类图，可采用以下标识符。

打开 Rose 7 后，选择工具栏图的 、、、 图标或操作 Tools→Create 菜单的 Class、Interface、Unidirectional Association、Realize 等子菜单，将其拖至类图的模型图窗口。

具体图形如图 13.6 所示。

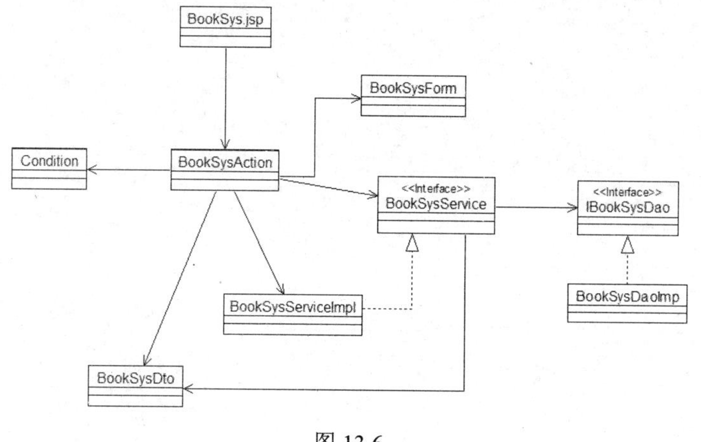

图 13.6

- Condition 类：用于设置查询条件。
- BookSys.jsp：用于 Web 页面各种元素的显示。
- BookSysForm 类：用于设置 Jsp 页面的表单。
- BookSysAction 类：属于业务处理类。
- BookSysService 类：属于业务逻辑接口。
- BookSysServiceImpl 类：属于业务逻辑的具体实现。
- IBookSysDao 类：属于数据处理接口。
- BookSysDaoImp 类：属于具体数据处理，主要是 SQL 语句的编写。
- BookSysDto 类：属于对象封装。

2. 网上售书系统的相关类

从软件体系理论的分层概念去分析各类对象，系统的主要信息与业务可以由两大类图组成。

（1）基础性的数据类图

用于说明系统中基础性的数据类之间的具体关系，包括系统维护员、系统管理员、注册会员、购买图书、图书商品内容、图书商品类别、图书订单、后台用户的基础实体类，以及其他相关的前台会员、未购买图书、已购买图书数据类。

未购买图书、已购买图书类与图书商品内容类之间属于组合关系，系统工作人员类作为“系统维护员与系统管理员”类的父类，体现了继承的关系。其他各类均表现为关联关系，具体内容如图 13.7 所示。

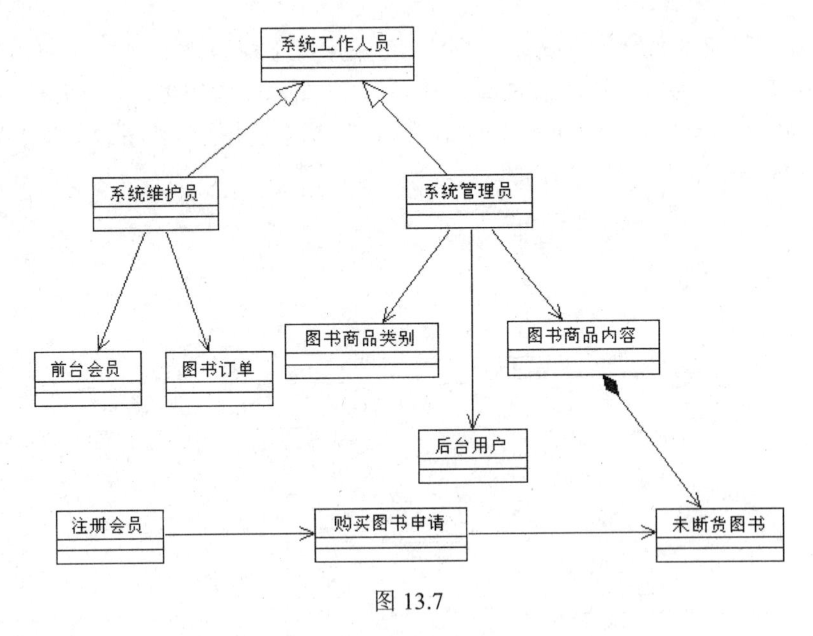

图 13.7

- 系统工作人员类：主要保存针对系统拥有方工作人员的基础信息。
- 系统维护员类：主要保存针对系统维护员的各项基础信息，方便系统管理员对其进行维护。
- 前台会员类：主要保存在前台注册会员的基础信息，系统维护员可以对其进行管理与维护。
- 图书订单类：主要保存注册会员在线下的订单基础信息，系统维护员可以对其进行管理与维护。
- 系统管理员类：主要保存针对系统管理人员的各种基础信息。
- 图书商品内容：主要保存针对各类图书商品的基础信息，以便于消费者查询与购买。
- 后台用户：主要保存后台多个用户的基础信息，以便于系统管理员的角色授权与用户控制。
- 图书商品类别：主要保存对多种图书商品的分类维护，以方便会员可以按类型查询并快速进行购买。
- 注册会员类：用于将在线注册的消费者会员的基础信息进行保存，为消费者提供购买图书商品的权限。
- 购买图书申请类：注册会员提供购买图书的基础信息。
- 未断货图书类：保存没有断货的各种图书的基础信息。

（2）业务性质的类图

用于说明系统业务角度而派生的各种类的关系，包括与会员相关的网上支付订金、在线下订单、购买图书、查看购书筐、查询图书信息，注册会员账号、会员登录类；与系统维护员相关的系统维护员登录、会员信息管理、图书订单管理类；与系统管理员相关的系统管理员登录、设置后台用户、图书商品内容维护、图书商品类别维护等。

购买图书类是“网上支付订金、在线下订单”类的父类，进入系统类是会员登录、系统维护员登录、系统管理员登录”类的父类，与注册会员账号类是聚合关系。

不同类间的关系明细如图 13.8 所示。

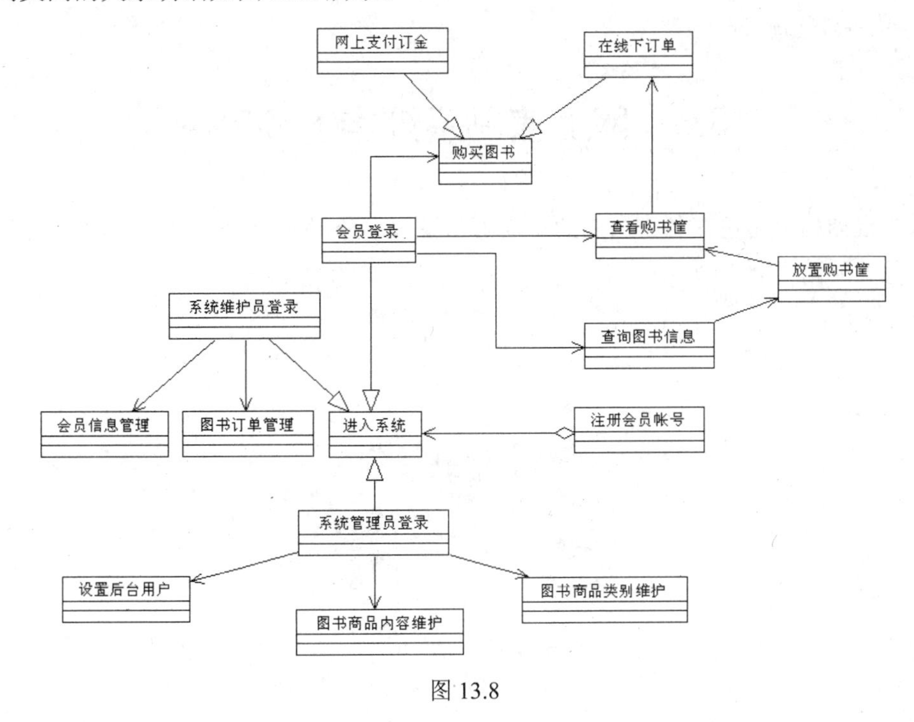

图 13.8

- 网上支付订金类：为会员提供在线支付图书购买费用的动作。
- 在线下订单类：为会员提供在线下购买图书订单的操作。
- 购买图书类：为会员提供在线购买图书商品的操作。
- 会员登录类：为会员提供执行登录系统的操作。
- 查看购书筐类：为会员提供浏览已选择图书，以便于执行支付操作。
- 放置购书筐类：为会员提供将选择的图书放置于某个场所，以方便进行查看与一次性购买多种图书。
- 查询图书信息类：为会员提供查询各种各样图书的入口，以加快会员的购买速度。
- 进入系统类：为各种系统前后台系统用户，提供统一的登录系统入口。
- 系统管理员登录类：为拥有高级权限的系统管理员提供登录的入口。
- 设置后台用户类：为系统管理员提供对后台各类用户进行维护与管理的权限。
- 图书商品内容维护类：为系统管理员提供对图书商品包含的各项内容进行维护的权限，以保证前台系统的图书信息得以及时更新。
- 图书商品类别维护类：为系统管理员提供对图书商品类别的各项内容进行维护的权限，以保证前台系统的图书类别信息得以及时更新。
- 系统维护员登录类：为系统维护员提供登录后台系统的入口。
- 会员信息管理类：为系统维护员提供对会员包含的各项信息进行维护的权限，以保障消费者的权益。
- 图书订单管理类：为系统维护员提供对会员在线下的订单的各项信息进行维护的权限，

以方便消费者的购买。

- 注册会员账号类：为消费者提供在前台系统进行注册会员的操作，以扩大图书潜在消费群体的范围。

13.3 网上售书系统中的顺序图

本系统根据相关角色在各方面的业务需求与模块划分，将拆分出一些面向对象的各类顺序图，主要内容如图 13.9 所示。

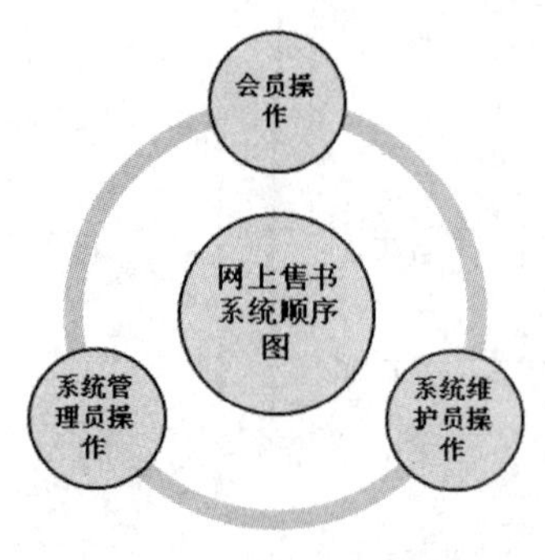

图 13.9

（1）会员的相关操作。

包括会员注册与注册内容的变更、图书的在线订购、各类图书商品信息的查询，由此产生的操作过程需要用顺序图表现。

（2）系统维护员所拥有的权限操作。

包括对前台会员的相关注册信息与会员在线所下订单进行各种维护，这中间的各类操作均可采用顺序图体现。

（3）系统管理员所具备的权限操作。

包括对后台用户的管理与维护、系统各项模块栏目的维护与管理，图书的各种类别与图书商品的维护与管理。此类过程，同样需要顺序图去体现。

13.3.1 消费者相关顺序图

1. 消费者注册会员的顺序图

该信息主要体现图书消费者在线注册会员的核心过程。

在 Rose 7 中创建本系统的消费者注册会员的顺序图，可采用以下标识符。

（1）打开 Rose 7 后，在浏览器中的视图 Logical View 或 Use Case View 上单击鼠标右键，新建 消费者注册 顺序图。

（2）选择工具栏图的 、→、 、⇢ 图标或操作 Tools→Create 的 Object、Message、Message To Selft、Return Message 等子菜单，将其拖至顺序图的模型图窗口，具体图形如图 13.10

所示。

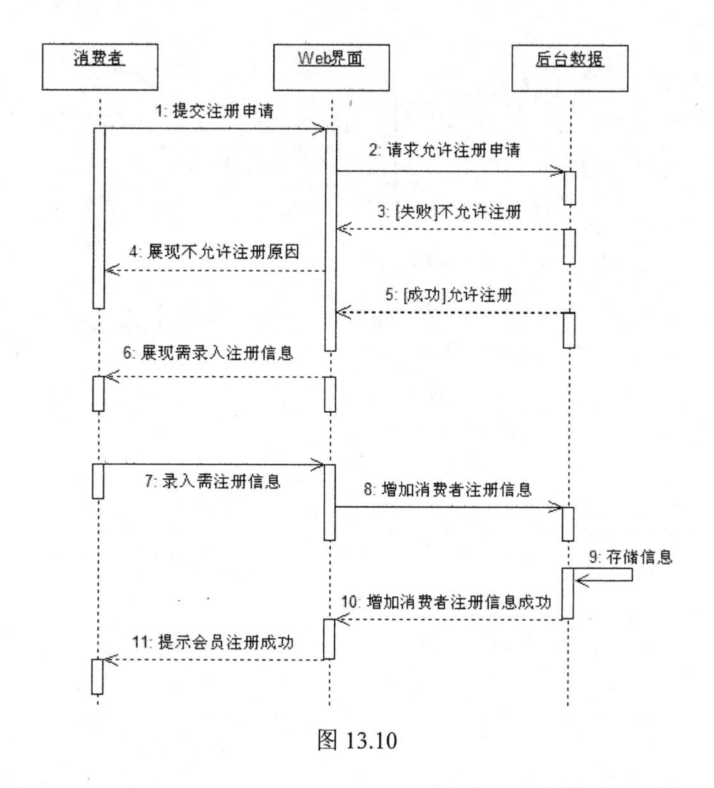

图 13.10

- <┈┈┈图标作为返回消息，也可以用<┈┈┈图标（对象消息）代替。
- [失败]不允许注册、[成功]允许注册，两者均为具有判断条件的对象消息。

2. 消费者注册内容的变更顺序图

消费者注册会员成功后，因各种原因需要对注册内容进行修改时，其数据流向、流程与“消费者注册会员的顺序图”相同，只是“注册”变为“注册变更”、“增加”变为“变更”。具体图形不再绘制。

13.3.2 系统维护员顺序图

1. 系统维护员对前台会员进行维护的顺序图

该信息主要体现系统维护员对前台消费者注册会员的维护过程。

在 Rose 7 中创建本系统的系统维护员对前台会员维护的顺序图，与消费者注册会员的顺序图步骤与图标相似。

只是不采用返回消息，并在 Use Case View 中新建名称为系统维护员的 Actor，并将其拖至顺序图的模型图窗口，具体图形如图 13.11 所示。

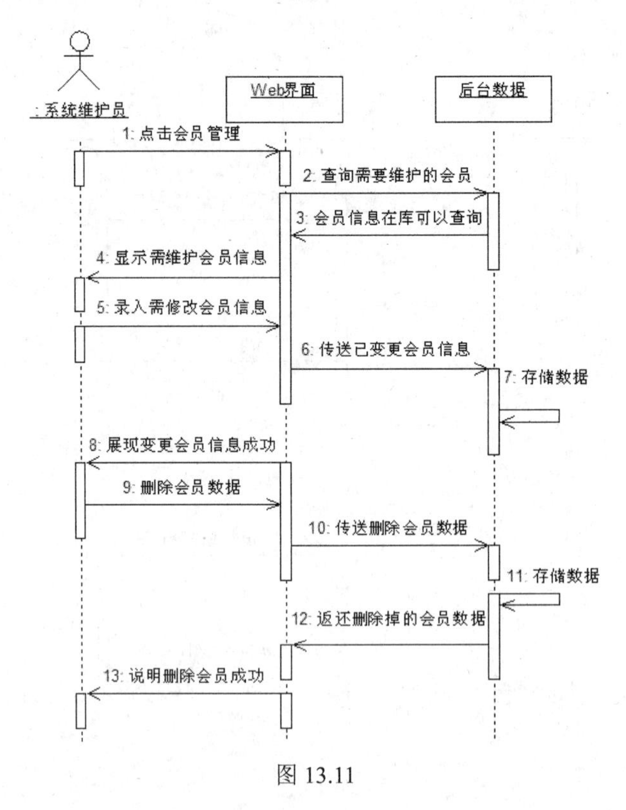

图 13.11

2. 系统维护员对订单进行维护的顺序图

该信息主要体现系统维护员对前台会员所下订单进行维护的过程。

该顺序图与“系统维护员对前台会员进行维护的顺序图”基本相同，只需将会员改为订单即可。

13.3.3 系统管理员顺序图

系统管理员对“后台用户、各项模块栏目、图书的各种类别与图书商品”的维护，基本顺序图与图 13.11 的“系统维护员对前台会员进行维护的顺序图”相同，只需将会员依次改为：后台用户、各项模块栏目、图书类别、图书商品即可。

13.4 网上售书系统中的协作图

按照网上售书系统的各个顺序图，完全可以将它们演变为协作图。

1. 消费者相关协作图

消费者注册会员的顺序图可转化为如图 13.12 所示的协作图。

创建协作图的主要过程如下：

（1）打开 Rose 7 后，在 Use Case View 上单击鼠标右键，新建 消费者注册会员协作图。

（2）选择工具栏图的▭、／、⫽、⫽图标，将它们视需要拖至协作图模型图窗口。

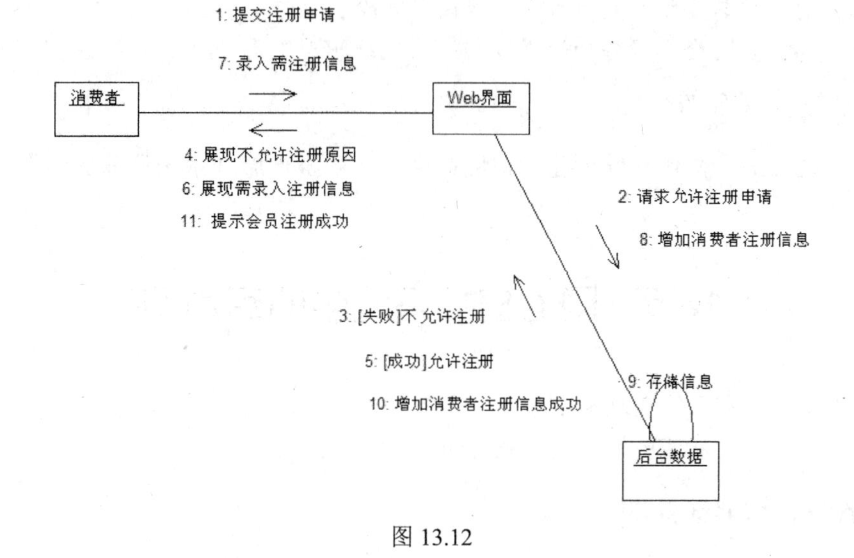

图 13.12

- 消费者需要在线注册会员账号，必须在系统的 Web 界面上触发会员注册事件。
- 并录入自身的真实信息，通过后台数据允许会员注册之后，展现需录入信息提示例，当 Web 界面提示会员注册成功，其会员注册的结果必然是成功的。

2. 系统维护员协作图

系统维护员去维护前台会员的信息顺序图可转化为如图 13.13 所示的协作图。

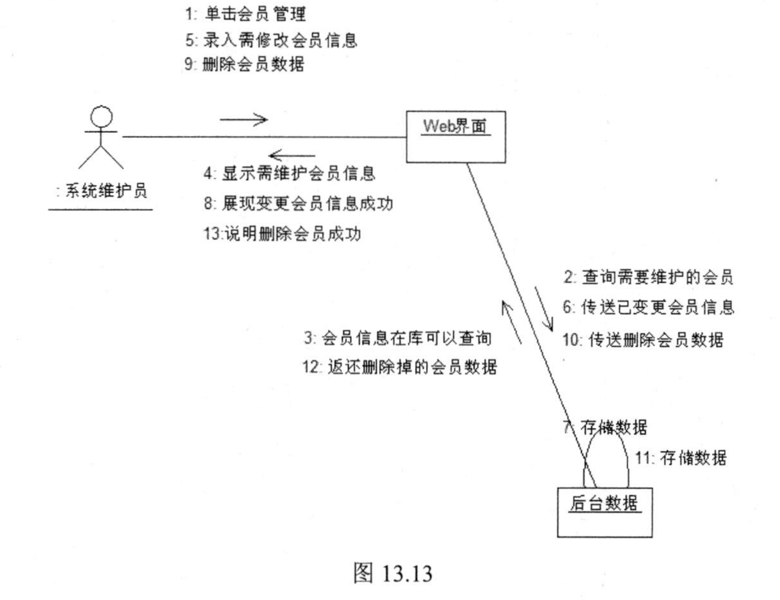

图 13.13

创建系统维护员去维护前台会员协作图的过程、图标与消费者相关协作图相同，此处不再详细介绍。

- 系统维护员需要对前台子系统的注册会员进行信息维护，首先要单击会员管理的 Web 界面，再查询需要维护的会员，并修改与删除会员信息。
- 之后，后台数据会将操作的结果返回给系统维护员查看。

3. 系统管理员协作图

由于与系统维护员协作图的创建相似度极高，此处不再展开系统管理员协作图绘制的阐述。

13.5 网上售书系统中的活动图

可以根据网上售书系统的功能要求，将系统的交互活动情况转化为相关的活动图。以便于进一步细化功能需求，从而更好地实现系统的分析与设计。

13.5.1 消费者相关活动图

1. 消费者注册会员活动图

消费者在线注册会员的信息需要系统管理员进行审查与权限开通。

在 Rose 7 中创建本系统的消费者注册会员活动图形的过程如下：

（1）打开 Rose 7 后，在 Use Case View 上单击鼠标右键，新建 会员注册开通活动图。

（2）选择工具栏图—、、、、，，图标，将它们视需要拖至活动图模型图窗口，具体内容如图 13.14 所示。

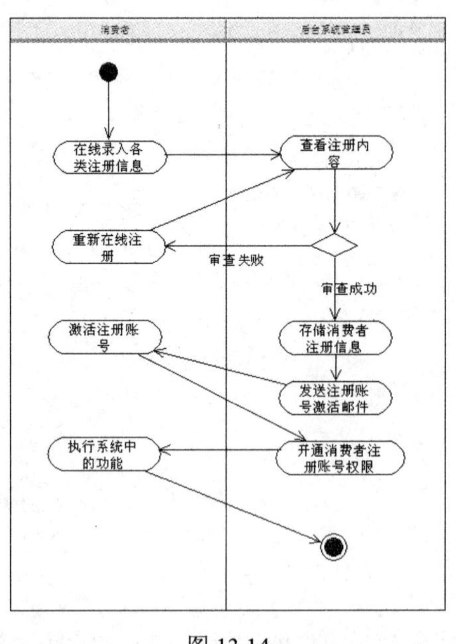

图 13.14

- 在线录入各类注册信息：消费者在线输入会员注册的各项信息，以获取所需的登录账号。

- 查看注册内容：系统管理员检查核对注册信息是否可靠。
- 重新在线注册：当注册信息存在问题时，则系统自动提示重新输入内容。
- 存储消费者注册信息：当注册信息正确无误审查成功时，注册信息将储存至后台。
- 发送注册账号激活邮件：系统自动发送注册激活的链接到消费者注册时提供的邮箱。
- 激活注册账号：消费者单击激活链接，将所属会员账号激活使用。
- 开通消费者注册账号权限：为注册成功并激活的会员开通相应的访问权限。
- 执行系统中的功能：注册会员操作在系统所拥有的功能模块。

2. 会员查询图书商品活动图

消费者注册会员查询图书商品时必须要先登录系统。在 Rose 7 中创建本系统的注册会员对图书商品进行查询的活动图，与消费者注册会员的活动图步骤与图标相似，具体活动图如图 13.15 所示。

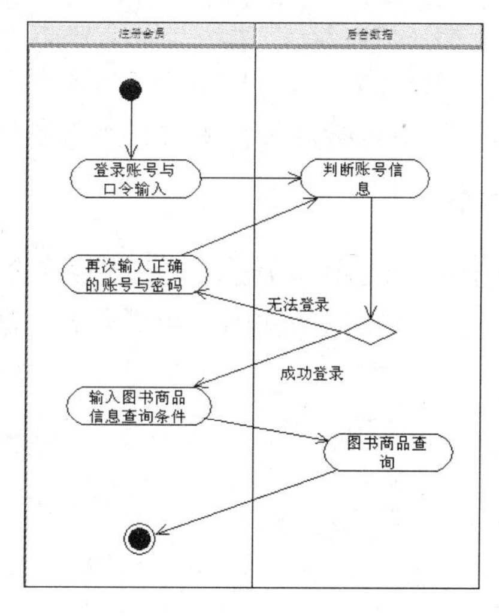

图 13.15

- 登录账号与口令输入：会员一定要输入会员账号和口令方可登录系统。
- 判断账号信息：验证会员账号与口令是否对应。
- 再次输入正确的账号与密码：会员账号与口令不对应将无法登录系统，需要输入相匹配的账号名与口令。
- 输入图书商品信息查询条件：输入账号与口令成功登录系统之后，自然能够进行所需要图书商品的具体查询。
- 图书商品查询：执行输入查询条件之后的图书商品信息查询。

3. 会员在线订购图书商品活动图

消费者注册会员在线下图书商品订单时必须要先登录系统。在 Rose 7 中创建本系统的注册会员在线对图书下订单的活动图，与消费者注册会员的活动图步骤与图标相似，具体活动图如图 13.16 所示。

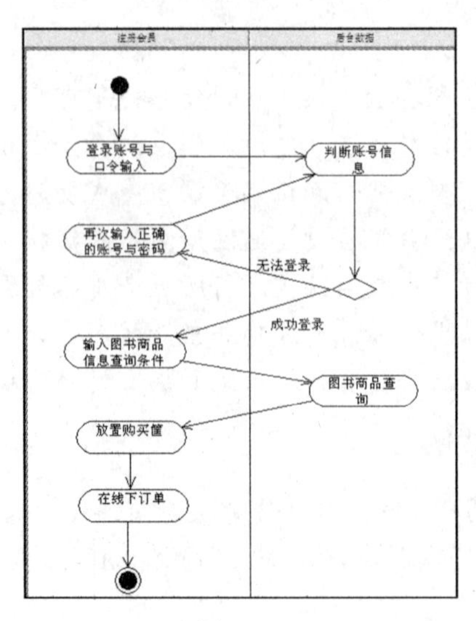

图 13.16

- 放置购买筐：将查询出来的图书商品，将选择好的图书添加到“购买筐”中。
- 在线下订单：在“购买筐”中选择好所需要购买的图书，一次性统一下订单采购。

4. 会员注册信息变更活动图

消费者注册会员根据自身情况的变化修改信息时必须要先登录系统。在 Rose 7 中创建本系统的注册会员在线对图书商品下订单的活动图，与消费者注册会员的活动图步骤与图标相似。具体活动图如图 13.17 所示。

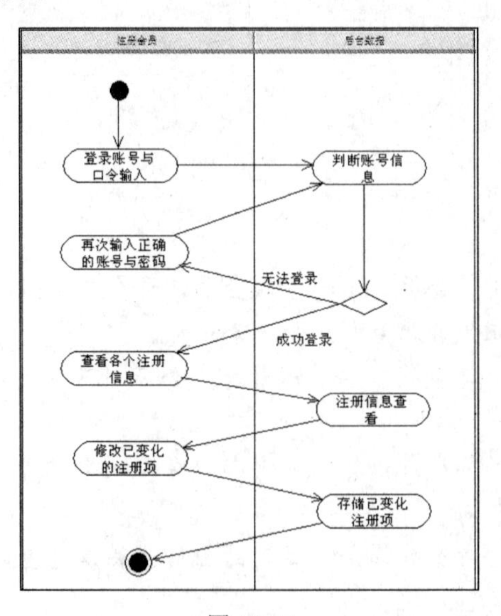

图 13.17

- 查看各个注册信息：注册后的会员，登录系统之后可查看注册信息进行。
- 注册信息查看：执行查看各项会员注册信息的操作。
- 修改已变化的注册项：注册后的会员根据需要对已注册项进行变更。

- 存储已变化注册项：注册后的会员对已注册项进行调整，调整后的信息得以保存。

13.5.2 系统维护员相关活动图

（1）系统维护员能够对所有存在维护需求的注册会员进行有效的管理，也就是通俗意义上讲的数据维护。

在 Rose 7 中创建本系统的系统维护员的活动图的具体步骤与“消费者注册会员活动图”相同，本处不再详细描述。具体内容如图 13.18 所示。

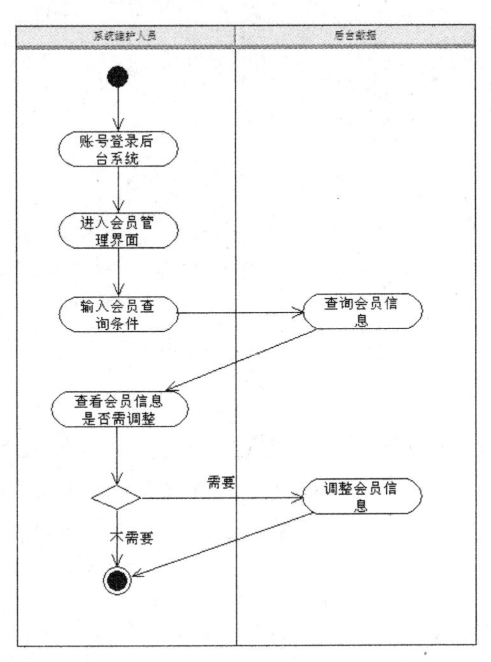

图 13.18

- 进入会员管理界面：登录后台系统后，系统维护员访问会员管理界面。
- 输入会员查询条件：根据维护需要输入会员查询条件。
- 查询会员信息：根据查询条件，执行会员信息的查询。
- 查看会员信息是否需调整：根据会员信息查询列表查看会员明细信息，以判断是否需要调整会员信息。
- 调整会员信息：根据会员明细信息进行信息的调整。

（2）系统维护员能够对所有注册会员所下的订单进行管理。

其活动图与图 13.18 相似，只需将图中会员改为订单即可，本处不再绘制。

13.5.3 系统管理员相关活动图

（1）系统管理员根据软件功能需求，可以对各个模块的栏目进行菜单配置。此过程可以通过活动图展现，具体步骤与“消费者注册会员活动图”相同。具体如图 13.19 所示。

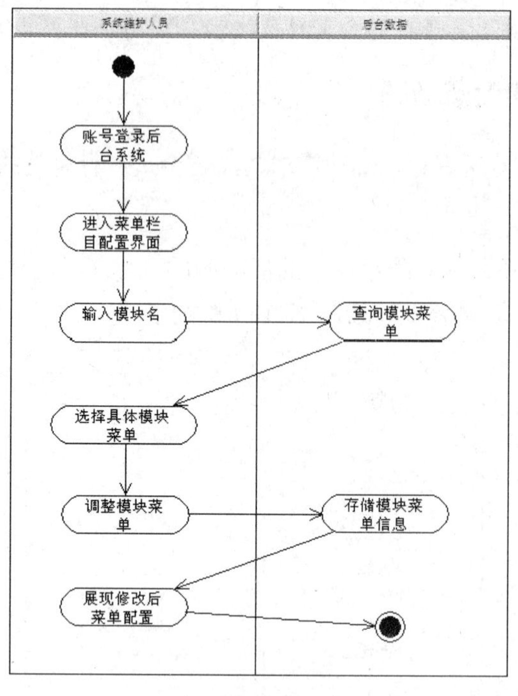

图 13.19

- 调整模块菜单：系统维护员对所属模块的菜单链接与显示方式进行修正。
- 存储模块菜单信息：修正的菜单模块信息将保存到数据库中。
- 展现修改后菜单配置：在系统维护员所属权限菜单调整模块界面，显示菜单配置变更的信息。

（2）系统管理员对后台用户、图书的各种类别与图书商品的活动图与图 13.18 类似，只需将会员依次修改为后台用户、图书类别、图书商品即可，本处不再绘制图形。

13.6 网上售书系统中的状态图

本系统的主要功能根据需求可以细分为三大状态图。

消费者注册会员可以拥有的状态图：消费者需要在线注册账号才可以查询与选购图书，以及在线下订单并支付款项。具体内容如图 13.20 所示。

系统维护员作为后台系统的工作人员可以具备的状态图：系统维护员登录后台子系统，方可进行会员情况查询、新增、修改、删除，订单情况同理。具体内容如图 13.21 所示。

系统管理员主要能够拥有的状态图：系统管理员登录后台子系统，方可进行后台用户的查询、新增、修改、删除等状态操作，图书商品、图书类别信息与后台用户同理。具体内容如图 13.22 所示。

1. 消费者会员的状态图

在 Rose 7 中创建本系统的消费者注册会员的状态图，具体步骤如下：

01 打开 Rose 7 后，在浏览器中的视图 Logical View 或 Use Case View 上单击鼠标右键；新建 消费者会员状态图。

02 选择状态图工具箱的、、、图标，或选择 Tools 栏的 Create 菜单的所属子菜单。

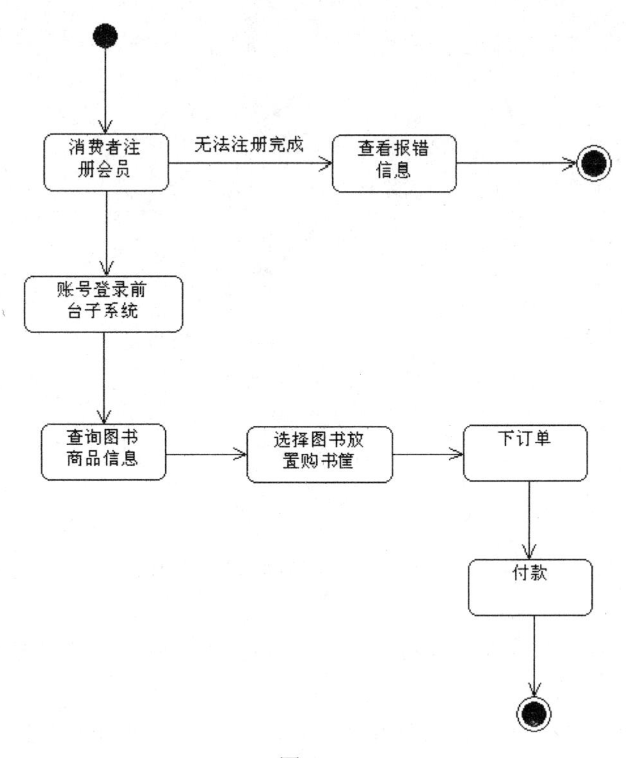

图 13.20

- 消费者注册会员：消费者需要购买感兴趣的图书商品，必须先去网站注册会员账号。
- 查看报错信息：消费者在线注册会员无法完成，可以查看报错的具体内容，从而避免弹出重复的错误。
- 账号登录前台子系统：消费者在查询图书商品信息之前，需要先登录网站前台。
- 查询图书商品信息：在选择图书放置购书筐之前，需要先查找自己需要的图书商品。
- 选择图书放置购书筐：下订单之前，消费者需要将喜欢的一至多个图书商品放置于购书筐，以提高购书效率。
- 下订单：支付图书费用之前，需要先在线下订单。
- 付款：消费者在线下订单，接下来需要支付图书的具体款项。

2. 系统维护员的状态图

在 Rose 7 中创建本系统的系统维护员的状态图的具体步骤与“消费者会员的状态图”相同，本处不再详细描述。

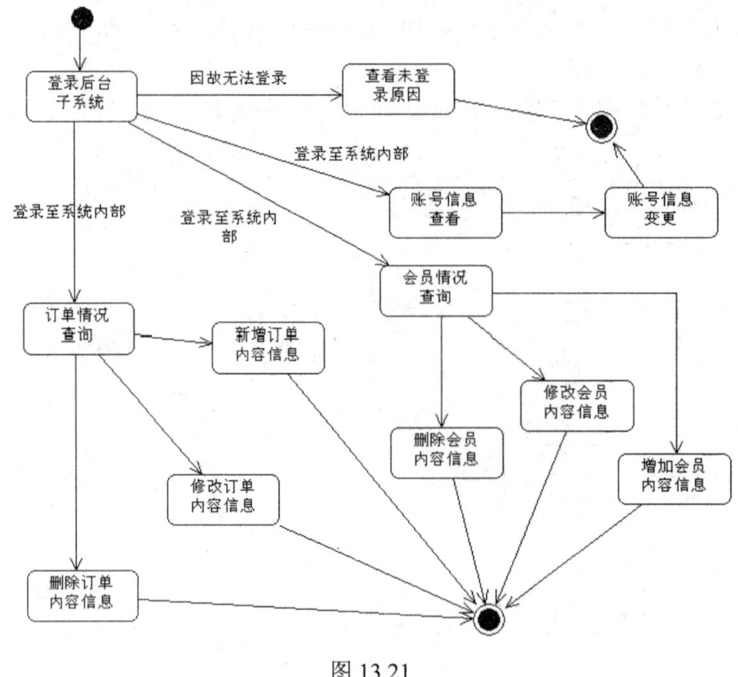

图 13.21

- 登录后台子系统：系统维护员要执行订单与会员的维护，必须通过账号进入系统之后才可操作。
- 查看未登录原因：系统维护员后台系统无法登录，可以了解报错的具体原因，以避免再次弹出类似错误。
- 账号信息查看：在登录了后台子系统之后，可以查看账号的具体内容，以决定是否要变更信息。
- 账号信息变更：在对所属账号的明细信息查看后，可根据具体情况进行信息的修改。
- 会员情况查询：在修改会员的具体内容之前，需要先查询相关信息。
- 修改会员内容信息：将会员的各类内容根据情况修改。
- 增加会员内容信息：将会员的具体内容根据情况执行新增操作。
- 删除会员内容信息：将会员的具体内容根据情况执行删除操作。
- 订单情况查询：在修改订单的具体内容之前，需要先查询相关信息。
- 新增订单内容信息：将订单的具体内容根据情况执行新增操作。
- 修改订单内容信息：将订单的各类内容根据情况修改。
- 删除订单内容信息：将订单的具体内容根据情况执行删除操作。

3. 系统管理员的状态图

在 Rose 7 中创建本系统的系统管理员的状态图的具体步骤与“消费者会员的状态图”相同，本处不再详细描述。

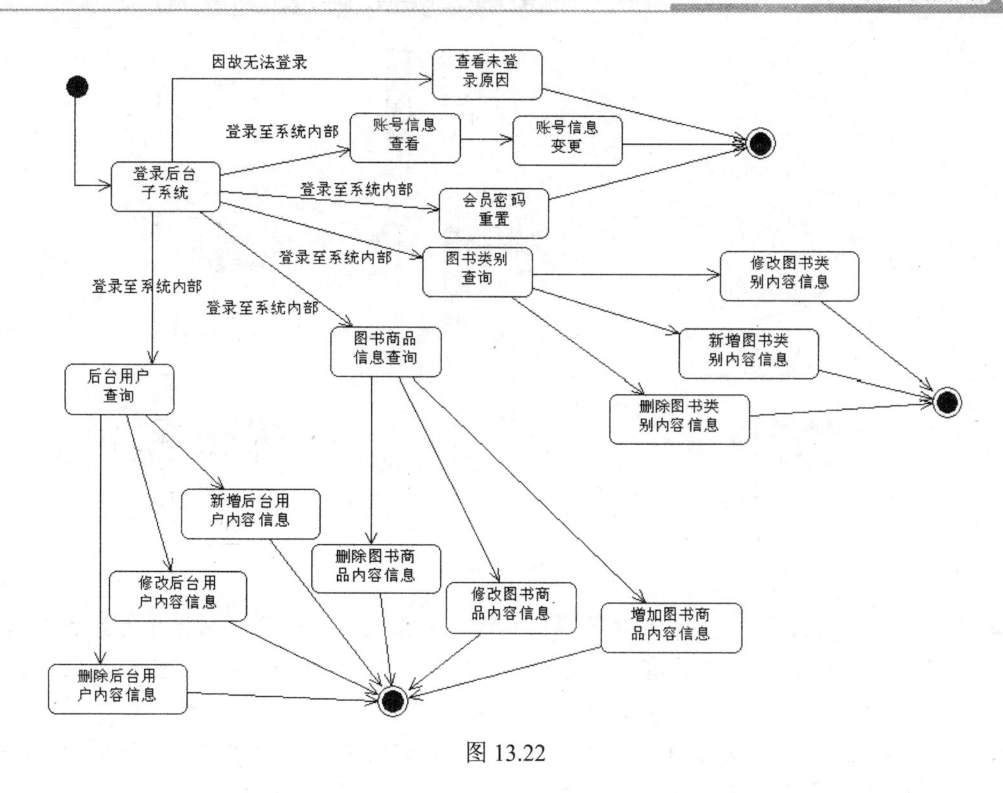

图 13.22

- 后台用户、图书商品信息、图书类别等信息的各个状态，均需系统管理员登录后台子系统。
- 图中未绘制的栏目维护，包括栏目查询、栏目修改、栏目新增、栏目删除状态。

13.7 网上售书系统的配置与实现

按照系统的需求分析可知，网上售书系统作为一个分布式的网络在线系统。其系统的部署与上线离不开软硬件环境的具体搭建。

根据软件工程的设计规范与本系统的具体功能，可以将部署图设计为如图 13.23 所示。

在 Rose 7 中创建本系统的部署图，具体步骤如下：

01 打开 Rose 7 后，单击浏览器中的视图 Deployment view。

02 选择部署工具箱的、，图标，或选择 Tools 栏的 Create 菜单的所属子菜单。将它们拖到部署图的模型图窗口，弹出图 13.23。

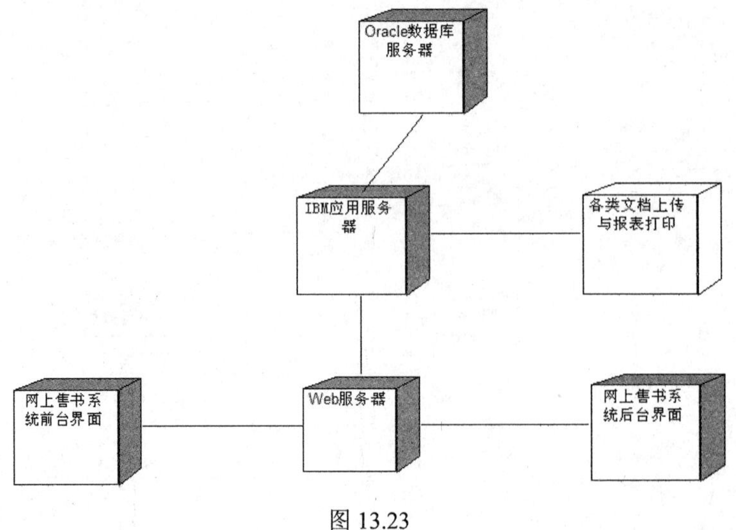

图 13.23

- Web 服务器、Oracle 数据库服务器、网上售书系统前台界面、网上售书系统后台界面属于处理器，因为它们具有处理各种前台程序、后台程序、字段数据、数据并发等能力。
- 各类文档上传与报表打印不需要处理能力，只需运用本身的接口为其他事物落实某一服务即可。因而，它仅仅只是个设备。

13.8　本章小结

图书企业的在线图书销售商务系统在于拓展公司的售书渠道，它不仅能提供大量的图书商品以满足消费者快速检索所需书籍的需求，也能通过分析消费者在线订购图书的信息进行大数据沉淀，从而整体提高图书企业的售书数量与降低运营成本。

本章节的讲解围绕售书系统展开分析与设计，具体内容包括用例图、系统框架与通用类图、顺序图与协作图、活动图与状态图以及配置图。

相信通过多个实例与图形的讲解，读者朋友能够在本案例中较为完整地熟悉 UML 体系的实际应用。

第 14 章

人事管理系统

14.1 软件系统的需求申明

14.1.1 人事管理系统的需求分析

人事管理系统重点在于职员管理、职员档案管理、职员劳动合同管理、职员绩效管理、职员招收管理。

人事部长负责离在职员工的管理、员工的工作绩效管理以及所需职员的招收管理。人事专员则负责员工档案与劳动合同的管理。还有专人对使用者与角色的具体管理。系统的功能如图 14.1 所示。

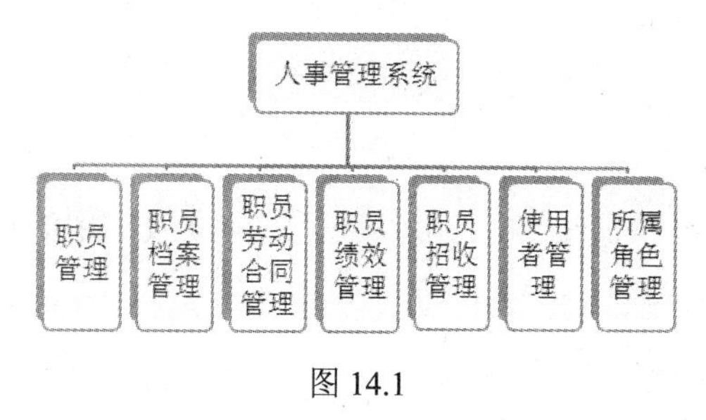

图 14.1

1. 职员管理

该功能主要对职员的岗位调动以及离在职情况进行记录。

2. 职员档案管理

该功能主要对在职员工的档案进行管理。

3. 职员劳动合同管理

该功能主要对在职员工的劳动合同进行管理。

4. 职员绩效管理

该功能主要对在职员工的绩效水平进行管理。

5. 职员招收管理

该功能主要对所需员工的招聘进行管理。

6. 使用者管理

该功能主要对系统登录人员进行设置管理。

7. 所属角色管理

该功能为系统登录人员进行角色的设置管理。

14.1.2 UML与需求分析

无论是从软件工程角度而言，还是从IT界的现状分析，都可以得出UML是属于开放式的图形化建模语言。所谓的开放式是指UML具有多种图形表现方式，并遵循着面向对象理念的继承、泛化、实现等特点。

UML对于软件的需求分析有着极为重要的支撑作用。

具体内容如图14.2所示。

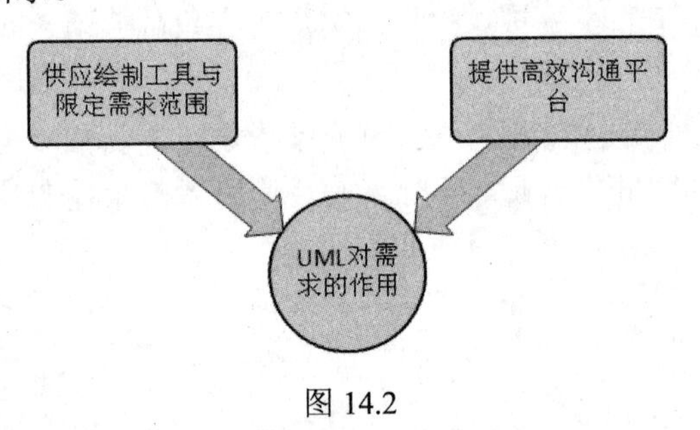

图 14.2

（1）供应绘制工具与限定需求范围：从源头上供应高效实用的绘制工具，提供驾驭需求范围的实用技巧。

首先，UML用例图为软硬件系统的需求提供了一个整体的概念描述。它可以使相应的活动者对应适合的功能性需求，从而实现用户与功能的匹配关系。也就是清晰地表明了系统将要做什么。

其次，功能需求的具体操作可以运用活动图来表现执行的过程，也可以运用状态图来体现各种状态的具体演变。

再次，理出面向对象领域的UML分析处理思路，为需求的变更或延伸提供良好的高扩展性。

（2）提供高效沟通平台：从思维与视图角度消除各种角色之间的差别，为大家提供无障碍沟通的平台。

软硬件系统的建设隶属于思维创新的产物，在建设系统的各个具体环节之中，多种角色的工作人员需要进行多次的沟通。如果提高沟通的及时性与有效性是最为实际的问题，但对于客户来说他不一定明白需求分析人员描述的术语或理念。对于需求分析师、业务专家或者项目经理而言，他们不一定能理解开发人员描述的系统概念与表现方法。

此时此刻，对于统一描述系统的模型与实现方式以及具体规格说明等的要求日益强烈。而 UML 提供多个视图，不涉及具体方法变化的控制，它的表现方式十分形象与生动，起着极其有效的沟通桥梁作用。

14.2 人事管理系统的需求建模

需求建模主要运用用例去展现系统的功能，它通过与使用者相结合来体现软硬件系统的总体需求。UML 需求建模所使用的利器就是用例图，所有系统建设的环节均依托需求用例展开。

在形成用例图的绘制步骤方面，第一步为确认获得满足系统业务需求的具体使用者。接下来从何人何物希望获取何种业务功能入手，延伸至依靠业务系统实现工作以及提升劳动效率的目标。

理顺了以上事宜，则使用者角色也较为清晰，具体内容如图 14.3 所示。

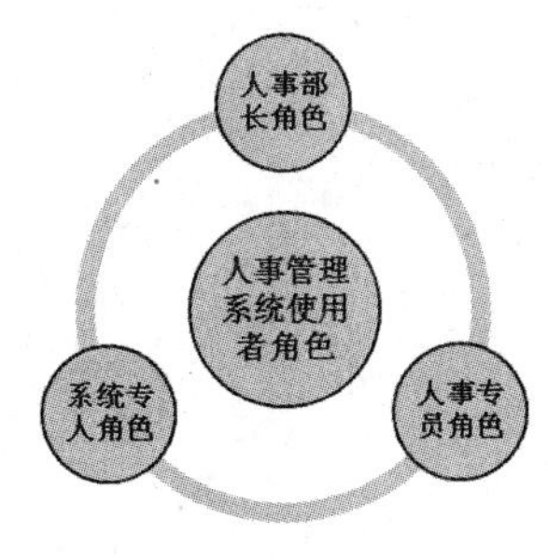

图 14.3

1. 人事部长角色

在一个处理人事关系的管理系统之中，人事部负责人不可缺少，他需要在大局上把握人员现状、人员招收、人员绩效管理等工作。

2. 人事专员角色

在本系统具体细节问题的处理方面，人事部门普通员工少不了。此处定义为人事专员，由他去处理人事档案与劳动合同事宜。

3. 系统专人角色

在一个软硬件系统中少不了一个管理人员对系统做一些配置，以便于管理一些使用者与相关角色。

以系统角色为建模基点，整合需求功能开展用例图绘制。

依托以上的综合描述，可以在用例图中创建三个Actor，依次命名为人事部长、人事专员、系统专人。

注意：

在Rose 7中创建本人事管理系统的4个用例图，可采用的步骤如下。

01 打开Rose 7选择Use Case View，单击 Main 图标。

02 选择工具栏图的 、 、 、 图标或选择Tools->Create菜单中的Actor、Use Case等子菜单，将其拖至用例图的模型图窗口。

系统的使用角色如图14.4所示。

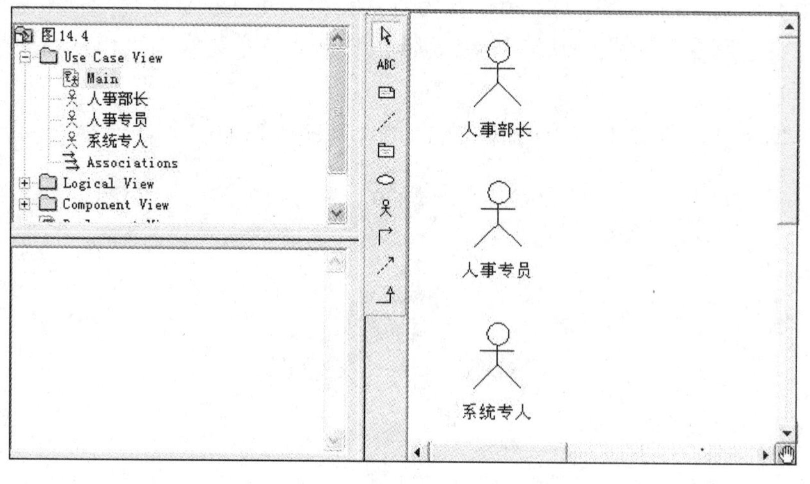

图 14.4

- 人事部长、人事专员、系统专人的顺序没有具体讲究，在绘制过程无需特别指定顺序的先后。
- 可以在Use Case View处单击鼠标右键，新建人事部长、人事专员、系统专人的Actor，再将其拖至用例图模型图。
- 也可以在工具栏中将 拖至用例图模型图，再分别命名为“人事部长、人事专员、系统专人的Actor。

既然系统的使用者角色已明确，自然我们将可以开展用例的具体构建。

（1）人事部长用例图

依据本系统需求的申明可以得出，人事部长对离在职员工、员工工作绩效、职员招收管理方面，希望拥有较为常规的添、查、改、删的操作要求，构造的具体用例如图 14.5 所示。

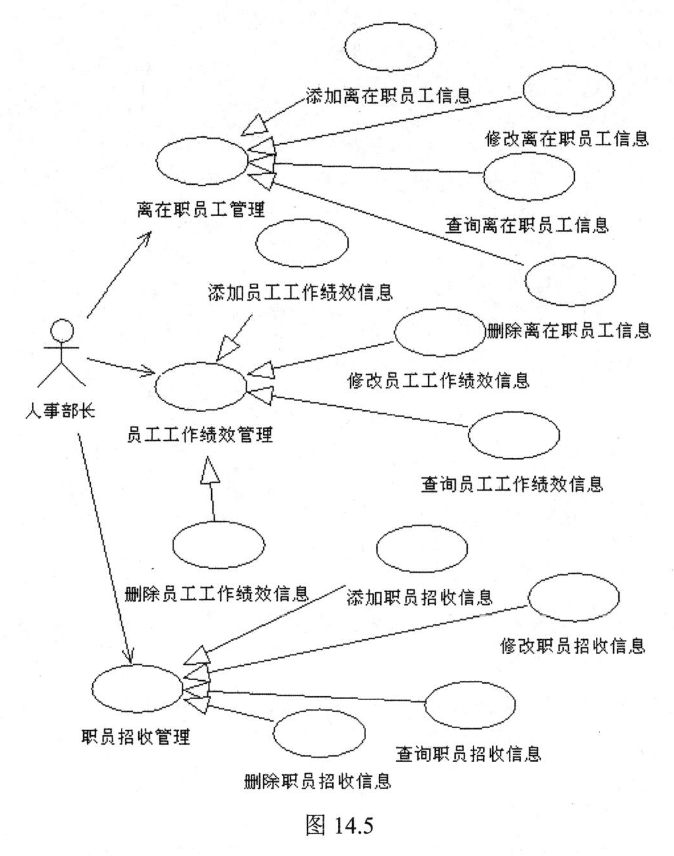

图 14.5

- “离在职员工管理”是将员工的任职情况进行记录与维护，以便于有效的存储与检索员工的历史信息。
- “员工工作绩效管理”是将员工的整体工作情况进行业绩考核记录，并以此为参考依据管理员工的升迁。
- “职员招收管理”是根据企业的经营情况与业务需求，由人事部门进行相关岗位职工的招聘。
- 添加离在职员工信息、修改离在职员工信息、查询离在职员工信息、删除离在职员工信息类继承于“离在职员工管理类”。
- 添加员工工作绩效信息、修改员工工作绩效信息、查询员工工作绩效信息、删除员工工作绩效信息类继承于“员工工作绩效管理”类。
- 添加职员招收信息、修改职员招收信息、查询职员招收信息、删除职员招收信息类继承于“职员招收管理”类。

（2）人事专员用例图

人事专员的岗位职责存在着一些必然要求，对于员工档案与员工劳动合同有着添、查、改、删的执行要求，构造的具体用例如图 14.6 所示。

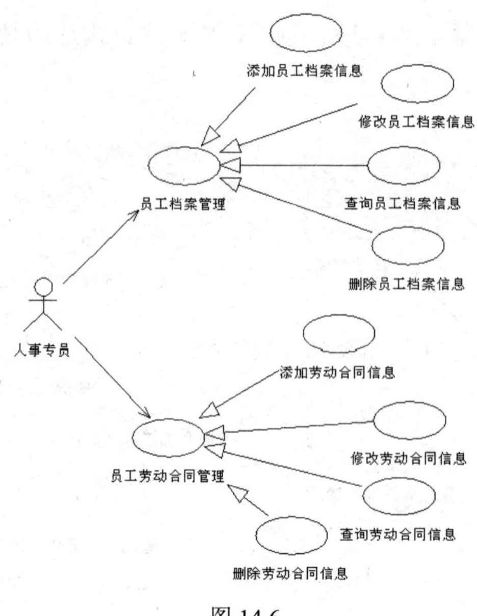

图 14.6

- “员工档案管理”类为添加员工档案信息、修改员工档案信息、查询员工档案信息、删除员工档案信息类的父类。
- “员工劳动合同管理”类为添加劳动合同信息、修改劳动合同信息、查询劳动合同信息，删除劳动合同信息类的父类。

（3）系统专人用例图

系统专人的岗位职责存在着一些必然要求，对于“使用者与所属角色”有着添、查、改、删的管理要求，构造的具体用例如图 14.7 所示。

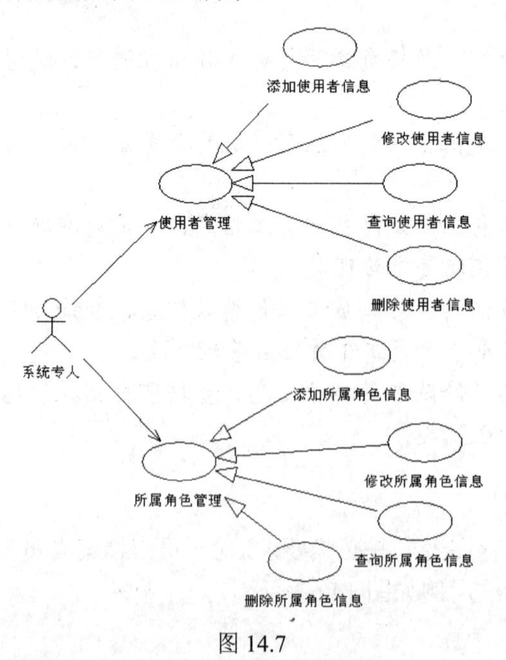

图 14.7

- “使用者管理”类为添加使用者信息、修改使用者信息、查询使用者信息、删除使用者信息的父类。
- “所属角色管理”类为添加所属角色信息、修改所属角色信息、查询所属角色信息，删除所属角色信息的父类。

14.3 人事管理系统类图与交互

人事管理系统是一种使用 J2EE 技术开发的网络平台，它将面向对象与 UML 语言相结合，形成各个对象类与类之间的具体交互关系。

14.3.1 类图的划分

一个公司之中对职员现状需要进行维护，以便领导了解员工的岗位与离在职情况。一个公司之中对所需要的人员进行招收，对各个岗位员工的工作情况考核数据的处理，这些事情什么部门与岗位的人员较为合适呢？显然人事部长是个良好的选择。

而较为常规的日常事务，对于普通员工的人事档案以及相关的劳动合同的处理。自然而然由普通岗位的办事人员，即人事专员去处理。

当然系统管理这一不可缺少的差事也必须要有人去承担，此处特别指派系统专人负责使用者与相关角色的维护。

据此可产生的实体类包括职员信息（原因在于人事部长、人事专员、系统专人类都是公司的职员，可以在三个类中共同抽象出职员信息类，而职员现状也是针对职员信息表而产生因而没有必要特别创建实体类）、人员招收、人员绩效、职员档案、劳动合同、使用者、相关角色，具体内容如图 14.8 所示。

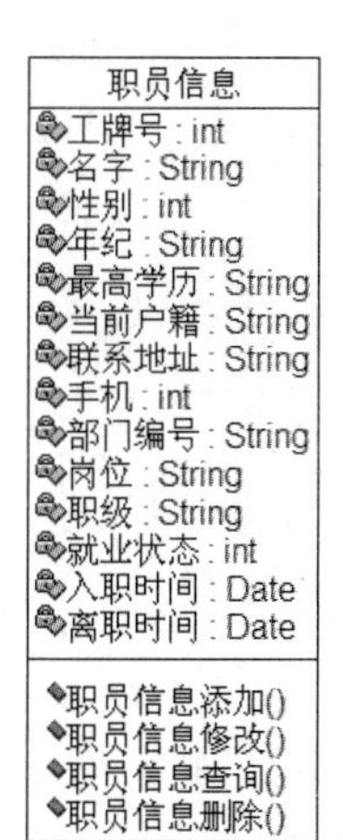

图 14.8

14.3.2 类图的交互

类图划分之后，各个类之间的主要关系如表 14.1 所示。

表 14.1 人事管理系统类关系表

交互类	关系说明
人事部长与“职员现状、人员绩效、人员招收”	形成 1 对多的关系，一个人事部长可以管理多个职员的现状、绩效以及招收
职员现状与职员信息	形成 1 对 1 的关系，一个职员现状只能来自一个职员的信息
系统专人与使用者、相关角色	形成 1 对多的关系，一个系统专人可以管理多个使用者账号与相关角色
人事专员与职员档案、劳动合同	形成 1 对多的关系，一个人事专员可以管理多个职员档案、劳动合同
使用者与角色对应与使用者、相关角色	形成了组合的关系，使用者与角色对应由使用者与相关角色共同组合而成
职员信息与人事部长、系统专人、人事专员	形成继承的关系

人事管理系统类之间的关系如图 14.9 所示。

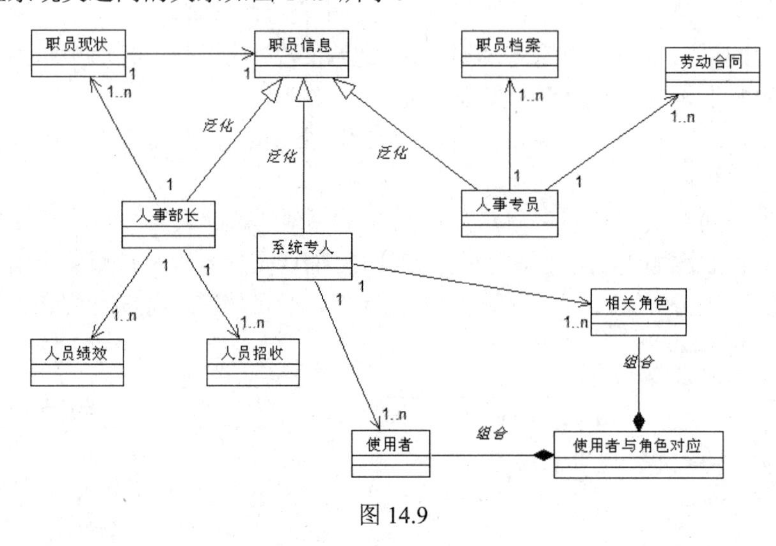

图 14.9

14.4 人事管理系统的顺序图

14.4.1 人事部长顺序图

该信息主要体现人事部长在管理员工的就业状况、工作绩效以及招聘方面的具体管理过程，目标在于业务细节的执行与传递。

在 Rose 7 中创建本系统人事部长的顺序图，可采用以下步骤。

01 .打开 Rose 7 后，在浏览器中的视图上 Logical View 或 Use Case View 上单击鼠标右键；新建 员工现状管理顺序图、 工作绩效顺序图、 职员招收添加修改顺序图。

02 选择工具栏图的 ⊟、→ 图标或选择 Tools→Create 菜单中的 Object、Message 等子菜单，将其拖至顺序图的模型图窗口。

03 在 Use Case View 视图中新建人事部长 Actor，将其拖至顺序图的模型图窗口。

1. 系统员工现状管理顺序图

系统员工现状情况管理的事件流如表 14.2 所示。

表 14.2 系统员工现状情况管理用例事件要求

用例项	用例注释
业务编号	HrManagement_01
业务名称	系统员工现状管理
业务要求	可以执行各类员工现状信息操作

以表 14.2 的相关要求为目标，绘制如图 14.10 所示图形。

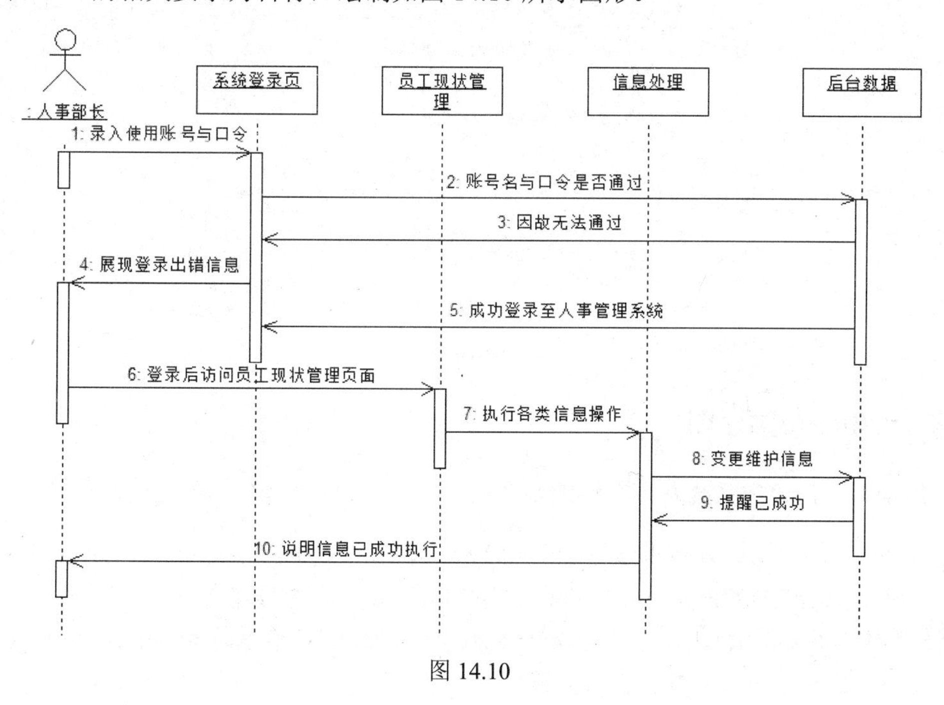

图 14.10

- 口令也就是登录的密码。
- 信息处理主要包括添加、修改、查询、删除操作。
- 后台数据主要是指对从页面操作而传递过来的数据，通过数据库层面进行数据的多种处理。

2. 工作绩效顺序图

人事部长需要对各个职员的工作绩效情况进行管理，以便于为员工未来的加减薪水和升降职提供数据基础。

其事件流与“系统员工现状管理顺序图”相同，只是“员工现状”对象改为“工作绩效”。

3. 职员招收添加修改顺序图

人事部长根据企业的总体需求，负责各个应招岗位人员的招聘工作。人事部长登录人事系统后，需要调用添加/修改职员招收的动作。

以表 14.3 的相关要求为目标，可以绘制如图 14.11 所示图形。

表 14.3　系统职员招收添加修改用例事件要求

用例项	用例注释
业务编号	HrManagement_02
业务名称	职员招收添加修改
业务要求	可以执行各类职员招收添加修改信息操作

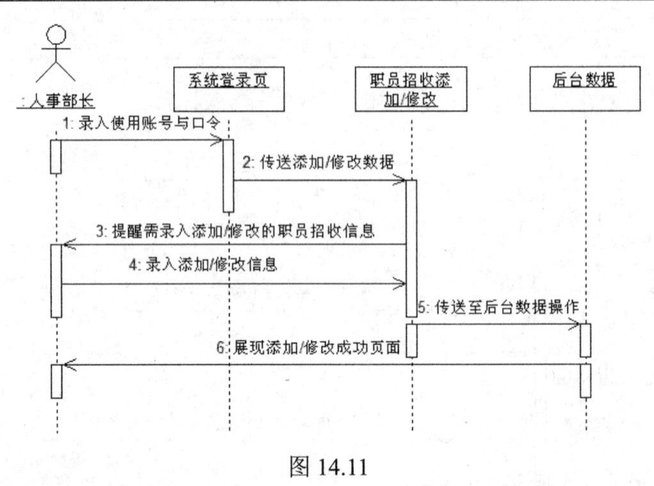

图 14.11

14.4.2　人事专员顺序图

在 Rose 7 中创建本系统人事专员的顺序图，可采用以下步骤。

01 打开 Rose 7 后，在浏览器中的视图 Logical View 或 Use Case View 上单击鼠标右键；新建 员工档案管理顺序图、 员工劳动合同添加/修改顺序图。

02 选择工具栏图的 、→图标或选择 Tools→Create 菜单中的 Object、Message 等子菜单，将其拖至顺序图的模型图窗口。

03 在 Use Case View 视图中新建人事专员 Actor，将其拖至顺序图的模型图窗口。

1. 系统员工档案管理顺序图

系统员工档案情况管理的事件流如表 14.4 所示。

表 14.4　系统员工档案情况管理用例事件要求

用例项	用例注释
业务编号	HrManagement_03
业务名称	员工档案管理
业务要求	可以执行员工档案管理维护操作

以表 14.4 的相关要求为目标，绘制如图 14.12 所示图形。

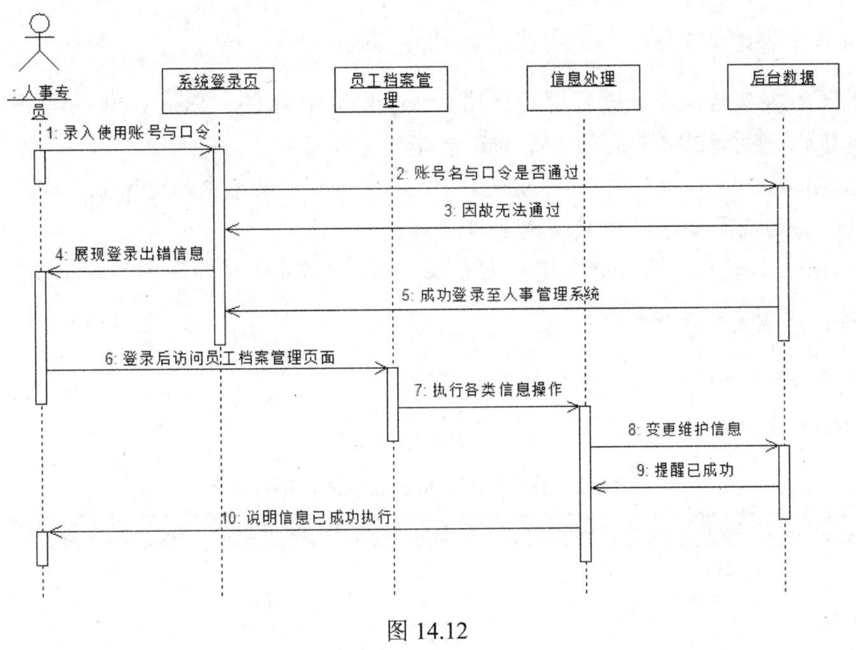

图 14.12

2. 员工劳动合同添加/修改顺序图

员工劳动合同添加/修改情况的事件流如表 14.5 所示。

以表 14.5 的相关要求为目标，可以绘制图 14.13。

表 14.5 员工劳动合同情况管理用例事件要求

用例项	用例注释
业务编号	HrManagement_04
业务名称	员工劳动合同添加/修改
业务要求	可以执行员工劳动合同添加/修改操作

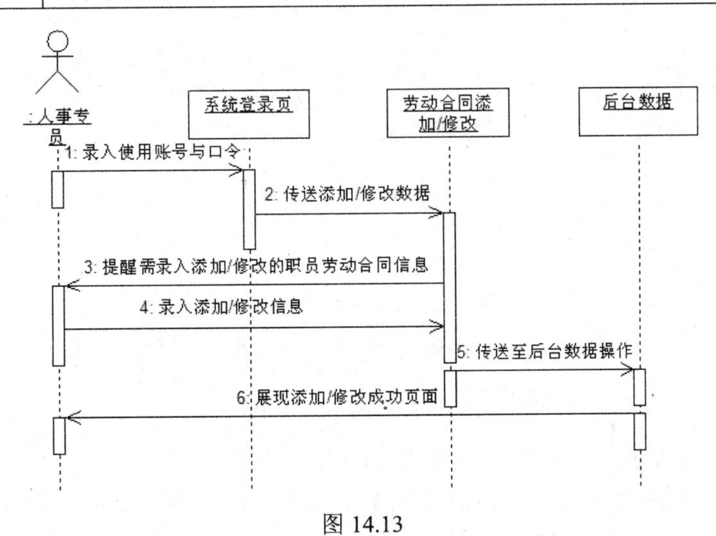

图 14.13

14.4.3 系统专人顺序图

在 Rose 7 中创建本系统的系统专人顺序图，可采用以下步骤。

01 打开 Rose 7 后，在浏览器中的视图 Logical View 或 Use Case View 上单击鼠标右键；新建 使用者维护顺序图、 使用者角色维护顺序图。

02 选择工具栏图的 、→图标或选择 Tools→Create 菜单中的 Object、Message 等子菜单，将其拖至顺序图的模型图窗口。

03 在 Use Case View 视图中新建系统专人 Actor，将其拖至顺序图的模型图窗口。

1. 系统使用者维护顺序图

系统使用者情况维护的事件流如表 14.6 所示。

以表 14.6 的相关要求为目标，可以绘制图 14.14。

表 14.6 系统使用者情况管理用例事件要求

用例项	用例注释
业务编号	HrManagement_05
业务名称	系统使用者维护
业务要求	可以执行使用者的查询、存储操作

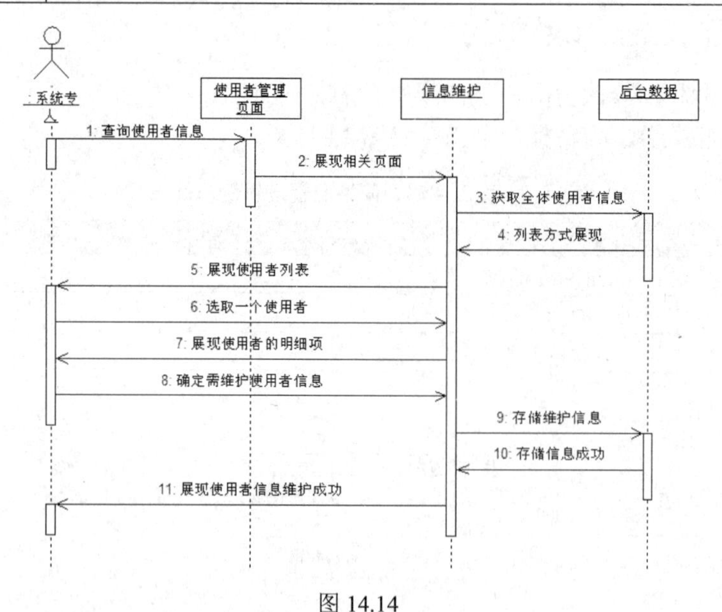

图 14.14

- “信息维护”在此处用于对数据进行存储、查询。
- “后台数据”在此处是指非界面的后台数据库逻辑处理存储、查询。

2. 系统使用者角色维护顺序图

系统使用者角色情况维护的事件流如表 14.7 所示。

以表 14.7 的相关要求为目标，可以绘制图 14.15。

表 14.7 系统使用者角色管理用例事件要求

用例项	用例注释
业务编号	HrManagement_06
业务名称	系统使用者角色维护
业务要求	可以执行角色的查询、新增、删除、修改操作

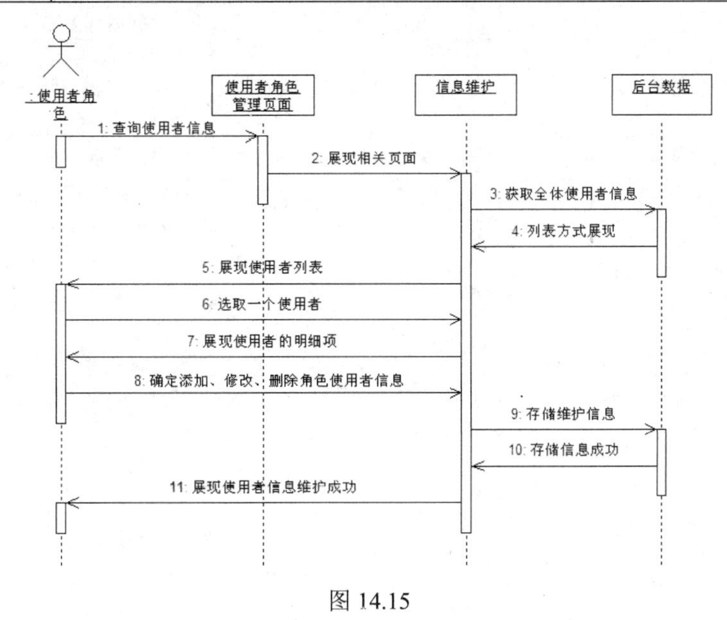

图 14.15

- "信息维护"在此处用于对数据进行添加、修改、删除、查询操作。
- "后台数据"此处是指非界面的后台数据库，从逻辑角度去处理添加、修改、删除、查询操作。

14.5 人事管理系统的协作图

14.5.1 人事部长协作图

在 Rose 7 中创建人事管理系统人事部长协作图的步骤如下：

01 选择 Logical View 或 Use Case View，单击鼠标右键新建 员工现状管理协作图、 工作绩效协作图， 职员招收添加修改协作图。

02 在状态图工具栏中选择 、 、 、 图标，或在 Tools 菜单栏下选择 Create 菜单再选择所属 Object、Object Link、Link to Self、Link Message、Message 等子菜单，将它们拖至模型图窗口。

03 在 Use Case View 窗口中新建人事部长 Actor，将它根据需要拖至协作图模型图窗口。

1. 系统员工现状管理协作图

员工现状管理的协作关系主要体现，如表 14.8 所示。

表 14.8　员工现状管理协作图表

编号	交互主体	交互动作	举例
1	人事部长与系统登录页	系统登录与账号、口令交互动作	例如，人事部长输入账号、口令信息，将数据传送到系统登录页面
2	系统登录页与后台数据	账号名、口令验证交互动作	例如，在系统登录页面输入用户名 jack，密码 321111，系统会将数据传送到后台数据库
3	后台数据与系统登录页	无法通过	例如，登录用户为 jhc、密码为 112233，输入用户名名为 jhc，密码为 321112
4	系统登录页与人事部长	展现登录出错信息	例如，显示用户与密码不符的信息
5	后台数据与系统登录页	成功登录至人事管理系统	例如，输入的用户与密码正确，则进入到人事管理系统
6	人事部长与员工现状管理	登录后访问员工现状管理页面	例如，人事部长登录系统后访问员工现状管理页面
7	员工现状管理与信息处理	执行各类信息操作	例如，员工现状管理模块执行增、删、改、查等操作
8	信息处理与后台数据	变更维护信息	例如，执行了信息变更的相关操作
9	后台数据与信息处理	提醒数据维护成功	例如，在系统界面上显示数据维护成功信息
10	信息处理与人事部长	说明信息已成功执行	例如，人事部长角色看到信息执行成功的提示

具体图形如图 14.16 所示。

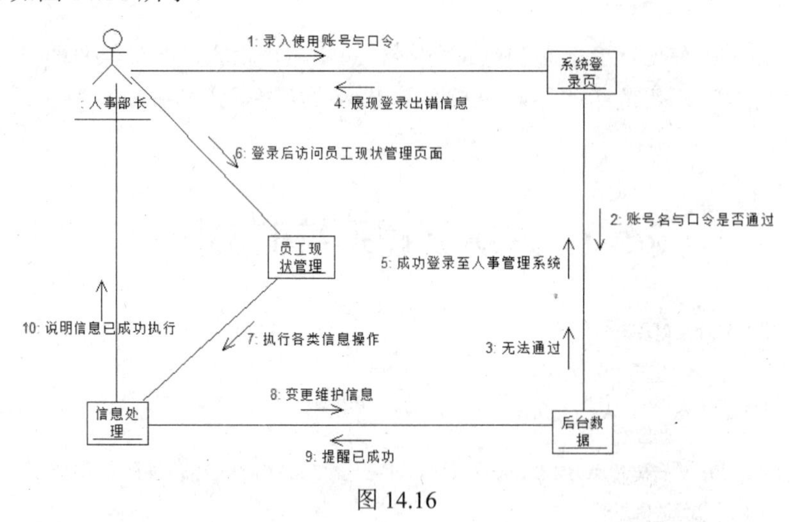

图 14.16

2. 工作绩效协作图

其协作过程与“系统员工现状管理协作图”相同，只是将“员工现状”对象改为“工作绩效”即可。

3. 职员招收添加修改协作图

职员招收添加修改的协作关系主要体现，如表 14.9 所示。

表 14.9 职员招收添加修改协作图表

编号	交互主体	交互动作	举例
1	人事部长与系统登录页	录入账号与口令	例如，人事部长输入账号、口令信息，将数据传送到系统登录页面
2	系统登录页与职员招收添加/修改	传送添加修改数据	例如，人事部长登录系统后访问职员招收管理页面
3	职员招收添加/修改与人事部长	提醒需录入添加/修改的职员招收信息	例如，人事部长触发添加/修改按钮，系统提醒需输入数据
4	人事部长与职员招收添加/修改	录入添加/修改信息	例如，人事部长在添加/修改页面录入数据
5	职员招收添加/修改与后台数据	传送至后台数据操作	例如，人事部长在添加/修改页面录入数据后，单击提交按钮
6	后台数据与人事部长	展现添加/修改成功页面	例如，人事部长在添加/修改页面录入数据后，单击提交按钮后，显示成功保存信息

具体图形如图 14.17 所示。

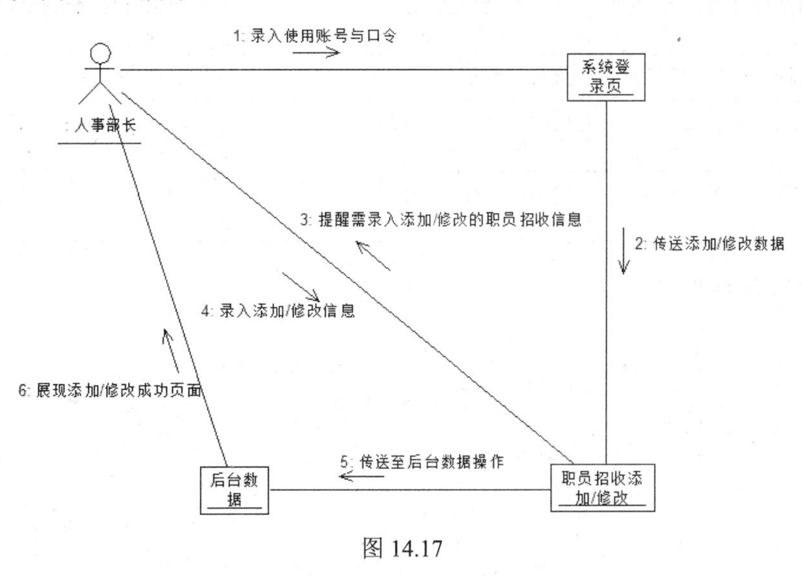

图 14.17

14.5.2 人事专员协作图

在 Rose 7 中创建人事管理系统人事专员协作图的步骤如下：

01 在 Logical View 或 Use Case View 上单击鼠标右键，新建 员工档案管理协作图，员工劳动合同添加/修改。

02 在状态图工具栏中选择 、 、 、 图标，或在 Tools 菜单栏下选择 Create 菜单再选择所属 Object、Object Link、Link to Self、Link Message、Message 等子菜单，将它们拖至模型图窗口。

03 在 Use Case View 中新建人事专员 Actor，将它根据需要拖至协作图模型图窗口。

1. 系统员工档案管理协作图

员工档案管理的协作关系主要体现，如表 14.10 所示。

表 14.10　员工档案管理协作图表

编号	交互主体	交互动作	举例
1	人事专员与系统登录页	系统登录情况账号、口令交互动作	人事专员输入账号、口令信息，将数据传送到系统登录页面。
2	系统登录页与后台数据	账号名、口令验证交互动作	在系统登录页面输入用户名 jhc，密码为 321122，将数据传送到后台数据
3	后台数据与系统登录页	无法通过	登录用户为 jhc、密码为 112233
4	系统登录页与人事专员	展现登录出错信息	显示用户与密码不符的信息
5	后台数据与系统登录页	成功登录至人事管理系统	输入的用户与密码正确，则进入到人事管理系统
6	人事专员与员工档案管理	登录后访问员工档案管理页面	人事专员登录系统后访问员工档案管理页面
7	员工档案管理与信息处理	执行各类信息操作	员工档案管理模块执行“增、删、改、查”等操作
8	信息处理与后台数据	变更维护信息	执行了信息变更
9	后台数据与信息处理	提醒数据维护成功	在系统界面上显示数据维护成功信息
10	信息处理与人事专员	说明信息已成功执行	人事专员角色看到信息执行成功的提示

具体图形如图 14.18 所示。

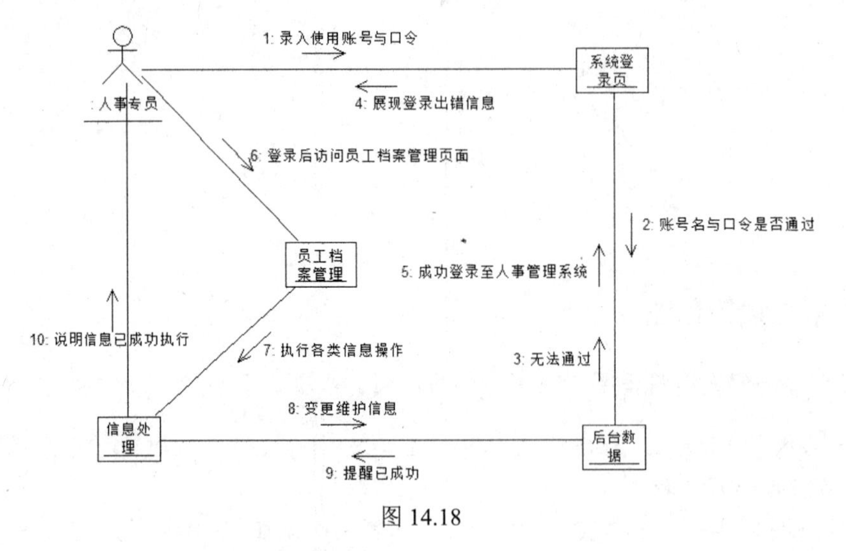

图 14.18

2. 系统员工劳动合同添加/修改协作图

员工劳动合同添加修改的协作关系主要体现，如表 14.11 所示。

表 14.11　员工劳动合同添加修改协作图表

编号	交互主体	交互动作	举例
1	人事专员与系统登录页	录入使用账号与口令	人事专员输入账号、口令信息，将数据传送到系统登录页面
2	系统登录页与劳动合同添加/修改	传送添加修改数据	人事专员登录系统后访问劳动合同管理页面
3	劳动合同招收添加/修改与人事专员	提醒需录入添加/修改的员工劳动合同信息	人事专员触发添加/修改按钮，系统提醒需输入数据
4	人事专员与劳动合同添加/修改	录入添加/修改信息	人事专员在添加/修改页面录入数据
5	劳动合同添加/修改与后台数据	传送至后台数据操作	人事专员在添加/修改页面录入数据后，单击提交按钮
6	后台数据与人事专员	展现添加/修改成功页面	人事专员在添加/修改页面录入数据后，单击提交按钮后，显示成功保存信息

具体图形如图 14.19 所示。

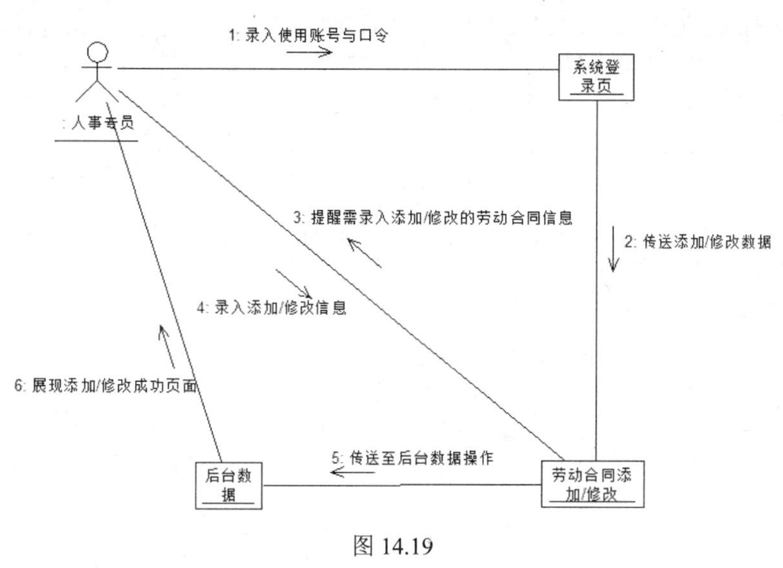

图 14.19

14.5.3　系统专人协作图

在 Rose 7 中创建人事管理系统的系统专人协作图的步骤如下：

01 在 Logical View 或 Use Case View 上单击鼠标右键新建 使用者维护协作图，使用者角色维护协作图。

02 在状态图工具栏中选择 、、、 图标，或在 Tools 菜单栏下选择 Create 菜单再选择所属 Object、Object Link、Link to Self、Link Message、Message 等子菜单，它们拖至模型图窗口。

03 在 Use Case View 窗口中新建系统专人 Actor，将它根据需要拖至协作图模型图窗口。

1. 系统使用者维护协作图

系统使用者维护的协作关系主要体现，如表 14.12 所示。

表 14.12　系统使用者维护协作图表

编号	交互主体	交互动作	举例
1	系统专人与使用者管理页面	查询使用者信息	系统专人输入使用者查询条件，将数据传送到使用者管理页面
2	使用者管理页面与信息维护	展现相关页面	在查询使用页面输入使用者：bos
3	信息维护与后台数据	获取全体使用者信息	在查询使用页面输入使用者：bos，显示 bos 相关信息
4	后台数据与信息维护	列表方式展现	使用者 bos 有多个，显示包含多条信息的列表信息
5	信息维护与系统专人	展现使用者列表	使用者 bos 有多个，显示包含多条信息的列表信息，供系统专人查看
6	系统专人与信息维护	选取一个使用者	系统专人在使用者显示列表中选择某一人
7	信息维护与系统专人	展现使用者的明细项	系统专人在使用者显示列表中选择某一人，单击明细链接进入明细页面
8	系统专人与信息维护	确定需维护使用者信息	系统专人在使用者查询列表中选择某一条记录做编辑、删除操作
9	信息维护与后台数据	存储维护信息	系统专人在使用者查询列表中选择某一条记录作编辑之后，数据保存至后台数据库中
10	后台数据与信息维护	存储信息成功	在修改结束单击提交按钮后，页面上显示存储信息成功
11	信息维护与系统专人	展现使用者信息维护成功	弹出一个新的信息维护成功页面

具体图形如图 14.20 所示。

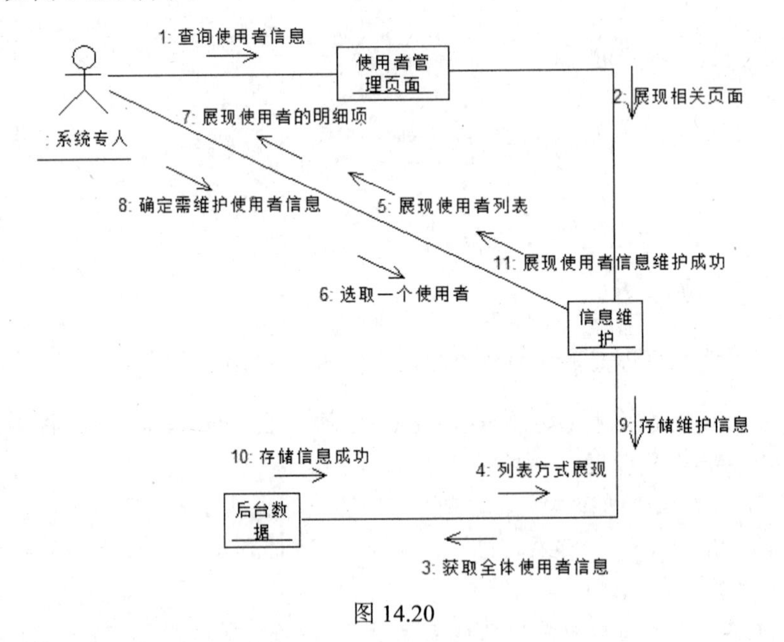

图 14.20

2. 系统使用者角色维护协作图

系统使用者角色维护的协作关系主要体现，如表 14.13 所示。

表 14.13　系统使用者角色维护协作图表

编号	交互主体	交互动作	举例
1	系统专人与使用者角色管理页面	查询使用者角色信息	系统专人输入使用者角色查询条件，将数据传送到使用者角色管理页面
2	使用者角色管理页面与信息维护	展现相关页面	在查询使用页面输入使用者角色“人事部长”
3	信息维护与后台数据	获取全体使用者角色信息	在查询使用页面输入使用者“人事部长”，将显示人事部长的相关信息
4	后台数据与信息维护	列表方式展现	使用者角色人事部长拥有多个使用者，可显示包含多条信息的列表信息
5	信息维护与系统专人	展现使用者角色列表	使用者角色人事部长拥有多个使用者，可显示包含多条信息的列表信息，供系统专人查看
6	系统专人与信息维护	选取一个使用者角色的一条信息	系统专人在使用者角色显示列表中选择某一条使用者角色
7	信息维护与系统专人	展现使用者角色的明细项	系统专人在使用者角色显示列表中选择某一条使用者角色，单击明细链接进入明细页面
8	系统专人与信息维护	确定需维护使用者角色信息	系统专人在使用者角色查询列表中选择某一条记录做编辑、删除操作
9	信息维护与后台数据	存储维护信息	系统专人在使用者角色查询列表中选择某一条记录作编辑后，数据保存至后台数据库中
10	后台数据与信息维护	存储信息成功	在修改结束单击提交按钮后，页面上显示存储信息成功
11	信息维护与系统专人	展现使用者角色信息维护成功	弹出一个新的信息维护成功页面

具体图形如图 14.21 所示。

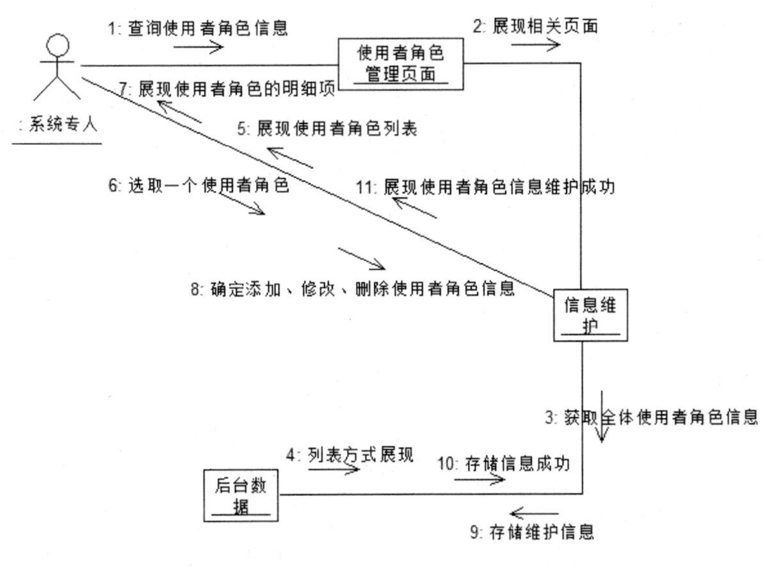

图 14.21

14.6 人事管理系统的状态图

人事管理系统的业务人员在业务处理之中存在员工现状管理、工作绩效、职员招收添加删除，员工档案情况管理、员工劳动合同添加修改等状态，而系统专职人员对于使用者维护、使用者角色维护也存着一些状态。

在 Rose 7 中创建人事管理系统状态图的步骤如下：

01 在 Logical View 或 Use Case View 上单击鼠标右键，选择新建 人事部长业务处理状态图、 人事专员业务处理状态图、 系统专人系统维护状态图。

02 在状态图工具栏中选择 、 、 、 图标，或在 Tools 菜单栏下选择 Create 菜单再选择所属 State、Start State、End State 等子菜单，将它们拖至模型图窗口。

本章节的状态图如表 14.14 所示。

表 14.14 人事管理系统状态图

状态类型	状态图名称	状态图编号
业务处理	人事部长的业务处理	图 14.22
	人事专员的业务处理	图 14.23
系统维护	系统专人的系统维护	图 14.24

1. 人事部长的业务处理状态图

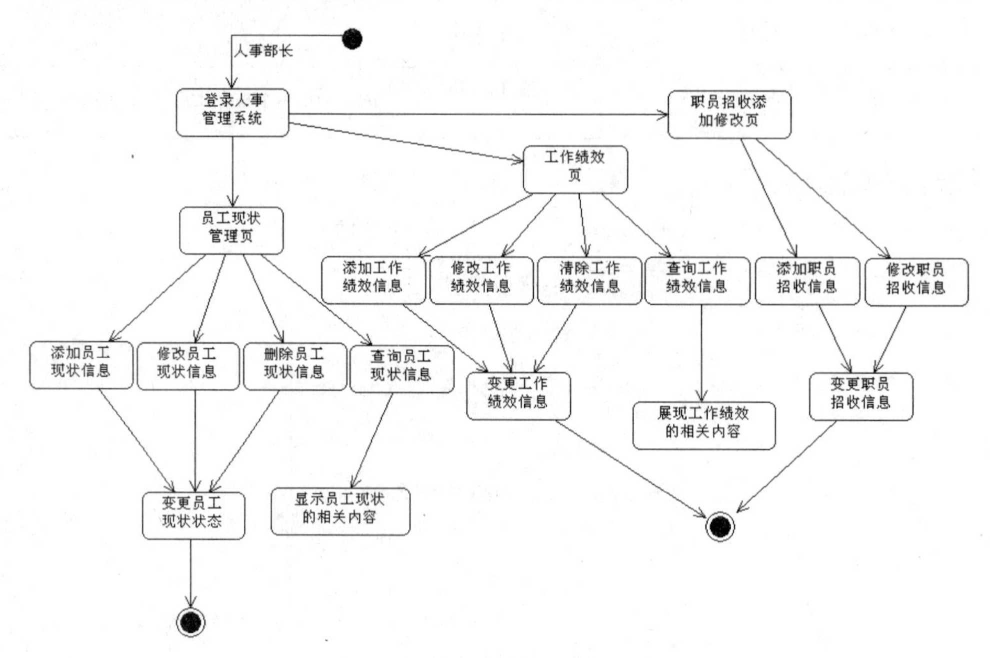

图 14.22

2. 人事专员的业务处理状态图

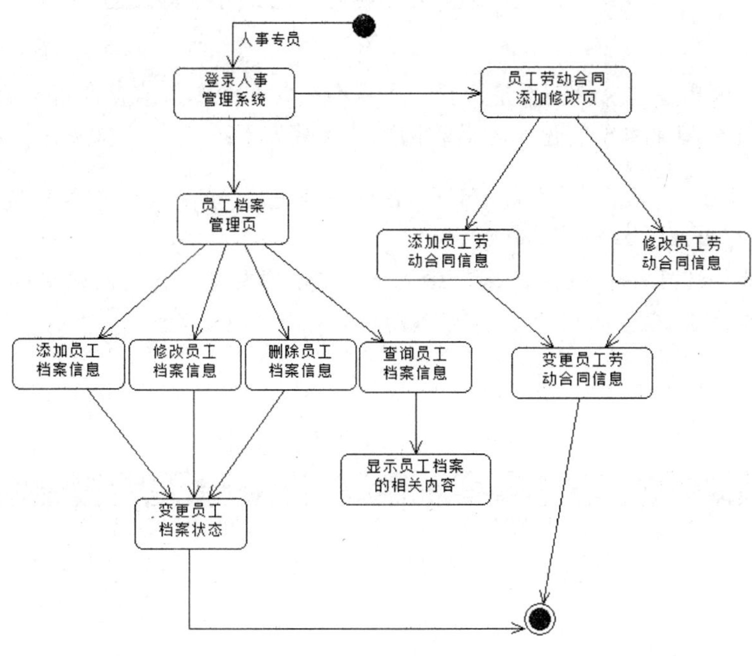

图 14.23

3. 系统专人的系统维护状态图

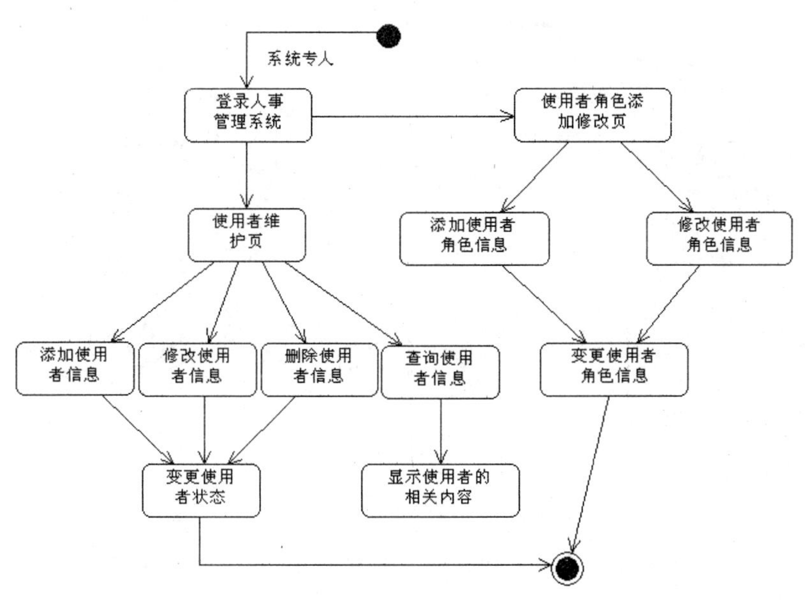

图 14.24

14.7 人事管理系统的活动图

根据要求，人事管理系统的人事部长、人事专员、系统专人均存在着一定的活动。

在 Rose 7 中创建本系统的使用者活动图形的步骤如下：

01 打开 Rose 7 后，在 Use Case View 上单击鼠标右键，选择新建 人事部长活动图、人事专员活动图、系统专人活动图。

02 选择工具栏图的—、▭、•、◉、↗，◇，▯图标，将它们视需要拖至活动图模型图窗口。

本章节的活动图如表 14.15 所示。

表 14.15 人事管理系统活动图

活动类型	活动图名称	状态图编号
业务处理	人事部长的业务处理	图 14.25
	人事专员的业务处理	图 14.26
系统维护	系统专人的系统维护	图 14.27

1. 人事部长的活动图

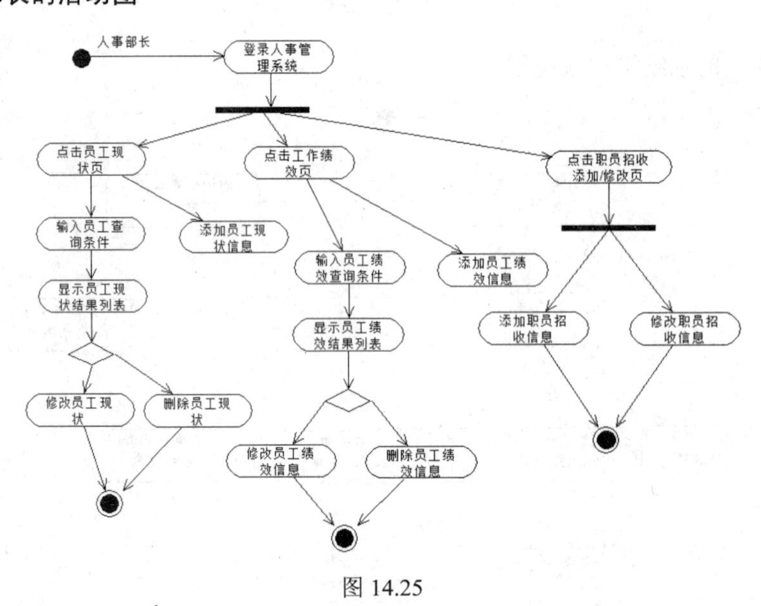

图 14.25

- “人事部长”登录人事管理系统之后，触发员工现状页、工作绩效页、职员招收添加/修改页。
- 显示员工现状、绩效结果”列表，再根据实际情况进行相应员工情况与绩效信息的调节。
- 操作职员招收信息的添加或修改活动。

2. 人事专员的活动图

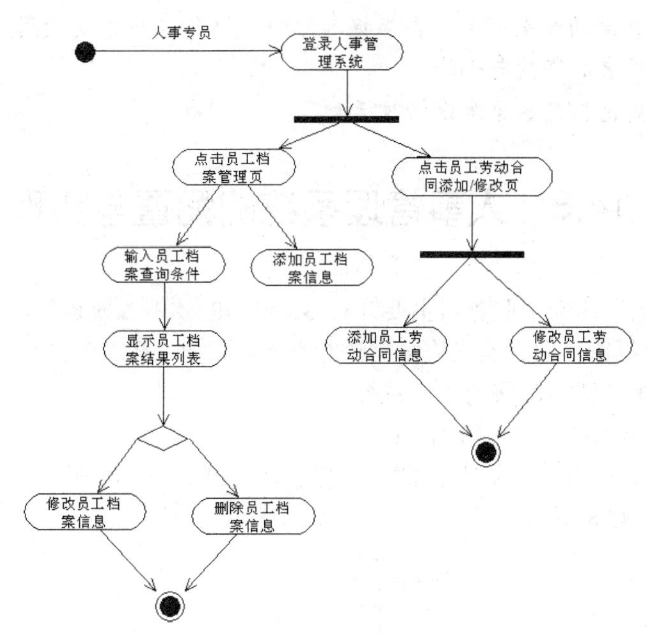

图 14.26

- 人事专员登录人事管理系统之后，触发员工档案管理页、员工劳动合同添加/修改页
- 显示员工档案查询的结果列表，再根据实际情况进行相应员工档案信息的调节，具体操作包含员工的档案修改与删除。
- 操作员工劳动合同信息的添加或修改活动。

3. 系统专人的活动图

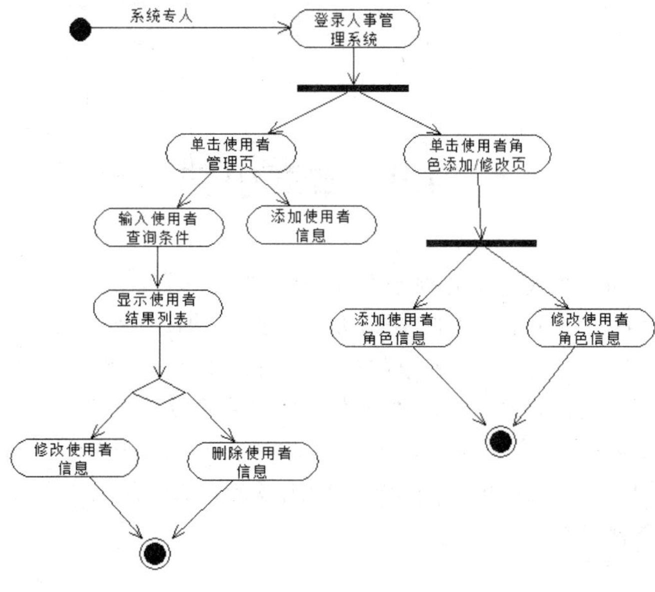

图 14.27

- 系统专人登录人事管理系统之后，触发使用者管理页与使用者角色添加/修改页。
- 显示使用者查询的结果列表，再根据实际情况进行相应系统使用者信息的调节，具体操作包含使用者的修改与删除。
- 操作使用者角色信息的添加或修改活动。

14.8 人事管理系统的配置与实现

人事管理系统的网络应用服务器主要针对BS结构的软件系统进行源码发布、日志管理、性能调优、Mysql数据库面向各类操作数据进行存储或管理；智能手机与普通PC机的网页端，均可访问网络应用服务器所部署的软件系统。

在Rose 7中创建部署图的步骤如下：

择Deployment view选项，在弹出的工具栏中选择、、图标，将它们拖至模型图窗体，具体设计如图14.28所示。

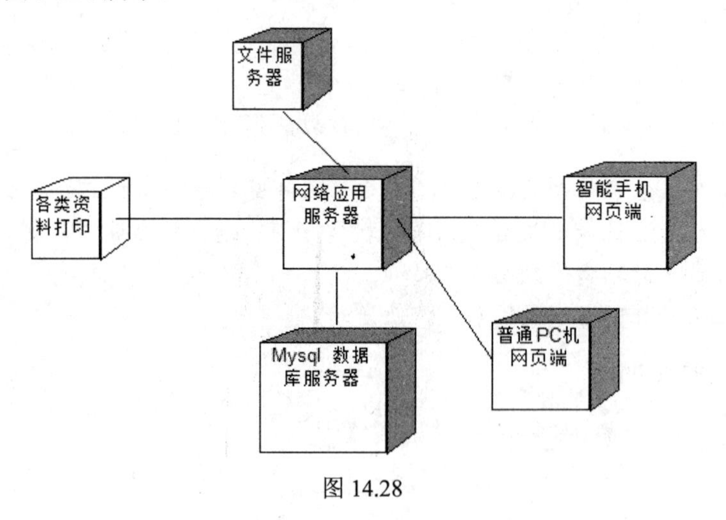

图14.28

14.9 本章小结

人事管理系统作为一个人力资源领域不可缺少的管理平台，它在各个企业之间都有一定的应用价值。本章对业务进行有针对性的选择，从比较经典的模块着手进行重点讲解。选取了“人员招收、人员绩效”管理模块，赋予人事部长一级的管理人员处理；选取人事档案、员工劳动合同管理，赋予人事专员去处理。选取“使用者与相关角色”选项，由系统专人负责。

通过UML的需求分析、需求建模、类图的划分与交互、顺序图、协作图、状态图、活动图以及部署图的应用，为读者提供一些真实的应用场景，从思路上、理念上、图形上为广大读者提供切实有效的案例分析。

第15章

租马管理系统

15.1 项目创建期

对于软硬件项目的开发公司而言，在项目的初始阶段一般正常情况下需要编写可行性研究报告。

此阶段的重点在于和项目的使用方进行全方位多层次的会谈，以了解与确定客户的想法与主要目标。从系统应用的角度出发为客户设计功能点，以帮助客户在系统中能够解决与业务息息相关的问题，并取得低投入高回报的较好收益。

关于访谈所要达到的目标，着重强调的要点如图 15.1 所示。

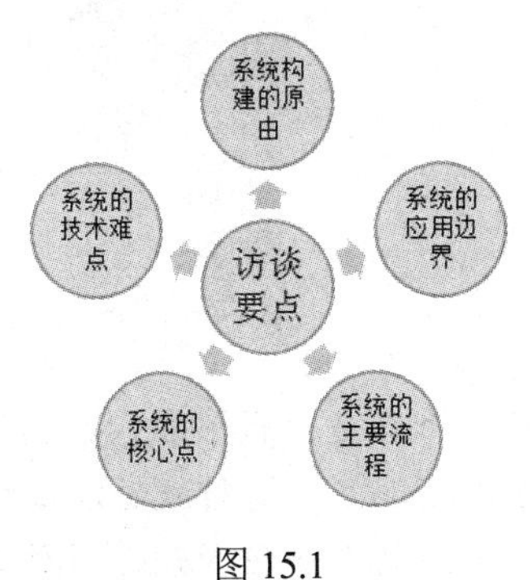

图 15.1

- 系统构建的原由：从客户现有工作内容着手去分析，业务涉及到了哪些工作执行角色，需要花费多少工作时间，可能会显露出哪些问题；从而证明系统的建设具有十分重要的价值。

- 系统的应用边界：寻找现阶段已在使用中的各个系统，熟悉其主要业务构造与数据接口，以此去表现和开发系统的丰富程度有着较大的关联。
- 系统的主要流程：对于寻求客户业务流程的过程，需要擅于搜求必需的主要流程，而无需过于关注流程的具体细节。
- 系统的核心点：着重分析系统投资方关注的重点问题，将可能导致系统建设成功或失败的核心问题进行深入地梳理。
- 系统的技术难点：必须了解系统建设可能涉及的技术壁垒，例如系统集成、单点登录以及网络安全机制等。

以上5个访谈的要点必须好好重视，只有引起客户系统建设的兴趣，规定好系统建设的领域并深刻理解客户的关注点，并配以技术要求的掌握；才有可能有效地建设系统。并为接下来的需求阶段提供扎实的业务基础。

15.2 项目需求分析期

15.2.1 功能划分

当前我国草原旅游行业不断壮大，伴之产生的管理规范化与经营智能化的要求不断提高。原来手工Excel或Word录入的做法已大大降低了企业的发展速度，为了进一步降低企业的运营成本，为了进一步提升服务质量与服务效率；租马管理系统的产生呼之欲出。

面对以上所言的时代背景与发展目标，租马管理系统的使用者必然离不开马匹出租公司的工作人员。

其具体的需求在于对各种出租马匹情况、马匹保险情况、租客的各种信息、租客积分分级、马匹的现状以及经营赢利进行管理，具体功能如图15.2所示。

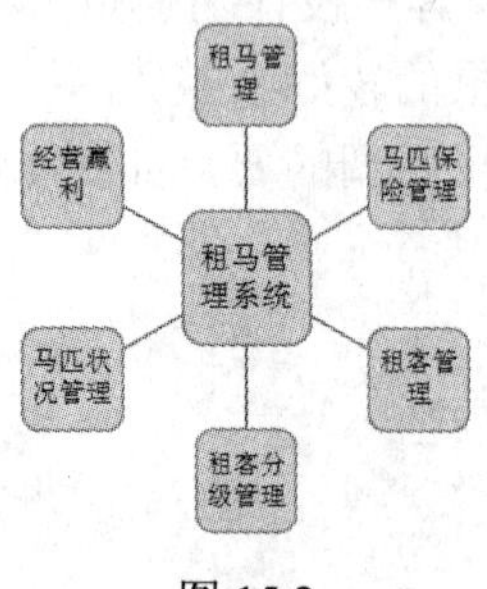

图15.2

- 租马管理：将租赁马匹客户的姓名、联系方式、所租马匹编号与名称、租赁马匹时间等信息进行管理，以方便马匹租赁查询与送还以及续租等操作。
- 马匹保险管理：将马匹保险的信息进行管理，具体内容包含马匹编号、投保时间与截止时间、保险费用、经手人员以及所投的保险公司名。
- 租客管理：将租客的姓名、性别、联系方式之类的基本信息进行管理，以便于遇到事情时可及时联系租客。

- 租客分级管理：根据租客之前租赁的消费情况，以消费的实际金额为基准进行等级的区分管理。
- 马匹状况管理：将马匹的身体状况、年龄与身高、种群类别等信息进行管理。
- 经营赢利：将马匹经营的人力成本、物力成本、出租利润、政府补贴，计算时间等信息进行管理。

除以上功能之外所有软硬件系统中通用的系统管理，如用户、角色管理之类的。

15.2.2 需求用例提炼

租马管理系统之中的业务重点在于租赁，系统的各个功能均以此为基点。

马匹租借业务是马场资本运作与收入的来源，任何一次马匹的出租都需要合理控制，管理好细节就能管理好马场的生存。

在 Rose 7 中创建用例图的步骤如下：

01 选择 Use Case View，在其伸拉式⊞标识下选择 Main 图标。

02 在工具栏中选择、、、图标，将它们拖至模型图窗口。

系统的具体用例图如图 15.3 所示。

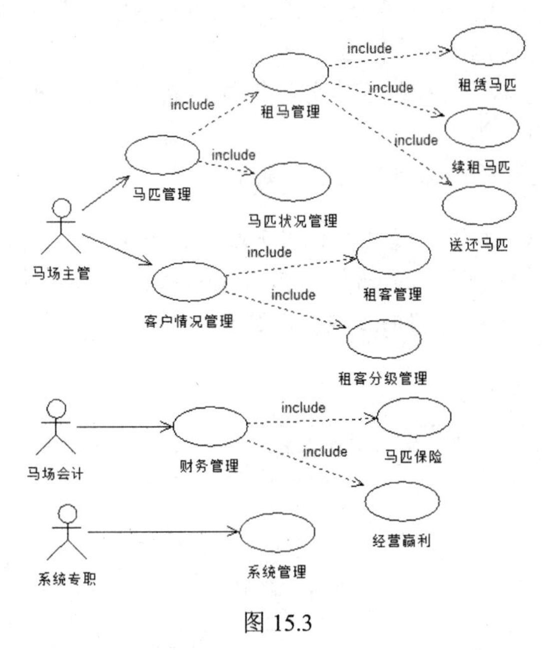

图 15.3

- “马匹管理”主要将租借马匹业务的开展与客户的情况进行综合性的管理。
- “租马管理”是指对于马匹的租借、延续以及送还这些过程进行有效地管控。
- “租赁马匹”是将马匹出租的情况进行梳理与维护。
- “续租马匹”是将客户租借后需要进一步延长租借日期的过程进行记录与维护。
- “送还马匹”是指客户租借需求结束后，将马匹回到马场的信息进行管控。
- “马匹状况管理”是将马匹的身体特征、健康指数、性格等数据进行记录，以防止马匹弹出不良状况。

- “客户情况管理”是将有租借马匹记录的客户的情况进行记录与分级，以便于在未来的日子中再次赚取租借费用。
- “租客管理”是指对租借马匹的客户信息进行记录与管理。
- “租客分级管理”是指将租借马匹的客户根据消费的金额与次数进行合理的分级归类，以提升服务质量与提高客户的回头率。
- “财务管理”是指将马场的租借运营与保险情况进行管理，根据收入与支出进行综合的计算与维护。
- “马匹保险”是指将马场中的马匹向保险公司投保，以确保经营风险的降低。
- “经营赢利”是指将马场的租借运营利润情况进行管理，为马场管理人员提供管理策略优化与未来经营方式的进一步精细化。

15.3 项目设计期

15.3.1 类图设计

取消各种繁杂的描述方式，配以各类受众均能认可的方法。仅仅包括必须的相关内容，去除无谓的重复信息。

运用具体、真实的静态模型，依据需求分析期的功能划分与用例提炼，系统设计师可以将系统的主要内容细分为 10 大类。

在 Rose 7 中创建租马管理系统类图的步骤如下：

01 选择 Logical View，在其伸拉式⊞标识下选择 Main。

02 在工具栏中选择 、 、 图标，在 Tools 菜单栏下选择 Create 菜单再选择所属 association 子菜单，将它们拖至模型图窗口。

具体类图如图 15.4 所示。

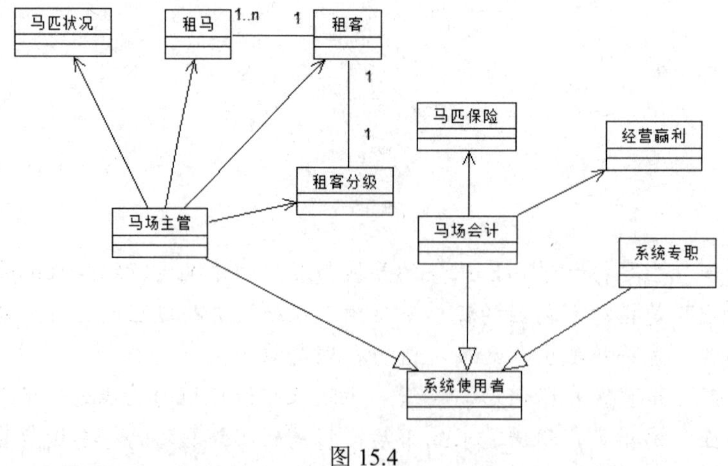

图 15.4

- “租客”只能处于一个租客级别之中，因而租客与租客分级是一对一的关系。
- 一个租客可以租一至多匹马，而一匹马不能同时租给两个要独自使用的租客，因而租客与租马是一对多的关系。1..n 就是代表租马可以是 1 匹或者多匹。
- “系统使用者”类被系统专职、马场会计、马场主管类继承，两者是父类（也称基类）、子类关系。
- “马场主管”类与马匹状况、租马、租客、租客分级类相关联。
- “马场会计”类与马匹保险、经营赢利类相关联。

其中，系统使用者与马场主管、马场会计、系统专职之间运用了设计模式的开闭原则。

当系统的使用者增加了其他人员时，系统使用者类无须修改。例如，增加了一个马场助理，只需在类图中增加马场助理类去继承基类即可，具体图形如图 15.5 所示。

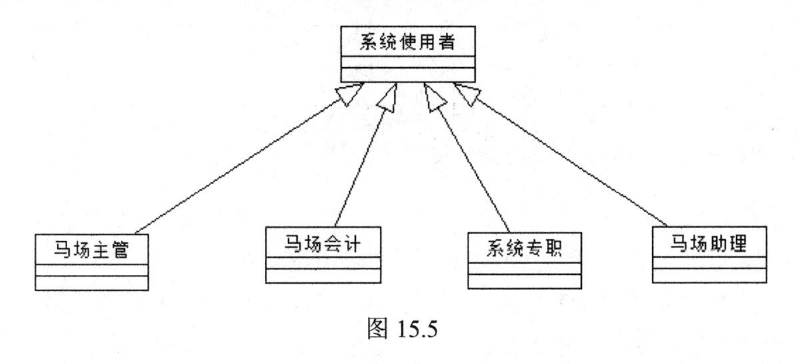

图 15.5

马匹现状与租马的类图设计可以进一步的细化，从系统设计开发角度，可运用组合与继承以及关联的关系来提高未来系统的运行性能，具体类图如图 15.6 所示。

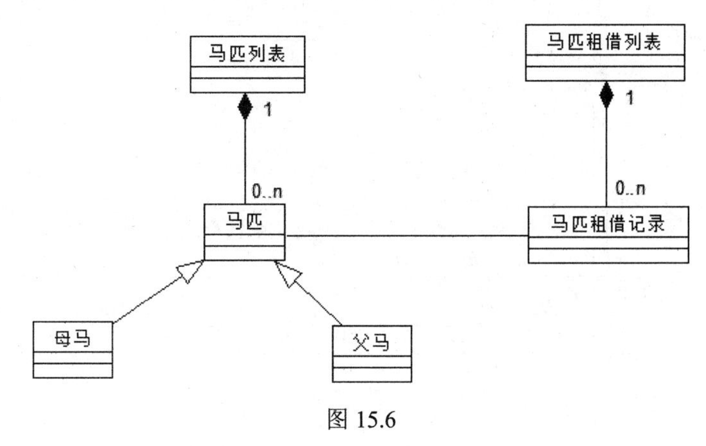

图 15.6

- 马匹列表与马匹的关系可表现为组合关系。
- 马匹列表与马匹体现了一对多的关系，一个列表可以拥有着 0 至多条马匹记录。
- 马匹与母马、父马体现为继承关系。
- 马匹租借列表与马匹租借记录也是组合关系。
- 马匹租借列表与马匹租借体现了一对多的关系，一个列表可以拥有 0 至多条马匹租借记录。
- 马匹与马匹租借记录是双向关联。

15.3.2 顺序图设计

对于大部分的软硬件系统来说，它们的意义在于可以做决策。如何合理的按顺序执行具体的任务或工作，在平凡的岗位上做出高效的事情显得极为重要。

只有以 UML 方法论为基础，按照顺序图的合理逻辑去设计系统，才会更加看好。基于以上相关理念，可以采取以下的管理机制开展顺序设计。

本章节的顺序图如表 15.1 所示。

15.1 租马管理系统顺序图

顺序图名称	顺序图编号
马匹管理顺序图	图 15.7
马匹租借顺序图	图 15.8
马匹租借延续顺序图	图 15.9
马匹送还顺序图	图 15.10

在 Rose 7 中创建租马管理系统顺序图的步骤如下：

01 选择 Logical View 或 Use Case View，单击鼠标右键，选择新建 马匹管理顺序图、马匹租借顺序图、马匹租借延续顺序图，马匹送还顺序图。

02 在顺序图工具栏中选择、→、图标，或在 Tools 菜单栏下选择 Create 菜单，再选择所属 Object、Message、Message To Self 子菜单，将它们拖至模型图窗口。

03 在 Use Case View 中新建 马场主管、租客两个 Actor，将它们根据需要拖至顺序图模型图窗口。

1. 马匹管理顺序图

马匹管理情况的事件流如表 15.2 所示。

15.2　马匹管理情况用例事件要求

用例项	用例注释
业务编号	HorseLeaseManagement_01
业务名称	马匹管理
业务要求	可以查询、变更以及删除“马匹与租马”信息

以表 15.2 的相关要求为目标，可以绘制图 15.7。

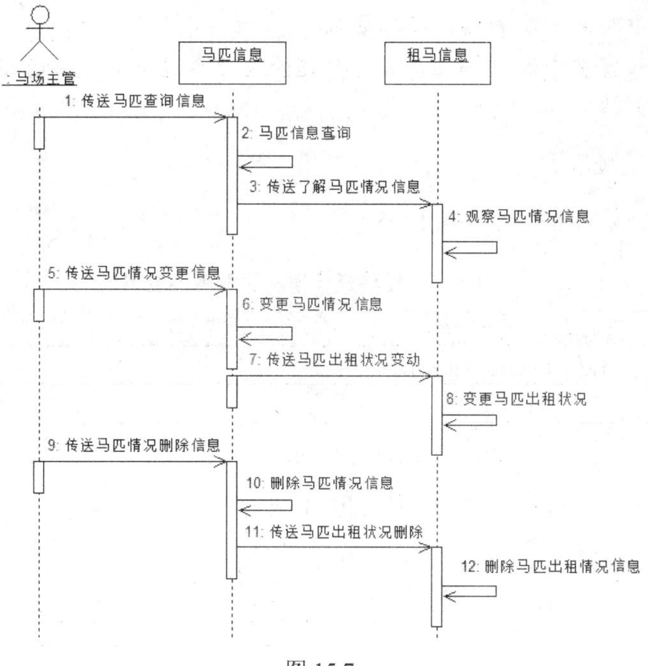

图 15.7

- 马场主管对马匹信息进行维护。
- 马匹信息变动之后也将带动马匹出租信息的变化。

2. 马匹租借顺序图

马匹租借情况的事件流如表 15.3 所示。

15.3　马匹租借情况用例事件要求

用例项	用例注释
业务编号	HorseLeaseManagement_02
业务名称	马匹租借
业务要求	可以创建租马事项信息

以表 15.3 的相关要求为目标，可以绘制图 15.8。

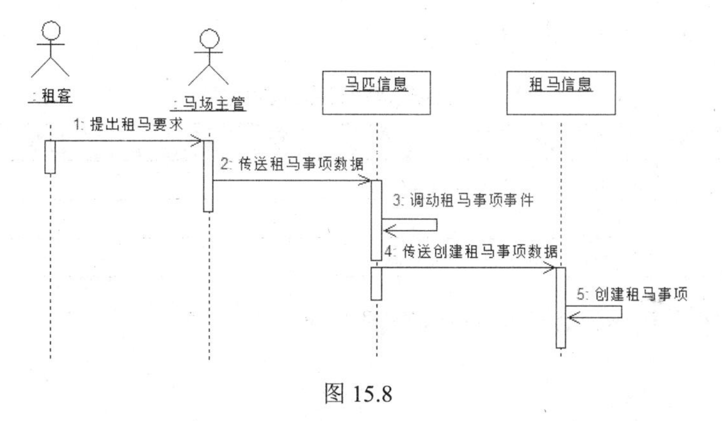

图 15.8

- 租客在系统中对马场主管提出租马要求。
- 马场主管将租客要求租借马匹的信息传送至马匹信息处，选择合适的马匹再进行租借马匹信息的创建。

3. 马匹租借延续顺序图

马匹租借延续情况的事件流如表 15.4 所示。

15.4　马匹租借延续情况用例事件要求

用例项	用例注释
业务编号	HorseLeaseManagement_03
业务名称	马匹租借延续
业务要求	可以创建马匹续租事项信息

以表 15.4 的相关要求为目标，可以绘制图 15.9。

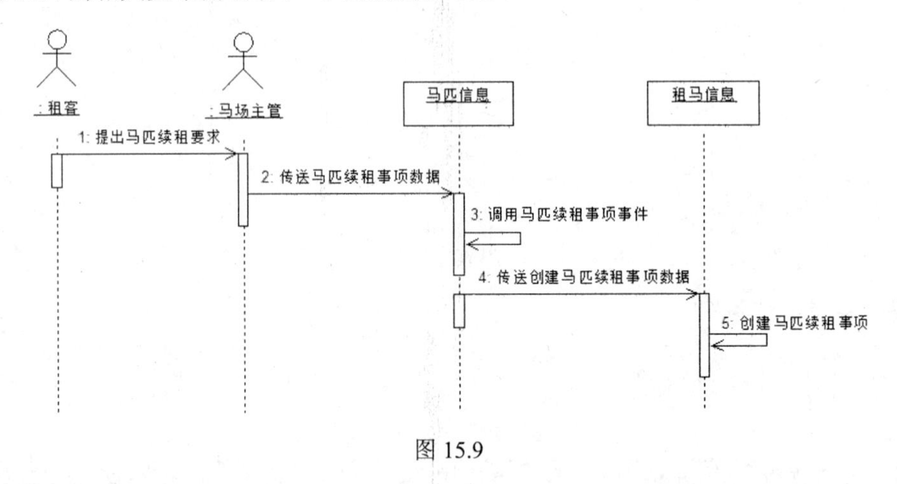

图 15.9

- 租客在系统中对马场主管提出延续租借马匹要求。
- 马场主管将租客要求续租马匹的信息传送至马匹信息处，再办理租借马匹信息的续借事项。

4. 马匹送还顺序图

马匹送还情况的事件流如表 15.5 所示。

15.5　马匹送还情况用例事件要求

用例项	用例注释
业务编号	HorseLeaseManagement_04
业务名称	马匹送还
业务要求	可以创建马匹送还事项信息

以表 15.5 的相关要求为目标，可以绘制图 15.10。

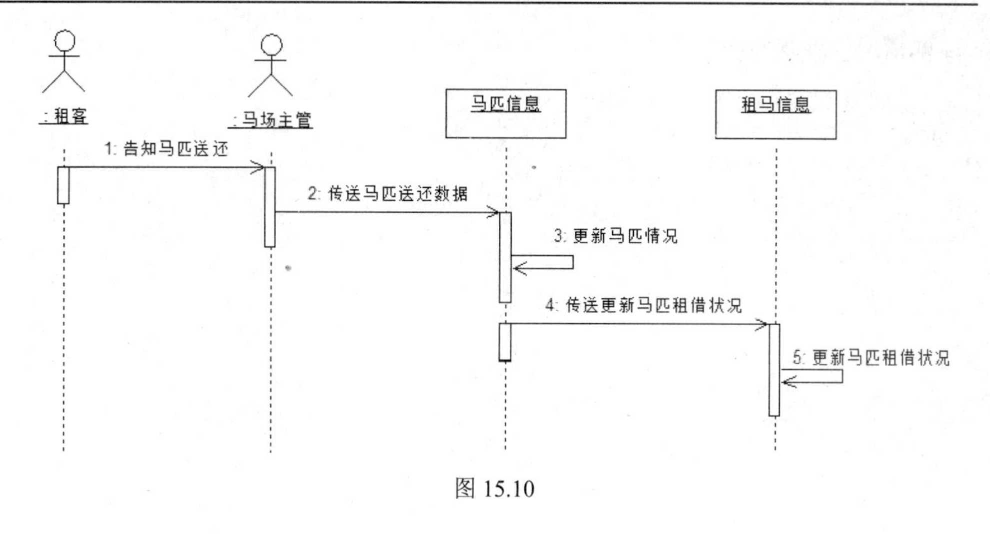

图 15.10

- 租客在系统中向马场主管告知将要送还马匹信息。
- 马场主管将租客要求送还马匹的信息传送至马匹信息处，再办理更新马匹租借信息的事宜。

15.3.3 状态图设计

我们可以在不经意之间发现一个 BS 结构的软件系统之中存在着不少的状态。当使用‘系统用户账号’登录访问至具体功能模块时，可以执行创建、变更、查询以及删除多个相关页面信息的操作。

本章节的状态图如表 15.6 所示

15.6 租马管理系统状态图

状态图名称	状态图编号
马匹情况管理状态图	图 15.11
马匹租借管理状态图	图 15.12
马匹租借延续状态图	图 15.13
马匹送还状态图	图 15.14

在 Rose 7 中创建租马管理系统状态图的步骤：

01 选择 Logical View 或 Use Case View，单击鼠标右键，选择新建 马匹情况管理状态图、 马匹租借管理状态图、 马匹租借延续状态图、 马匹送还状态图。

02 在状态图工具栏中选择 、 、 、 图标，或在 Tools 菜单栏下选择 Create 菜单再选择所属 State、Start State、End State 等子菜单，将它们拖至模型图窗口。

1. 马匹情况管理状态图

马匹情况管理状态图如图 15.11 所示。

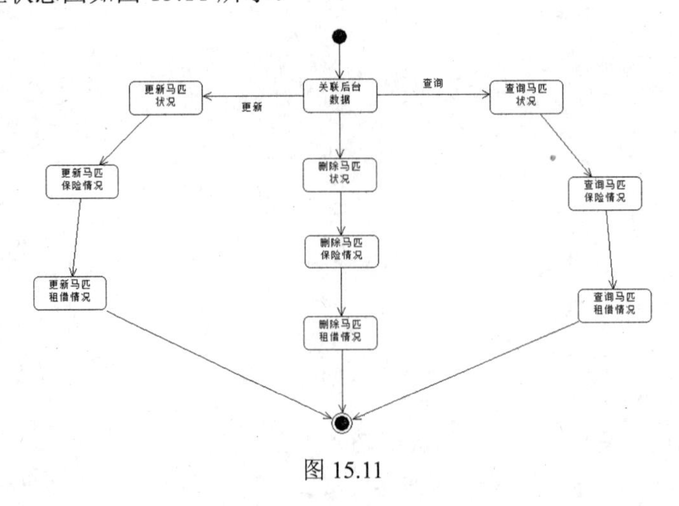

图 15.11

- 通过后台数据的关联，处理查询、更新、删除操作。
- 表现马匹状况的马匹保险、马匹租借和查询、更新、删除状态。

2. 马匹租借管理状态图

马匹租借管理状态图如 15.12 所示。

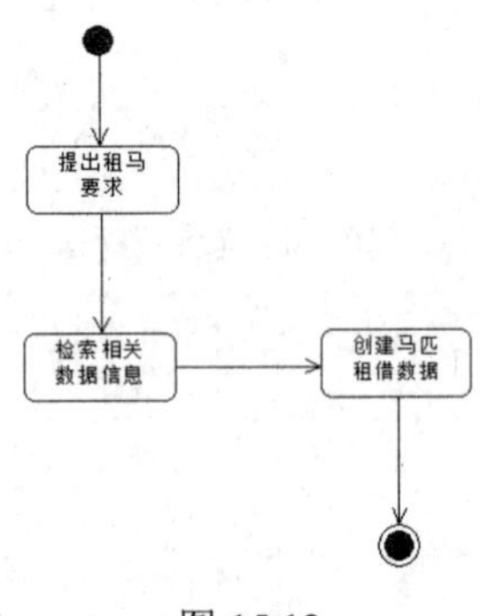

图 15.12

3. 马匹租借延续状态图

马匹租借延续状态图如图 15.13 所示。

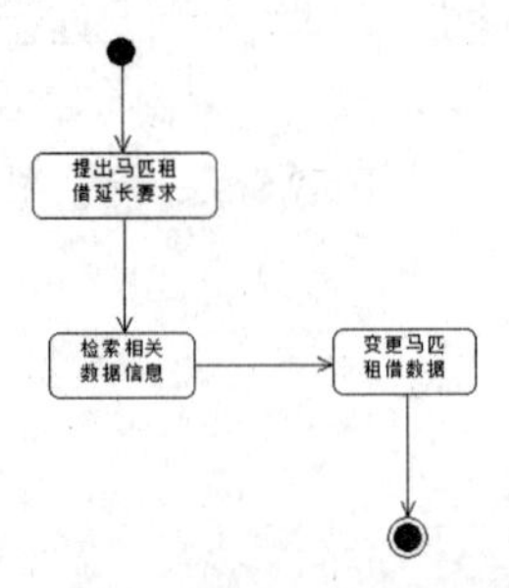

图 15.13

4. 马匹送还状态图

马匹送还状态图如图 15.14 所示。

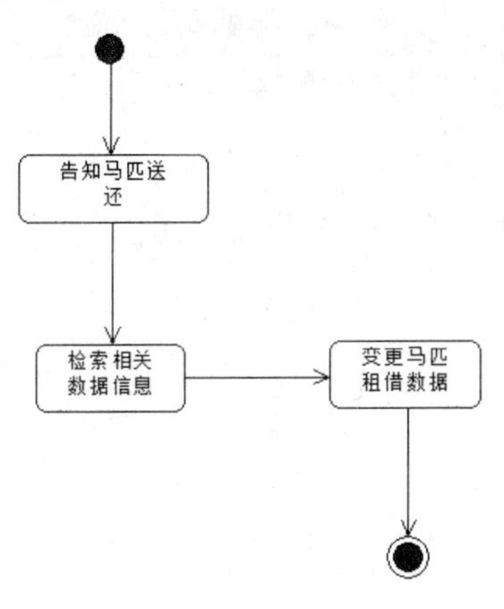

图 15.14

15.3.4 协作图设计

现实生活之中不少人抱怨工作时间利用率不高的问题，缺少协作也许是一个重要的因素。现代人往往想着自己是时间的主人，导致有时协作沟通配合的不够好。

日常工作的情形如此，软件协作图的设计也是同一个道理。软硬件系统需要一个完整的有机结合，各个功能的内容是协作关系。本章节的协作图如表 15.7 所示。

15.7 租马管理系统协作图

协作图名称	状态图编号
马匹管理协作图	图 15.15
马匹租借协作图	图 15.16
马匹租借延续协作图	图 15.17
马匹送还协作图	图 15.18

在 Rose 7 中创建租马管理系统协作图的步骤如下：

01 在 Logical View 或 Use Case View 上单击鼠标右键，选择新建 马匹管理协作图、 马匹租借协作图、 马匹租借延续协作图， 马匹送还协作图。

02 在状态图工具栏中选择 、 、 、 图标，或在 Tools 菜单栏下选择 Create 菜单再选择所属 Object、Object Link、Link to Self、Link Message、Message 等子菜单，将它们拖至模型图窗口。

03 在 Use Case View 中新建 马场主管、 租客两个 Actor，将它们根据需要拖至协作图模型图窗口。

1. 马匹管理协作图

马匹管理的协作关系主要体现，如表 15.8 所示。

15.8　马匹管理协作图表

编号	交互主体	交互动作	举例
1	马场主管与马匹信息	马匹情况的删除、变更、查询交互动作	马场主管在页面输入马匹查询信息，将数据传送到马匹信息页面
2	马匹信息与租马信息	马匹出租状况删除、马匹出租变动以及了解马匹情况讯息的交互动作	在马匹信息页面输入所需出租马匹条件，进入租马信息页面

具体图形如图 15.15 所示。

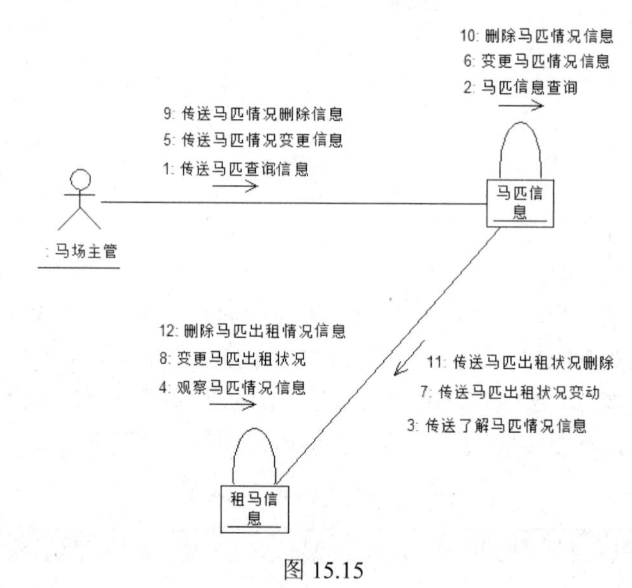

图 15.15

- 消息按编号先后顺序执行，“传递马匹查询信息”为第一个消息，“传送马匹出租状况删除”为最后一个消息。
- 除第 1、2、3 消息为自动编号，其他编号与消息则通过协作图的ABC图标录入编号与文字产生。

2. 马匹租借协作图

马匹租借的协作关系主要体现，如表 15.9 所示。

15.9　马匹租借协作图表

编号	交互主体	交互动作	举例
1	租客与马场主管	租马要求交互	租客在系统页面上录入租借马匹要求的信息，将此数据提交到马场主管所属页面
2	马场主管与马匹信息	传送租马事项的交互行为	马场主管在页面输入马匹要求信息，将数据传送到马匹信息页面
3	马匹信息与租马信息	创建租马事项的交互细节	在马匹信息页面输入租借所需马匹条件，进入租马信息页面

具体图形如图 15.16 所示。

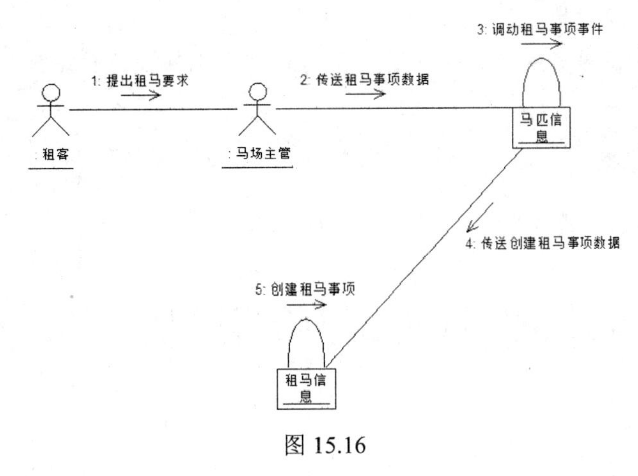

图 15.16

- 消息按编号先后顺序执行，“提出租马要求”为第一个消息，“创建租马事项”为最后一个消息。
- 除第 1、2、3 消息为自动编号，其他编号与消息则通过协作图的ABC图标录入编号与文字产生。

3. 马匹租借延续协作图

马匹租借延续的协作关系主要体现，如表 15.10 所示。

15.10　马匹租借延续协作图表

编号	交互主体	交互动作	举例
1	租客与马场主管	马匹续租的交互反应	租客在系统页面上录入续租马匹特征的信息，将此数据提交到马场主管所属页面。
2	马场主管与马匹信息	马匹续租事项的交互行为	马场主管在页面输入马匹续借特征的信息，将数据传送到马匹信息页面）。
3	马匹信息与租马信息	创建续租事项的交互细节	在马匹信息页面输入续租马匹条件，进入租马信息页面。

具体图形如图 15.17 所示。

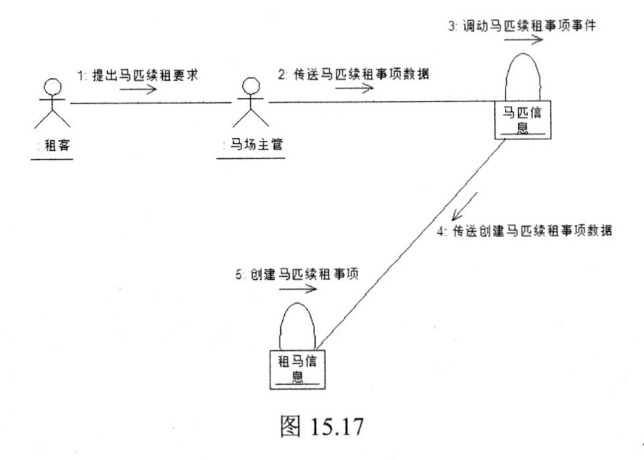

图 15.17

- 消息按编号先后顺序执行，“提出马匹续租要求”为第一个消息，“创建马匹续租事项”为最后一个消息。
- 除第1、2、3消息为自动编号，其他编号与消息则通过协作图的ABC图标，录入编号与文字产生。

4. 马匹送还协作图

马匹送还的协作关系主要体现，如表15.11所示。

15.11　马匹送还协作图表

编号	交互主体	交互动作	举例
1	租客与马场主管	马匹送还的交互反应	租客在系统页面上录入送还马匹特征的信息，将此数据提交到马场主管所属页面
2	马场主管与马匹信息	马匹送还数据的交互行为	马场主管在页面输入马匹送还特征的信息，将数据传送到马匹信息页面
3	马匹信息与租马信息	马匹更新租借状况的交互细节	在马匹信息页面输入送还马匹条件，进入租马信息页面

具体图形如图15.18所示。

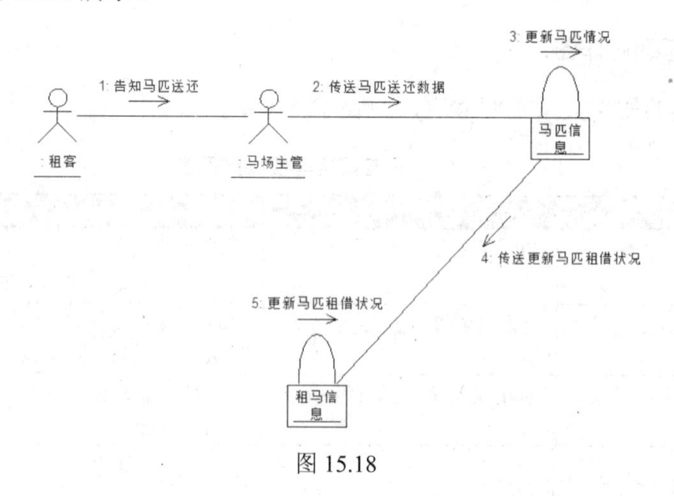

图15.18

- 消息按编号先后顺序执行，“告知马匹送还”为第一个消息，“更新马匹租借状况”为最后一个消息。
- 除第1、2、3消息为自动编号，其他编号与消息则通过协作图的ABC图标录入编号与文字产生。

15.3.5　组件图设计

组件可以更好地体现客观存在的物体现象与社会活动，它具有代表设计独立单位的标志作用，也就是说某类组件型的结构模型影响着一个软硬件系统的整体运行。

在开展租马管理系统的设计工作阶段，组件图使系统设计师们拥有了一个群体沟通的直观工具。

通过这种直观易懂的组件图模型，可获取有效的多角色多方向沟通模式，最终可将各类系统工作人员的思维统一在一起，促使大家共同努力形成租马管理系统的总体认识。

鉴于以上的软件方法论观点，组件图的设计要点如图 15.19 所示。

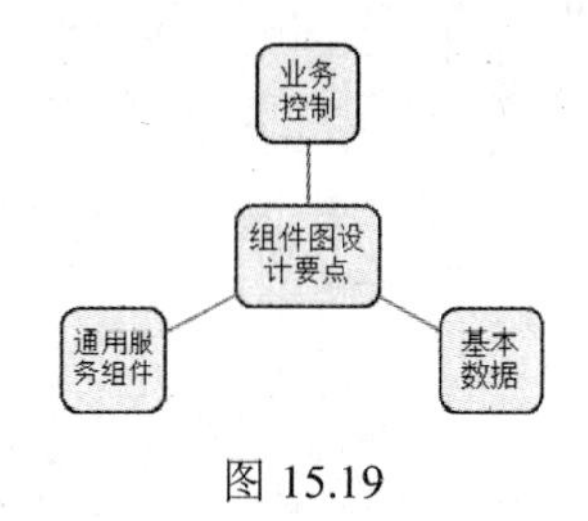

图 15.19

结合马匹租借的业务实情，本处设计的组件图如图 15.20 所示。

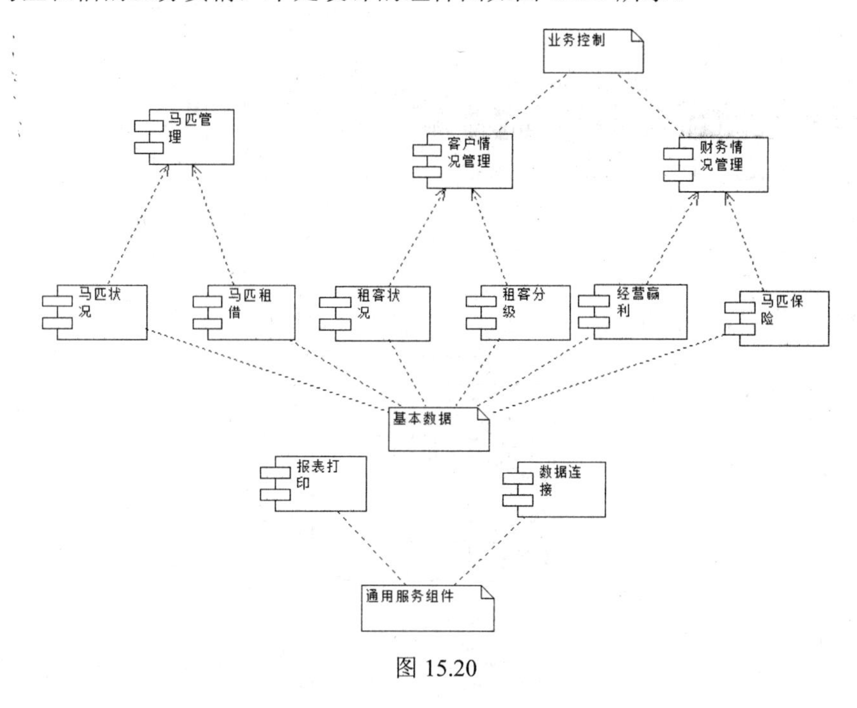

图 15.20

- "业务控制"从逻辑角度进行程序的操纵。
- "基本数据"从数据实体对象的角度为其他程序提供数据条件。
- "通用服务组件"作为全局性的可调用的共性程序，方便有需要的程序调用。

15.4 项目实现期

15.4.1 类图转化

1. 类图属性与方法创建

将系统使用者类进行细化，构建各种属性与相关的操作方法。

（1）属性

- 使用者序号（H-userIdP）
- 系统账号（H-systemAccount）
- 系统密码（H-systemPassword）
- 联系人（H-linkman）
- 岗位名称（H-jobTitle）
- 性别（H-sex）
- 联系地址（H-address）
- 手机（H- cellphone）
- 电子邮件（H-eMail）

（2）操作方法

- 添加系统使用者（addSystemUser）
- 查询系统使用者（searchSystemUser）
- 修改系统使用者（editSystemUser）
- 删除系统使用者（delSystemUser）
- 类自带方法（H_user）

具体类图如图 15.21 所示。

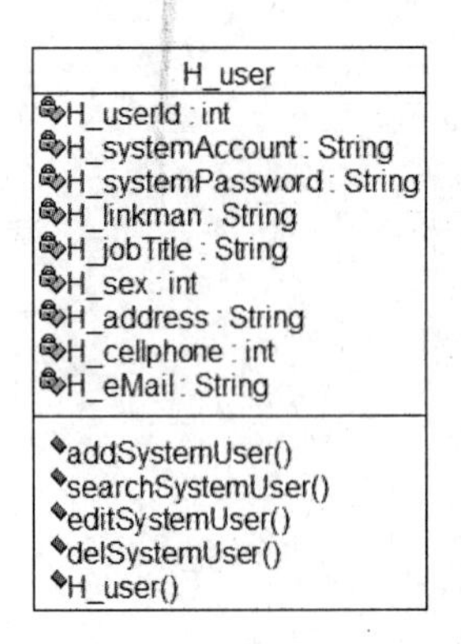

图 15.21

2. 类图转化为 Java 代码

代码创建的具体步骤如下：

01 将类图模型进行检查，设置好属性与方法。

02 选择 Tool 工具栏的 Java/J2ee 菜单的子菜单 Project Specification，进行 classpath 路径的具体配置，具体图形如图 15.22 所示。

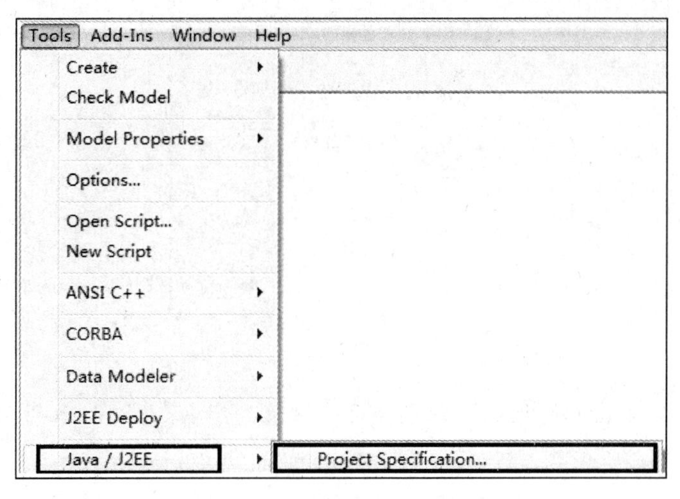

图 15.22

03 选择 Project Specification 选项，弹出如图 15.23 所示对话框。

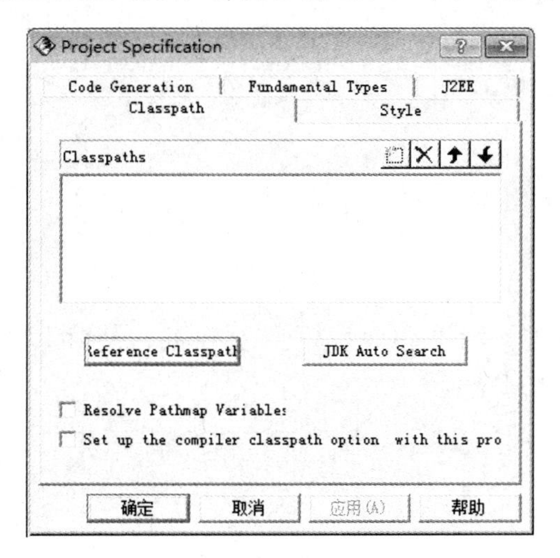

图 15.23

04 单击图标触发新增 Classpaths 事件。伴之产生图形，再选择图标弹出如图 15.24 所示提示框。

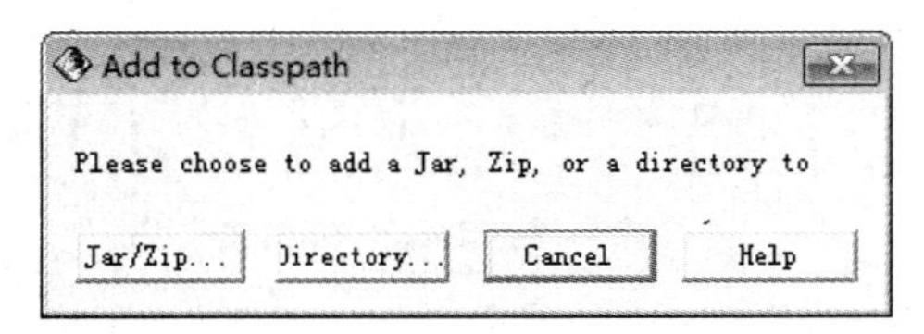

图 15.24

05 单击 Directory 按钮，在弹出的界面中寻找到本地的 Jdk 路径（以“C:\Program Files\Java\jdk1.7.0_17”为例），如图 15.25 所示。

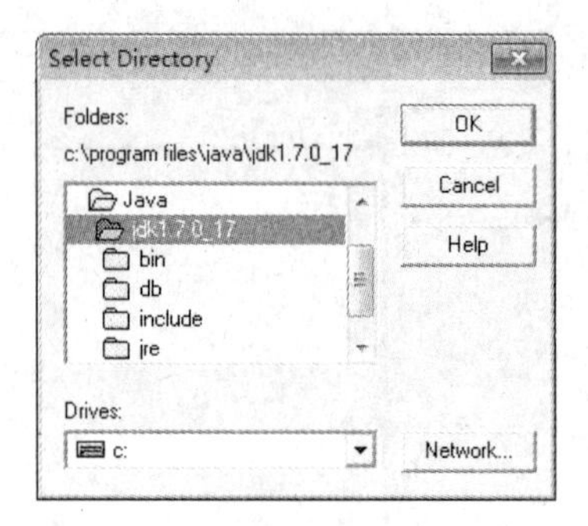

图 15.25

06 选择好之后单击 OK 按钮，则路径设置结束，弹出如图 15.26 所示对话框。

图 15.26

07 选择图 5.21 的类图，在 Tools 菜单栏下选择 Java/J2EE 菜单所属的 Generate Code 子菜单，如图 15.27 所示。

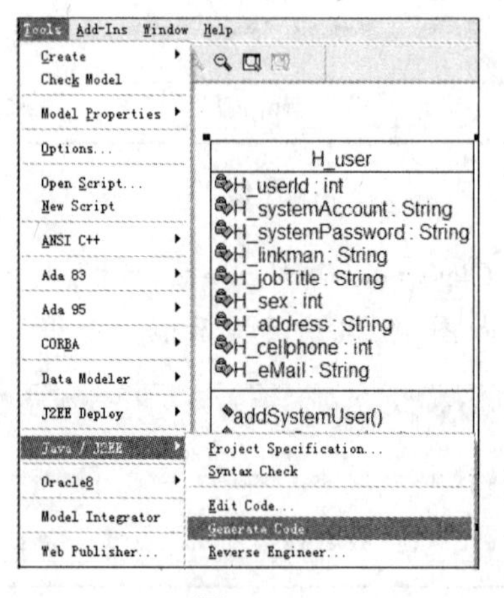

图 15.27

08 选择 Generate Code 选项，弹出如图 15.28 所示对话框。

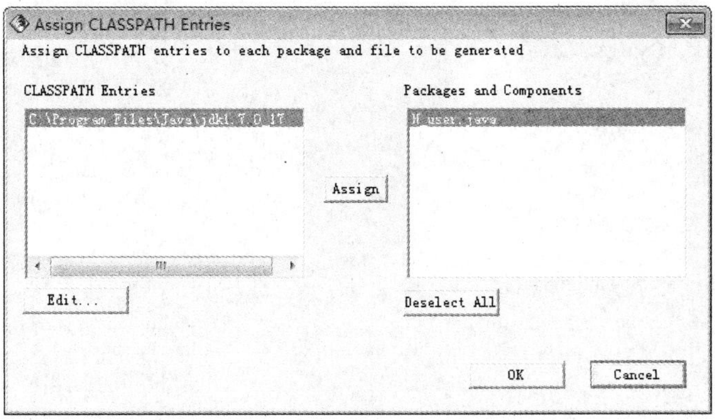

Assign CLASSPATH Entries

Assign CLASSPATH entries to each package and file to be generated

CLASSPATH Entries

C:\Program Files\Java\jdk1.7.0_17

Assign

Packages and Components

H_user.java

Edit...

Deselect All

OK　Cancel

图 15.28

09 单击 OK 按钮，弹出 Java 代码，如下所示：

```
//Source file: C:\\Program Files\\Java\\jdk1.7.0_17\\H_user.java

public class H_user
{
Private int H_userId;
private String H_systemAccount;
private String H_systemPassword;
private String H_linkman;
private String H_jobTitle;
private int H_sex;
private String H_address;
private int H_cellphone;
private String H_eMail;

   /**
    * @roseuid 53F212B40245
    */
publicH_user()
   {

   }

   /**
    * @roseuid 53EDA1A402BE
    */
public void addSystemUser()
   {

   }

   /**
    * @roseuid 53EDA2170390
    */
public void searchSystemUser()
   {

   }

   /**
    * @roseuid 53EDA38D014D
```

```
    */
public void editSystemUser()
   {

   }

   /**
    * @roseuid 53EDA3A10323
    */
public void delSystemUser()
   {

   }
}
```

15.4.2 部署图设计

软件系统的运行离不开特定的工具与环境，它需要包括硬件设备与软件领域的一些服务支撑。

部署图的设计理念在于将电脑与别的设施进行有效地组合与链接，从而达到资源的有效配置。

本系统的部署图以高效率运行为目标，依托业界知名的中间件服务器与数据库软件进行系统的合理部署。

在 Rose 7 中创建用例图的步骤如下：

01 选择 Deployment view 选项。

02 在弹出的工具栏中选择、／、图标，将它们拖至模型图窗体。

具体设计如图 15.29 所示。

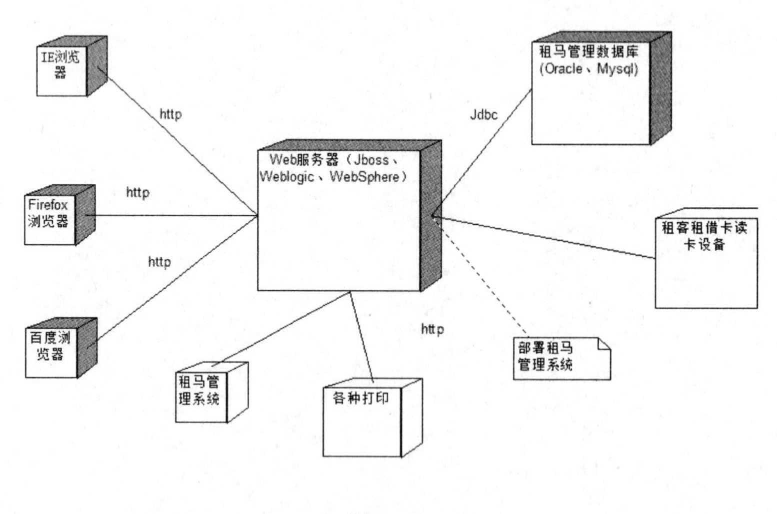

图 15.29

- 本系统的部署主要支撑 IE、Firefox，百度浏览器。
- 各个浏览器通过 http 协议访问 Web 服务器。

- 数据的连接方式采用以稳健著称的 Jdbc 连接池。
- Web 服务器主要采用 Jboss、BEA 公司的 Weblogic，以及 IBM 公司的 WebSphere。

租马管理系统部署图的视图窗体如图 15.30 所示。

图 15.30

15.5 本章小结

本章描述软件项目在需求时期、设计时期以及实现时期的多个 UML 图形。

通过租马管理系统为入手实例，从需求分析角度提炼出用例模型。

在软件设计方法论结合 UML 的基础上，依据需求分析期的功能划分与用例提炼，系统设计师可以将系统的主要内容细分为十大类，并配以具体类图。

从软件管理机制角度开展顺序设计，以体现用例的动态应用。

同时也对各个模块的主要状态通过状态图去展现，对于可能涉及的各个功能内容的协作的关系采以协作图的方式描述。

此外也运用组件与部署图，进行软件项目系统的具体实现。